ENSEIGNEMENT PRIMAIRE SUPÉRIEUR
◦ JEUNES FILLES ◦

M. CHASSAGNY ◦ F. CARRÉ

Cours abrégé
DE PHYSIQUE

1re, 2e, 3e ANNÉES

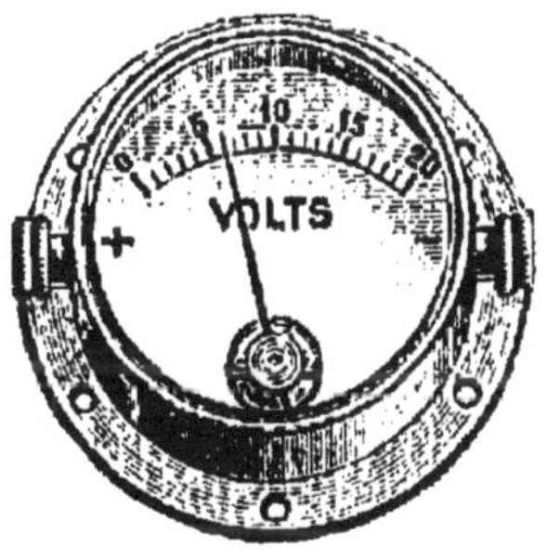

◦ PARIS ◦
LIBRAIRIE HACHETTE ET Cie

3 fr.

Imp. CRÉTÉ.

COURS ABRÉGÉ
DE
PHYSIQUE

A LA MÊME LIBRAIRIE

COURS D'ÉTUDES SCIENTIFIQUES

rédigé conformément aux programmes officiels du 26 juillet 1909

A L'USAGE DES ÉCOLES PRIMAIRES SUPÉRIEURES

FORMAT IN-16 CARTONNÉ

MATHÉMATIQUES

BOURLET (C.), ancien professeur au Conservatoire des Arts et Métiers : **Cours de Mathématiques :**

Arithmétique, en collaboration avec M. **DESBROSSES**, professeur à l'école J.-B. Say, 1 vol. . . . . 3 fr.

CORRIGÉ DES EXERCICES ET PROBLÈMES D'ARITHMÉTIQUE, 1 vol. . . . . . . 4 »

Algèbre. 1 vol. . . . . 2 »

CORRIGÉ DES EXERCICES ET PROBLÈMES D'ALGÈBRE. 1 vol. . . . . . . 3 »

SCIENCES PHYSIQUES

CHASSAGNY (M.), Inspecteur général de l'Instruction publique, et **F. CARRÉ**, professeur au lycée Janson-de-Sailly : **Cours de Physique**, 3 volumes, avec figures :

1re ANNÉE, 1 vol. 1 50

2e ANNÉE, 1 vol. . . . . 2 »

3e ANNÉE, 1 vol. . . . . 2 »

CORRIGÉ DES EXERCICES ET PROBL. DE PHYSIQUE, 1re, 2e ET 3e ANNÉES, 1 VOL. 2 »

Cours abrégé de Physique, 1re, 2e et 3e années, Garçons, 1 vol. . 3 fr.

Cours abrégé de Physique, 1re, 2e et 3e années, Jeunes Filles, 1 vol. 3 fr.

LESPIEAU (R.), professeur adjoint à la Faculté des Sciences de Paris, et **Ch. COLIN**, professeur à l'école Lavoisier : **Cours de Chimie**, 3 volumes, avec figures :

1re ANNÉE, 1 vol. 1 50

2e ANNÉE, 1 vol. 1 50

3e ANNÉE, 1 vol. 1 50

CORRIGÉ DES EXERCICES ET PROBL. DE CHIMIE, 1re, 2e ET 3e ANNÉES, 1 vol . . 1 50

Cours abrégé de Chimie, 1re, 2e et 3e années, Garçons, 1 vol . . . 3 fr.

SCIENCES NATURELLES

FRAYSSE (A.), professeur aux écoles Turgot et Arago : **Éléments d'Histoire naturelle et d'Hygiène**, 3 volumes, avec figures :

1re ANNÉE, 1 vol . . . . 2 »

2e ANNÉE, 1 vol . . . . 2 »

3e ANNÉE, 1 vol . . . . 2 »

Cours abrégé d'Histoire naturelle et d'Hygiène, 1re, 2e et 3e années, Garçons. 1 vol. . . . . 3 fr.

77532. — Imprimerie LAHURE, 9, rue de Fleurus, à Paris.

ENSEIGNEMENT PRIMAIRE SUPÉRIEUR
◦ JEUNES FILLES ◦

M. CHASSAGNY
Inspecteur général
de l'Instruction publique

F. CARRÉ
Professeur
au lycée Janson-de-Sailly

COURS ABRÉGÉ DE PHYSIQUE

RÉDIGÉ CONFORMÉMENT
AUX PROGRAMMES OFFICIELS DU 26 JUILLET 1909
POUR L'USAGE DES ÉCOLES PRIMAIRES SUPÉRIEURES
DE JEUNES FILLES

1re, 2me et 3me Années

PARIS
LIBRAIRIE HACHETTE ET Cie
79, BOULEVARD SAINT-GERMAIN, 79
—
1916

AVERTISSEMENT

Le présent ouvrage renferme les matières inscrites aux programmes de physique de la section d'enseignement général *et de la* section ménagère *des écoles primaires supérieures de jeunes filles. (Décret et arrêté du 26 juillet 1909.)*

En ce qui concerne la section commerciale *des mêmes écoles, les programmes officiels de physique ne faisant aucune différence entre l'enseignement des garçons et celui des jeunes filles, un même volume conviendra aux uns et aux autres ; à savoir, notre :* Cours Abrégé de Physique (1e, 2e *et* 3e *années*) de l'Enseignement primaire supérieur.

Dans le présent ouvrage, nous nous sommes tout particulièrement inspiré des instructions officielles. On n'y trouvera donc décrites que les observations les plus familières et les expériences les plus simples, avec leurs applications courantes à l'économie domestique, à l'industrie et à l'agriculture. Les définitions et les lois sont toujours précisées sur des exemples numériques concrets, tirés de la réalité et n'exigeant d'ailleurs, pour être compris, aucune connaissance de l'algèbre.

EXTRAITS DES PROGRAMMES OFFICIELS

ARRÊTÉ DU 26 JUILLET 1909

POUR L'ENSEIGNEMENT PRIMAIRE SUPÉRIEUR

DE JEUNES FILLES

PHYSIQUE

Dans toutes les années, le cours devra rester très élémentaire et d'un caractère pratique. Il sera toujours fondé sur l'expérience.

Le professeur s'attachera à multiplier les expériences et à les réaliser avec des objets usuels, évitant autant que possible l'emploi d'appareils compliqués. Il usera fréquemment de représentations graphiques et précisera son enseignement par des applications numériques toujours empruntées à la réalité.

Enfin, il ne perdra pas de vue qu'il n'a pas à faire des cours scientifiques complets. Il n'abordera que les points indiqués et se gardera d'un étalage d'érudition, le plus souvent sans aucun profit réel pour l'élève.

SECTION D'ENSEIGNEMENT GÉNÉRAL

(1 heure par semaine pour chaque année).

PREMIÈRE ANNÉE

Exercices d'observation sur quelques faits de la vie ordinaire, qu'on reproduira devant les élèves, pour servir d'introduction à l'enseignement de la physique.

Chaleur. — Dilatation des corps par la chaleur : le phénomène sera mis en évidence par quelques expériences simples. Applications au thermomètre : usage de cet instrument pour la mesure des températures ordinaires; explication et comparaison des degrés centigrades et Fahrenheit.

Changement d'état physique par la chaleur : fusion et vaporisation; passage inverse : liquéfaction et solidification. Expériences permettant de voir et d'expliquer les phénomènes qui accompagnent ces changements d'état pour l'eau. Constance de la température pendant la fusion et pendant l'ébullition. Distillation de l'eau. Expansion de l'eau lorsqu'elle gèle; effets sur les pierres gélives, sur les plantes, etc.

Dissolution de quelques solides dans l'eau; cristallisation.

Emploi de la vapeur d'eau comme force motrice; expériences montrant la force élastique de cette vapeur; idée des machines à vapeur.

Différence de la conductibilité des corps pour la chaleur; expériences simples qui permettent de constater cette différence. Applications aux cas les plus usuels; poignées ou manches d'ustensiles ou d'outils; toile métallique des lampes de mineurs; doubles fenêtres et doubles portes, marmite automatique; étoffes feutrées ou pelucheuses, édredons, etc.

Sources de chaleur; principaux modes de chauffage dans l'économie domestique et dans l'industrie.

DEUXIÈME ANNÉE

Pesanteur. — Poids d'un corps. Direction commune aux poids des corps en un même lieu. Fil à plomb, chute des corps. Notions sommaires sur la balance.

Constatations expérimentales relatives aux liquides en repos. Horizontalité de la surface libre, niveau dans les vases communicants. Applications au niveau d'eau, à la distribution d'eau dans les maisons, les jardins ou les rues, aux sources, aux puits artésiens, aux écluses de canaux, etc.

Pression des liquides sur les parois des vases qui les renferment : expériences diverses mettant cette pression en évidence, évaluation de cette pression; applications. Transmission des pressions par un liquide : idée des presses hydrauliques et des ascenseurs.

Principe d'Archimède établi expérimentalement. Applications : corps flottants; aéromètre à poids constants.

Notions élémentaires sur la détermination des densités.

Expériences simples mettant en évidence : 1° les propriétés générales des gaz telles que l'élasticité et le poids; 2° l'existence de la pression atmosphérique. Évaluation de cette pression. Baromètre. Manomètre.

Loi de Mariotte établie expérimentalement. Expériences diverses au moyen de la machine pneumatique. Pipette, pompes, siphon, aérostats.

Lumière. — Propagation de la lumière; ombre et pénombre. Réflexion de la lumière sur un miroir plan; constatation expérimentale des faits; en déduire les lois.

Son. — Production et propagation. Réflexion. Écho.

TROISIÈME ANNÉE

Chaleur. — Force élastique de la vapeur d'eau aux diverses températures et notamment dans les machines à vapeur; interprétation des indications du manomètre.

Vapeur d'eau contenue dans l'air atmosphérique : air saturé et non saturé; état hydrométrique. Formation des nuages et des brouillards : pluie, neige, grésil, verglas, givre, rosée et gelée blanche.

Électricité et magnétisme. — Aimants. Boussole.

Expériences permettant de constater l'existence d'un courant : action sur l'aiguille aimantée : aimantation d'une tige de fer, d'un clou; construction d'une électro-aimant (dispositif permettant de montrer le principe de la télégraphie électrique).

Quelques spécimens des piles les plus employées. Effets des piles : dépôts galvaniques, lumière électrique.

Expériences fondamentales de l'induction par les courants et par les aimants. Bobine d'induction. Téléphone. Principe de la télégraphie sans fil.

Électricité atmosphérique. Paratonnerre.

COURS ABRÉGÉ
DE PHYSIQUE
(1re, 2e et 3e Années)

NOTIONS PRÉLIMINAIRES

LES DIVERS ÉTATS DE LA MATIÈRE

1. **La matière et ses trois états.** — Tous les corps que nous connaissons se présentent à nous sous l'un des trois états suivants : l'***état solide*** (§ **2**), l'***état liquide*** (§ **5**), ou l'***état gazeux*** (§ **7**). C'est là ce qu'on appelle les ***trois états de la matière***; nous allons faire une étude rapide de chacun d'eux.

I. Corps solides.

2. **Les corps solides opposent une grande résistance à la déformation.** — Prenons un gros morceau de fer. Ce sera pour nous le type d'un corps solide. ***Il oppose à la déformation et à la rupture une très grande résistance.*** C'est pour cette raison que le fer est fréquemment utilisé dans les constructions qui exigent de la solidité.

3. **La résistance des solides à la déformation n'est cependant pas sans limite.** — Tout le monde sait cependant avec quelle facilité on peut enrouler un fil de fer ou ployer une mince plaque de tôle.

La résistance des solides à la déformation n'est donc pas sans limite.

4. **Élasticité des solides.** — Entre le cas d'un solide compact, pratiquement indéformable, comme celui du § **2** et le cas tout opposé d'un fil de fer ou d'une plaque de tôle (§ **3**) auxquels on imprime, d'une façon permanente, telle forme que l'on veut, peuvent se présenter un grand nombre de cas intermédiaires, qui sont de la plus haute importance. Ce sont les phénomènes

d'élasticité. Nous en verrons plus loin d'intéressantes applications à la mesure des pressions (§ **109** et **211**) et des forces (§ **154**).

2. *Corps liquides.*

5. **Fluidité des liquides.** — L'eau, le vin, l'huile, le mercure, l'alcool sont autant d'exemples différents que nous pouvons prendre pour l'étude des ***corps liquides.***

Fig. 1.
Les liquides sont fluides.
Cela signifie, en particulier, qu'ils n'ont pas d'autre forme que celle du vase qui les contient.

Ces corps sont ***fluides***; cela veut dire qu'***ils n'ont pas de forme qui leur soit propre.*** Ils se moulent sur le vase qui les renferme (fig. 1). ***Seule, leur surface de séparation avec l'air extérieur reste toujours plane et horizontale.***

Les liquides ne présentent aucune résistance à la déformation. C'est grâce à cette propriété que les bateaux de toute forme se meuvent facilement à la surface de l'eau (fig. 2).

Fig. 2. — Les liquides sont fluides.
Cela signifie encore qu'ils n'opposent aucune résistance à la déformation.

Ils ne présentent aucune résistance à la rupture. Ils s'écoulent d'eux-mêmes, quand on incline suffisamment le vase qui les contient. Ils se divisent alors facilement en gouttelettes (fig. 3).

Nous savons qu'on exprime tous ces faits, en disant que les liquides possèdent le caractère de ***fluidité.*** Ils ne sont pas cependant tous également fluides : l'huile est moins fluide que l'eau.

6. **Incompressibilité des liquides.** — Nous avons dit (§5) que les liquides ne présentent aucune résistance à la déformation. Cet énoncé a besoin d'être précisé. Remplissons d'eau une pompe de bicyclette (fig. 4); bouchons le tube qui s'adapte à son

extrémité; puis essayons d'enfoncer le piston dans la pompe Quel que soit l'effort que nous développions, nous n'y parvenons pas. Nous dirons que *l'eau* ***est incompressible***. Il en est de même de tous les liquides

FIG. 3. — LES LIQUIDES N'OPPOSENT AUCUNE RÉSISTANCE A LA RUPTURE.

Ils se divisent facilement en gouttelettes.

FIG. 4. — LES LIQUIDES SONT INCOMPRESSIBLES.

Le volume d'un liquide reste invariable, même sous l'action des plus puissants efforts.

Nous devons donc compléter l'énoncé rappelé au début de ce paragraphe, et dire :

Les liquides sont incompressibles, c'est-à-dire opposent des résistances insurmontables à toutes les déformations qui tendraient à faire diminuer leur volume.

3. *Corps gazeux.*

7. Existence des gaz. — La matière n'existe pas seulement sous les formes solide et liquide. Quelques expériences très simples suffiront à le prouver.

FIG. 5. — PREUVE DE LA RÉALITÉ DE L'EXISTENCE DES GAZ.

L'air, refoulé dans le pneumatique, manifeste sa présence par une plus grande dureté de l'enveloppe.

Gonflons un pneumatique de bicyclette. Il devient de plus en plus dur (fig. 5). Cette dureté est évidemment due à la présence d'une substance que nous avons refoulée dans le pneumatique. Et cette substance n'est autre chose que l'air au milieu duquel nous vivons.

Laissons maintenant le pneumatique se dégonfler librement; la main, placée auprès de l'orifice, ressent une vive impulsion. L'air, en sortant, repousse les corps légers (tels que grains de poussière ou feuilles de papier) qu'il rencontre sur son passage.

Il se passe quelque chose de semblable pour une bulle de savon (fig. 6). Celle-ci se gonfle, quand on refoule de l'air à son intérieur; elle se dégonfle, dès qu'on cesse de souffler.

Voici une autre expérience, très simple également (fig. 7). Prenons un tube à essai. Il paraît vide. Plongeons-le dans l'eau, son ouverture étant tournée vers le haut (fig. 7; I). Il se remplit d'eau. Recommençons l'expérience, en plongeant maintenant le tube dans l'eau, son ouverture étant tournée vers le bas. Il ne se remplit pas (fig. 7; II). Il doit donc y avoir, dans le tube, quelque chose qui empêche l'eau de monter. S'il en est ainsi, le tube renferme une matière qu'il doit être possible de transvaser dans un autre récipient. Prenons donc un flacon à large goulot, que nous remplissons complètement d'eau, et que nous retournons, plein d'eau, dans l'eau d'une cuve ou d'un baquet, son ouverture étant dirigée vers le bas (fig. 7; III). Redressons maintenant, peu à peu, sous le flacon, le tube que nous voulons soumettre à l'étude. Nous voyons des bulles en sortir, petit à petit, monter à travers le flacon, et venir se rassembler à sa partie supérieure. Finalement, elles y occupent un volume sensiblement égal à celui du tube à essai.

Fig. 6. — Bulles de savon.

La bulle se gonfle ou se dégonfle, suivant que la quantité d'air qu'elle contient augmente ou diminue.

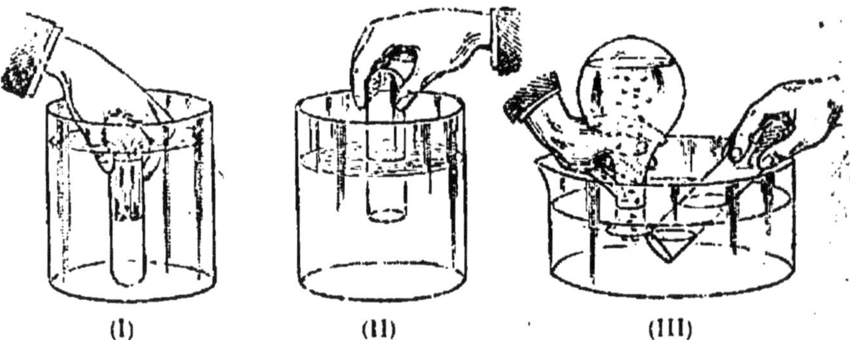

(I) (II) (III)

Fig. 7. — Transvasement d'un gaz d'un récipient dans un autre.

Cette opération se fait très commodément, quand on opère sur une cuve à eau ou à mercure.

Il y avait donc bien, dans ce tube, une matière *que nous avons vue* passer d'un récipient dans l'autre. Cette matière, nous saurons maintenant la transvaser. C'est elle que tout le monde appelle de l'air. ***L'air est un gaz.***

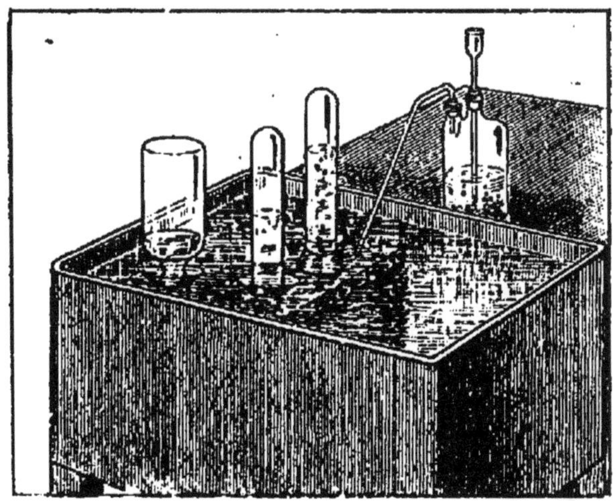

FIG. 8. — CUVE A EAU.
C'est sur une cuve à eau que se font la plupart des opérations sur les gaz dans les laboratoires de Chimie.

8. Manière de recueillir les gaz. — L'expérience que nous venons de décrire en détail nous permettra de comprendre les procédés habituellement employés en Chimie, pour recueillir et conserver les gaz. Ces opérations se font généralement sur une ***cuve à eau*** ou à ***mercure*** (fig. 8). On ne procède pas autrement pour recueillir le gaz d'éclairage dans les usines à gaz. Le gaz se rend dans une grande cloche cylindrique en tôle, appelée ***gazomètre*** (fig. 9); il s'y accumule avant d'être distribué par des tuyaux de conduite aux becs de consommation. Le gaz est séparé de l'air extérieur par le métal de la cloche et par l'eau de la cuve.

FIG. 9. — GAZOMÈTRE POUR GAZ D'ÉCLAIRAGE.
Cet appareil consiste en une cloche librement ouverte sur l'eau d'une vaste cuve en maçonnerie, creusée dans le sol.

9. Caractères de certains gaz. — L'air n'est pas le seul gaz qui existe.

Nous connaissons encore le ***gaz de la houille***, qui sert à l'éclairage et au chauffage.

Nous avons tous entendu parler de l'*hydrogène* fréquemment employé en aérostation (§ 240).

Le *gaz carbonique* est celui qui fait lever la pâte du pain. C'est lui qui se dégage d'une cuvée de raisin en fermentation, pendant que le jus sucré se transforme en liqueur alcoolique (le *vin*). C'est lui encore qui pétille dans la bière, l'eau de Seltz, la limonade, le vin de Champagne.

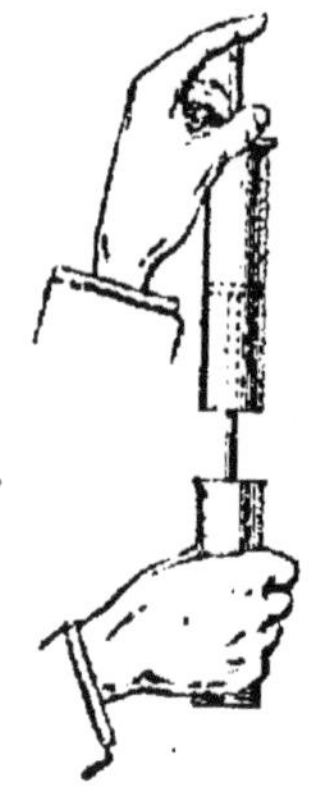

FIG. 10. COMPRESSIBILITÉ DES GAZ.
Un gaz que l'on comprime occupe un volume de plus en plus petit.

Un certain nombre de gaz sont colorés. Le chlore est vert. Le peroxyde d'azote, que l'on obtient en chauffant un corps blanc appelé nitrate de plomb, est rouge.

Certains gaz ont une odeur caractéristique. Le gaz sulfureux, qui se produit lorsque brûle le soufre d'une allumette, est suffocant : l'hydrogène sulfuré sent les œufs pourris.

10. Compressibilité des gaz. — Prenons une pompe de bicyclette (fig. 10); tirons le piston de façon à la remplir d'air; bouchons le petit tube de caoutchouc par lequel la pompe peut s'adapter à la valve des pneus de bicyclette. Nous constatons alors que nous pouvons enfoncer le piston dans la pompe.

Nous pouvons donc diminuer le volume de l'air qu'elle contient.

Les gaz sont compressibles, tandis que les liquides ne le sont pas (§ 6).

11. Élasticité et expansibilité des gaz. — Si, à un certain moment, nous cessons d'appuyer sur le piston, celui-ci revient en arrière et le gaz reprend son volume primitif. C'est ce que nous exprimerons en disant : ***Les gaz sont élastiques.***

C'est l'élasticité de l'air contenu dans un ***ballon de caoutchouc*** (fig. 11) qui le fait rebondir sur le sol. Dégonflé, il ne rebondit plus.

Abandonnés à eux-mêmes dans un récipient quelconque, les gaz occupent complètement le volume qui leur est offert.

On dit qu'ils sont ***expansibles.***

12. Diffusion des gaz. — L'eau et l'alcool mélangés forment un tout unique. On dit qu'ils se sont *diffusés* l'un dans l'autre.

Il n'en est pas toujours de même pour les liquides. On sait, par exemple, que l'eau et l'huile ne se mélangent pas l'une à l'autre, quoi qu'on fasse, et restent toujours séparées.

Deux liquides ne se diffusent donc pas toujours l'un dans l'autre.

Il en est tout autrement pour les gaz.

Dans un même récipient, les gaz se mélangent toujours de manière à donner un ensemble ***homogène.*** Nous avons dit que le phénomène porte le nom de ***diffusion.***

FIG. 11. — ÉLASTICITÉ DES GAZ.
C'est l'élasticité de l'air contenu dans le ballon qui le fait rebondir sur le sol.

Il suffit, pour se convaincre de cette propriété des gaz, de remarquer que si, dans une salle, on laisse ouvert un robinet de gaz d'éclairage, on perçoit au bout de peu de temps l'odeur du gaz en tous les points de la salle.

En résumé, les gaz, comme les liquides, ***sont fluides.***

A l'opposé des liquides, ils sont ***compressibles*** et ***expansibles.***

Ils se diffusent toujours les uns dans les autres.

15. Les gaz sont pesants. — Quelle que soit sa manière d'être, la matière est toujours pesante.

Un mètre cube de houille, par exemple, pèse 1360 kilogs (environ); un litre de lait pèse 1030 grammes, à peu de chose près.

FIG. 12. — LES GAZ SONT PESANTS.
Un ballon, dont on a chassé l'air par la production d'une grande quantité de vapeur d'eau, devient nettement plus lourd, dès qu'on y laisse rentrer l'air extérieur.

Les gaz ne font pas exception à cette règle générale. Relativement aux solides et aux liquides, ***ils sont très légers; mais ils sont néanmoins pesants.***

On peut arriver à cette conclusion de la façon suivante :

Faisons bouillir pendant quelque temps 50 grammes d'eau environ dans un ballon de deux litres. L'air est ainsi chassé du ballon par la vapeur d'eau. Fermons alors le ballon par un bon bouchon. Puis, quand le ballon a repris la température ordinaire, plaçons-le sur un plateau de balance (fig. 12), et faisons-lui équilibre par de la tare placée dans l'autre plateau. Enlevons alors le bouchon; et plaçons-le à côté du ballon. L'équilibre de la balance est rompu. Pour le rétablir, il faut placer des poids sur l'autre plateau de la balance. Ces poids représentent évidemment le poids de l'air qui est rentré dans le ballon, quand on a enlevé le bouchon. Un litre d'air, pris au voisinage du sol, dans les conditions moyennes de température et de pression atmosphériques, a un poids qui s'écarte peu de 13 décigrammes.

14. Influence de la chaleur sur l'état d'un corps. — Quand on dit qu'une substance est solide, liquide ou gazeuse,

FIG. 13. — L'EAU PEUT EXISTER SOUS LES TROIS ÉTATS : solide (le glacier), liquide (l'eau du lac), gazeux (la vapeur d'eau contenue dans le nuage).

on ne doit jamais perdre de vue que l'on suppose réalisées les conditions dans lesquelles se font habituellement nos expériences.

Une même substance, en effet, peut ne pas être toujours solide, toujours liquide ou toujours gazeuse.

L'eau, par exemple, est ordinairement *liquide*; par les temps froids, elle se congèle et passe ainsi à l'état de glace *solide*. La glace à son tour, fond et redevient eau liquide, quand le temps se radoucit. Les nuages sont chargés d'eau à l'état gazeux qu'on désigne sous le nom de *vapeur* d'eau (fig. 13).

Si l'on chauffe de l'eau dans un récipient, elle se met à bouillir et se transforme peu à peu en *vapeur*. Si le récipient est largement ouvert, cette vapeur se répand au dehors, où elle est *invisible*; mais, si on dirige cette vapeur sur un corps froid, par exemple, sur une assiette (fig. 14) tenue à la main, nous voyons immédiatement des gouttelettes d'eau ruisseler sur l'assiette. On dit que *la vapeur d'eau s'est condensée*. Il en aurait été de même si on avait dirigé la vapeur d'eau à travers un tube refroidi. C'est par ce procédé que, dans les *alambics* (fig. 15), on prépare l'eau distillée (§ **96**).

FIG. 14. — CONDENSATION DE LA VAPEUR D'EAU PAR REFROIDISSEMENT.

La vapeur d'eau, primitivement invisible, se condense en gouttelettes liquides, dès qu'on la refroidit suffisamment.

De même, si l'on chauffe du soufre, qui est solide dans les conditions ordinaires, on arrive aisément à le fondre et même à le vaporiser. Inversement, la vapeur de soufre refroidie redonne du soufre liquide et celui-ci, replacé dans les conditions ordinaires, reprend l'état solide.

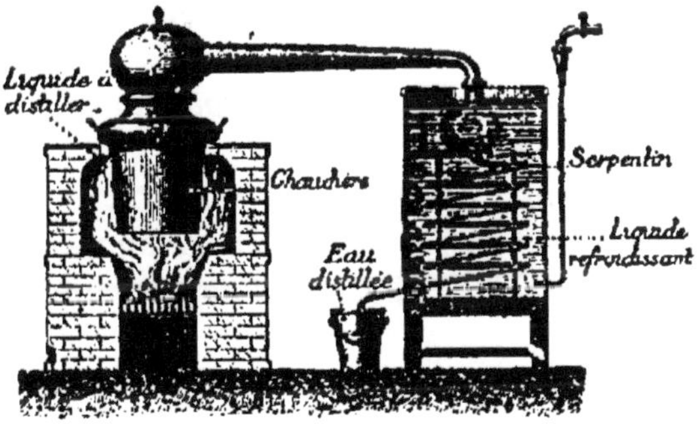

FIG. 15. — UN ALAMBIC.

L'alambic sert à la préparation de l'eau distillée.

15. **Décompositions sous l'action de la chaleur.** — On dit que les changements observés, sur l'eau ou le soufre, au paragraphe précédent, sont des *changements d'état physique*. Il arrive souvent que, lorsqu'on chauffe une substance, on observe des phénomènes tout différents.

Plaçons, par exemple, du sucre dans un tube à essai et chauffons-le. Le sucre fond d'abord, puis noircit en donnant des fumées combustibles. Après une chauffe assez prolongée, il ne reste dans le tube que du charbon poreux. Sous l'action de la chaleur, ***le sucre s'est décomposé.***

De même, quand on chauffe de la houille, elle se décompose; il s'en dégage un grand nombre de substances, parmi lesquelles ***le gaz d'éclairage***, la benzine, l'ammoniaque. Il reste, dans les cornues de terre où se fait la chauffe, un charbon très poreux, qui est le coke.

De tels phénomènes sont des ***changements d'état chimique.***

Un simple retour à la température initiale serait alors insuffisant pour ramener les corps à leur état primitif.

16. **Résumé.** — *On distingue les corps solides, liquides et gazeux.*

Les solides se déforment difficilement. Ils présentent une grande résistance à la rupture et à la déformation. Ils sont élastiques; mais leur élasticité est limitée.

Les liquides sont très mobiles. Ils prennent la forme du récipient qui les contient. Ils sont pratiquement incompressibles et n'opposent qu'une résistance très faible aux actions qui ne tendent pas à modifier leur volume.

Les gaz sont éminemment compressibles et expansibles. Ils occupent tout l'espace qui leur est offert.

La matière, sous ces trois états, est toujours pesante.

Un même corps, lorsqu'on le chauffe, peut prendre successivement ces trois états. Il peut arriver aussi qu'il se décompose.

PREMIÈRE PARTIE

ÉTUDE PRÉLIMINAIRE DE LA CHALEUR

(1re Année)

CHAPITRE I

LA NOTION DE TEMPÉRATURE

17. **Sensation de chaud et de froid.** — Les expressions de : froid, tiède, chaud, brûlant, ont des significations sur lesquelles tout le monde s'entend facilement : elles traduisent une ***sensation*** particulière que nous ressentons au contact d'un corps; elles nous renseignent sur l'***état calorifique*** de ce corps.

Cependant, le froid et le chaud ne nous laissent que des impressions et des souvenirs assez vagues. Si, par exemple, nous mettons un ou deux litres d'eau froide sur le feu et, si de minute en minute, nous y plongeons le doigt, il nous sera impossible d'affirmer, à chaque fois, que l'eau est devenue plus chaude et, pourtant, il est bien évident qu'elle s'est échauffée.

Le sens du toucher serait donc insuffisant pour l'étude précise des états calorifiques d'un corps.

L'expérience va nous fournir d'autres procédés plus sensibles.

18. **Deux corps, dont l'un est chaud et l'autre froid, ne sont pas en équilibre calorifique.** — Mettons de l'eau froide dans une cuvette; puis, plongeons-y un vase en métal contenant de l'eau chaude. Au bout d'un certain temps, l'eau froide s'est échauffée, tandis que l'eau chaude s'est refroidie.

L'expérience donne toujours le même résultat, que nous énoncerons de la façon suivante :

Quand on met un corps, qui nous paraît froid, en contact prolongé avec un corps qui nous paraît chaud, le premier s'échauffe, le second se refroidit. On dit que, primitivement, ils n'étaient pas en équilibre calorifique.

Notion de température. — Au lieu de dire : « Un corps A est plus chaud qu'un autre corps B », on dit plus habituellement : « Le corps A est à une température plus élevée ; le corps B, à une température plus basse ».

De ce qui précède résulte que :

La température d'un corps plongé dans un liquide ne peut rester invariable, que si elle est précisément la même que celle de ce liquide.

19. **Température que prend un mélange de deux liquides.** — Si nous mélangeons des volumes quelconques d'eau, pris à une même température, leur température ***ne varie pas.*** Si, au contraire, les températures sont primitivement ***différentes,*** la température finale du mélange est ***intermédiaire*** entre les températures initiales et dépend des quantités d'eau mélangées.

20. **Première idée du thermomètre.** — Montrons maintenant qu'il est possible de constater si la température d'un corps reste invariable ou non.

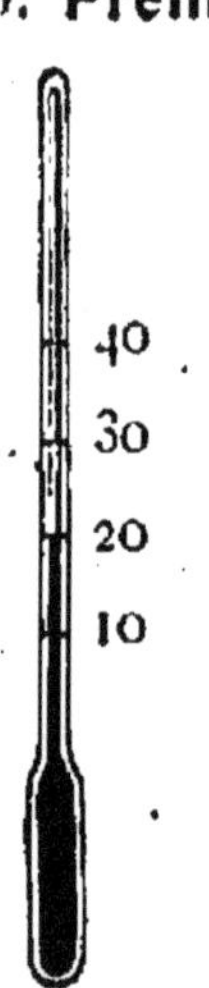

Fig. 16. — Manière de repérer les températures.

Ce petit appareil peut servir à reconnaître comment plusieurs températures sont distribuées les unes par rapport aux autres. Il sert à *repérer* les températures.

Prenons un petit réservoir de verre (fig. 16) soufflé à l'extrémité d'un tube de verre très étroit et remplissons-le de mercure, de manière que le niveau du liquide arrive dans la tige. Marquons sur celle-ci des divisions, équidistantes, par exemple; et numérotons-les 10, 20, 30, 40, en commençant près du réservoir.

Ceci fait, installons ce petit appareil d'étude dans un récipient contenant de l'huile que nous chauffons régulièrement sur un fourneau à gaz.

Nous voyons, au fur et à mesure que l'huile s'échauffe, le niveau du mercure s'élever constamment dans le tube étroit et passer successivement devant les diverses divisions qu'il porte.

Nous pouvons dire alors : plus le mercure s'élève dans la tige, plus la température de l'huile est élevée.

Laissons refroidir l'huile; nous savons, par le toucher, que sa température baisse; nous constatons, en même temps, que la colonne de mercure est constamment descendante.

La variation du niveau du mercure se fait constamment dans le même sens que la variation de température de l'huile.

Remarque. — Nous verrons plus tard (§ **46**) qu'il n'en serait pas de même pour l'eau, entre 0° et 4°.

21. **Chacune des divisions de l'appareil correspond à une température bien déterminée.** — Supposons mainte-

nant que l'huile s'échauffe ou se refroidisse de plus en plus lentement, le niveau du mercure dans l'appareil monte ou baisse de plus en plus lentement. Si la température du bain reste fixe quelque temps, le niveau du mercure reste fixe également, pendant le même temps. D'où cette conclusion capitale :

Chacune des divisions de l'appareil correspond à une température bien déterminée.

Pour les reconnaître, nous inscrivons un numéro d'ordre à chaque division, en allant du bas de la tige vers le haut. Nous pouvons ainsi, d'une façon simple et précise, ***repérer*** les températures. Naturellement, plus la division est éloignée du réservoir, plus son numéro est élevé. Notre appareil, ainsi gradué, porte le nom de ***thermomètre.***

22. **Points fixes de la graduation.** — Mais, ce qui précède ne suffirait pas. Il faut encore que tous les thermomètres donnent des indications comparables entre elles.

Les expériences suivantes vont nous montrer que c'est possible. Pilons de la glace, ajoutons-y de l'eau et mettons ce mélange dans un récipient quelconque. Chacun sait qu'au bout d'un certain temps la glace aura fondu et que nous ne trouverons plus que de l'eau dans le récipient. Mais si nous plongeons dans le mélange de glace et d'eau l'appareil du § **20**, nous observons que ***le niveau liquide s'arrête toujours au même point de la tige, tant qu'il y a de la glace et de l'eau dans le récipient,*** pourvu que nous nous servions de glace et d'eau bien pures. ***La glace se maintient à une température constante pendant tout le temps de sa fusion.*** (Voir § **68**).

De même, si nous choisissons une journée où le baromètre[1] (§ **217**) marque constamment 76^{cm} et si nous faisons bouillir de l'eau bien pure dans un récipient librement ouvert à l'air, nous constatons, en plaçant dans la vapeur d'eau bouillante l'appareil du § **20**, que ***la température de la vapeur d'eau reste toujours la même, pendant toute la durée de l'ébullition*** (§ **91**).

Ces températures invariables sont appelées les ***points fixes*** du thermomètre.

On convient habituellement de désigner par 0 ***la température de la glace fondante et par*** 100 ***celle de l'eau bouillante sous la pression barométrique de*** 76^{cm} ***de mercure.***

23. **Construction et graduation d'un thermomètre**

1. Voir la note de la page 47.

centigrade. — Prenons (fig. 16) un tube de verre très étroit et rigoureusement cylindrique, portant, soudée à l'une de ses extrémités, une ampoule de verre de volume convenable; puis remplissons l'appareil de mercure, de manière que, dans les conditions ordinaires, le niveau du liquide arrive dans la tige.

Supposons que, pendant l'expérience, le baromètre (§ **217**) marque 76 centimètres. On fait bouillir de l'eau pure dans un vase profond et on y immerge (fig. 17; B) toute la partie de l'appareil qui contient du mercure. Au point *b* où s'arrête celui-ci, on marque 100.

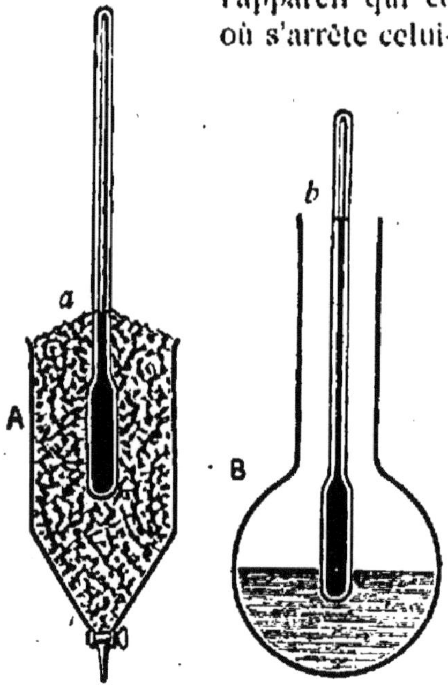

On plonge ensuite dans la glace fondante toute la partie de l'appareil qui contient du mercure et, au point *a* où s'arrête le niveau de celui-ci dans le tube étroit, on marque 0 (fig. 17; A).

Partageons ensuite en 100 parties égales l'intervalle compris sur la tige entre les ***points fixes*** 0 et 100 que l'on vient de déterminer ainsi; et prolongeons la graduation au-dessous du zéro et au-dessus du point 100. Chaque division sera représentée par son numéro d'ordre; celles qui se trouvent au-dessous du zéro seront affectées du signe —. Chacune de ces divisions s'appelle un ***degré***. Si alors le niveau du mercure arrive à la division 37, on dit : ***le thermomètre marque 37 degrés***. On écrit souvent 37°, pour signifier 37 degrés.

FIG. 17.
GRADUATION DU THERMOMÈTRE.
L'appareil marque 0 dans la glace fondante et 100 dans l'eau bouillante. L'intervalle, compris entre ces deux points, est partagé en 100 parties égales. Chaque division a un numéro d'ordre. C'est ce numéro d'ordre qui fixe, en degrés, la température que l'on a en vue.

Tous les thermomètres ainsi construits portent le nom de ***thermomètres centigrades***. Plongés côte à côte dans un même bain, ils marquent, à chaque instant, le même degré. Ce sont donc des instruments ***comparables entre eux***.

21. **Échelle Réaumur.** — On n'emploie pas toujours le

même mode de graduation du thermomètre. Dans *l'échelle Réaumur*, autrefois très employée, aujourd'hui presque complètement abandonnée, on marque :

o, au point *a* ;
80, au point *b* ;
L'intervalle *a*, *b*, est divisé en 80 parties égales.

25. **Échelle Fahrenheit.** — L'échelle, habituellement employée dans les pays de langue anglaise, porte :

32, au point *a* ;
212, au point *b* ;
L'intervalle *a*, *b*, est divisé en 180 parties égales.

C'est *l'échelle Fahrenheit.*

26. **Exercices numériques.** — Supposons deux appareils identiques (fig. 18), portant :

L'un, C, la graduation centigrade ;

L'autre, F, la graduation Fahrenheit. Supposons qu'ils soient plongés dans un même bain liquide, et que le niveau du liquide, dans chacun d'eux, s'élève à égale distance des deux points fixes.

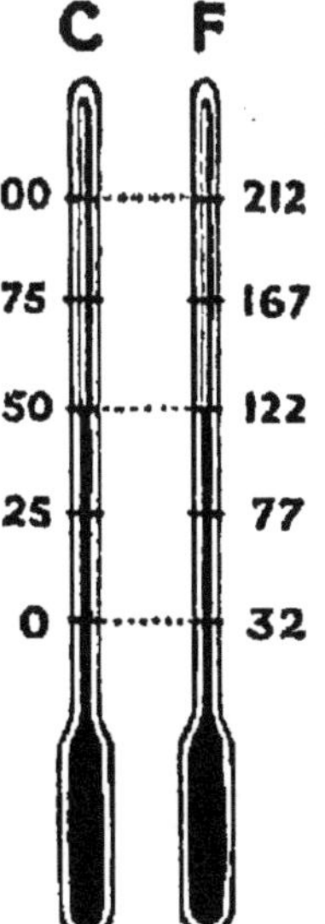

FIG. 18. — COMPARAISON DE DEUX ÉCHELLES THERMOMÉTRIQUES.

Les points fixes sont marqués 0 et 100 sur l'échelle centigrade ; 32 et 212, sur l'échelle Fahrenheit.

Le thermomètre C marque alors 50 degrés centigrades.

Le thermomètre F marque, au même moment, un chiffre équidistant de 32 et de 212, c'est-à-dire

$$\frac{212 + 32}{2} = 122.$$

Ainsi, à la température, marquée 50 sur l'échelle centigrade, correspond la température marquée 122 sur l'échelle Fahrenheit. On remarquera que, tandis que le nombre 100 est le double de 50, le nombre 212 n'est pas le double de 122.

Il ne peut donc absolument pas être question du rapport de deux températures.

Puisque la portion d'échelle qui comprend 100 degrés centigrades contient 180 degrés Fahrenheit, il en résulte qu'un degré centigrade vaut 9/5 de degré Fahrenheit, et inversement qu'un degré Fahrenheit vaut 5/9 de degré centigrade. Il est donc facile de passer d'une échelle à l'autre.

Premier exemple. — La température de 104 degrés Fahrenheit correspond, sur l'échelle Fahrenheit, à $104 - 32 = 72$ divisions comptées au-dessus de celle qui correspond au zéro de l'échelle centigrade. A ces 72 divisions de l'échelle Fahrenheit correspondent $\frac{5}{9} \times 72 = 40$ divisions de l'échelle centigrade au-dessus du zéro. Par conséquent, ***à la température de 104 degrés Fahrenheit correspond la température de 40 degrés centigrades.***

Deuxième exemple. — De même, la température de 25 degrés centigrades correspond, sur l'échelle centigrade, à 25 divisions au-dessus de zéro, et, par suite, à $25 \times \frac{9}{5} = 45$ divisions de l'échelle Fahrenheit au-dessus de la division marquée 32. Par conséquent, ***à la température de 25 degrés centigrades correspond la température de 45 + 32 = 77 degrés Fahrenheit*** (voir fig. 18).

D'une façon générale, on verrait facilement, dans chaque cas particulier, qu'entre le nombre C, lu sur le thermomètre centigrade, et le nombre F, lu sur le thermomètre Fahrenheit, on a constamment la relation :

$$\frac{C}{F - 32} = \frac{100}{180} = \frac{5}{9}.$$

A titre d'exercice, on vérifiera, en particulier, sur cette formule, les résultats précédemment obtenus, à savoir : que $F = 104$ exige $C = 40$, et que $C = 25$ exige $F = 77$.

27. Détermination d'une température. — Nous supposerons toujours désormais que notre thermomètre porte la graduation centigrade.

Pour prendre la température d'un bain, on y plongera le thermomètre, de manière que ***le niveau du mercure dans le thermomètre affleure à la surface du bain*** (sans quoi, tout le mercure ne serait pas à la même température).

On attendra, pour faire la lecture, que le niveau du mercure soit invariable (sans quoi, le thermomètre n'aurait pas encore pris la température du bain). On lira alors la position du mercure dans le thermomètre; le numéro d'ordre de la division d'affleurement donnera en ***degrés centigrades*** la température du bain.

Les thermomètres à mercure ne peuvent être utilisés, ni au-dessous de — 40° parce que le mercure se congèle à cette température, ni au-dessus de 357°, parce que le mercure tend alors à bouillir (§ **93**).

Quand il s'agit de déterminer des températures en dehors de ces limites, on peut avoir recours aux ***thermomètres à gaz***; mais l'étude de ces appareils est trop délicate pour être abordée ici. Il nous suffira de savoir que :

Le thermomètre à hydrogène permet d'établir une échelle des températures qui s'étend des températures les plus basses aux températures les plus élevées. Les différents thermomètres à hydrogène sont parfaitement comparables entre eu.

28. **Températures de quelques phénomènes.** — Voici maintenant l'indication de quelques températures, réparties sur toute l'étendue de l'échelle thermométrique centigrade :

Température	d'ébullition de l'air liquide	—192°
—	de congélation du mercure.	— 40°
—	de fusion de la glace.	0°
—	de l'ébullition de l'eau.	100
—	de fusion du plomb	327°
—	de l'ébullition du mercure, à l'air. . .	357°
—	de l'ébullition du zinc	918°
—	de fusion du platine	1750°
—	de l'arc électrique.	3500°

29. **Résumé.** — *Les données du toucher sont peu précises; aussi utilise-t-on, de préférence, pour l'observation des températures, un phénomène physique précis et sensible (variations du volume apparent du mercure contenu dans une enveloppe).*

Les températures ne se mesurent pas; on les repère, à l'aide de thermomètres à mercure tous comparables entre eux.

La graduation d'un thermomètre centigrade comprend : 1° la détermination de deux points fixes (zéro et cent); 2° la construction de l'échelle dite centigrade.

CHAPITRE II

DILATATIONS

I. Dilatation des solides.

30. Variations de volumes résultant de variations de températures. — L'expérience suivante (fig. 19) permet de

FIG. 19. — DILATATION DES MÉTAUX.
La sphère qui, à l'ordinaire, passe exactement dans l'anneau, n'y passe plus quand elle a été chauffée, seule, sur une lampe.

montrer facilement qu'un métal augmente de volume quand on le chauffe.

A la température ordinaire, une sphère de cuivre passe exactement dans un anneau de même métal fixé sur un support. Lorsque cette sphère a été chauffée toute seule à la flamme d'une lampe à alcool ou d'un bec de gaz, elle ne peut plus passer à travers l'anneau demeuré froid, ce qui prouve son accroissement de volume. Mais, si l'on chauffe en même temps, et également, la boule et l'anneau, le passage ne cesse pas de s'opérer librement; ce qui prouve d'abord qu'un solide creux se dilate, et, en outre, qu'il se dilate de la même manière qu'un solide plein, de même nature et de mêmes dimensions.

31. **Variations de longueurs.** — Il est évident que si nous chauffons un bloc de cuivre ayant la forme d'une sphère, ***de l'augmentation observée de son volume* (§ 30), *nous devons nécessairement conclure à l'allongement de son rayon.***

Or, les mesures sont plus faciles, pour les ***variations de longueur*** d'une barre, que pour les ***variations de volume*** d'un bloc solide. C'est elles que l'on exécutera de préférence.

C'est ainsi que, par exemple, on a constaté qu'une règle de laiton, dont la longueur est de 107 centimètres à 0°, prend, quand on la porte successivement aux températures de 12°, 28°, 40°, 72°, es allongements inscrits dans le tableau suivant :

NUMÉRO DE L'EXPÉRIENCE	TEMPÉRATURE DE LA RÈGLE (DEGRÉS)	ALLONGEMENT DE LA RÈGLE
1	0°	0^{mm}
2	12°	$0^{mm},23$
3	28°	$0^{mm},54$
4	40°	$0^{mm},78$
5	72°	$1^{mm},41$

Nous concevons que les expériences pourraient être étendues bien au delà des limites ci-dessus indiquées.

32. **Représentation graphique.** — Essayons de remplacer le tableau précédent par quelque chose ***qui parle aux yeux*** ou, comme on dit en Physique, par un ***graphique***.

Sur les bords d'une feuille de papier, quadrillé en carrés de 1 millimètre de côté, prenons deux droites rectangulaires (fig. 20) Ox, Oy se coupant au point O. Sur la ligne horizontale, Ox, convenons de représenter une variation de température de 1 degré par une longueur de 1 millimètre. Si donc, la température 0° est représentée par le point O, la température + 12° sera représentée par le point R, tel que OR = 12 millimètres. Par définition, la droite Ox s'appelle ***axe des abscisses*** et l'on dit que ***l'on porte les températures en abscisses.***

Sur la ligne verticale, Oy (***axe des ordonnées***), convenons de epréscnter une variation de longueur de $\frac{1^{mm}}{20}$ par une longueur le 2 millimètres. Les allongements seront donc représentés ici ıar des longueurs 40 fois plus grandes que la réalité. C'est iinsi que l'allongement $0^{mm},23$ sera représenté par le point H, tel que $\overline{OH} = 0^{mm},23 \times 40 = 9^{mm},2$. On dit alors que les ***variations de longueur sont portées en ordonnées.***

Ceci posé, menons par R (qui représente 12°) et H (qui représente l'allongement de $0^{mm},23$) les parallèles aux axes. Ces

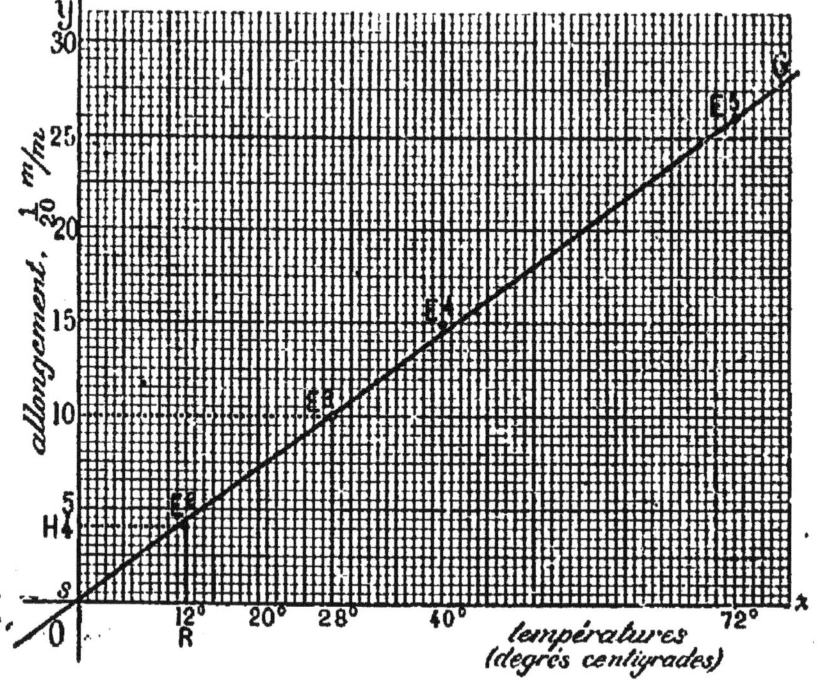

Fig. 20. — Représentation graphique d'une dilatation.

Chaque expérience est représentée par un point. Tous les points obtenus sont reliés par une ligne régulière. Une division, sur l'axe horizontal, représente un degré. Une division, sur l'axe vertical, représente $\frac{1}{20}$ de mm. d'allongement.

parallèles se coupent au point E_2, qui s'appelle le ***point représentatif de l'expérience*** considérée (n° 2 du tableau).

Les expériences 2, 3, 4, 5, seront figurées par les points représentatifs E_2, E_3, E_4, E_5.

Pour terminer le graphique, ***on fait passer, aussi près que possible des points obtenus, une ligne aussi régulière que possible.*** Ici le graphique est la ***droite*** OG (fig. 20).

33. **Remarques.** — I. En construisant la ligne qui représente les résultats d'expérience, on devra s'attacher principalement à tracer une ***ligne régulière;*** quitte, s'il le faut, à s'écarter légèrement, en dessus ou en dessous, de quelques-uns des points directement fournis par l'expérience.

II. *On devra se rappeler qu'on n'a pas le droit de continuer le graphique au delà des points qui représentent des expériences réellement faites.*

34. Cas où le graphique est une droite. — Dans le cas du laiton, comme dans le cas de la plupart des métaux et pour l'immense majorité des corps solides, *le graphique obtenu est une droite.*

Quand il en est ainsi, on doit conclure que l'*allongement est proportionnel à l'élévation de la température.* Cela signifie que, la variation de température étant d'un nombre de degrés 2, 3, 4, 5 fois plus grand (ou plus petit), l'allongement devient lui-même 2, 3, 4, 5 fois plus grand (ou plus petit).

35. Définition de la dilatation linéaire. — Si une barre de laiton de 1 mètre s'allonge de $1^{mm},8$ quand on la chauffe de 100°, il est bien évident qu'une autre barre de laiton de 2 mètres s'allongerait, pour le même échauffement, de $3^{mm},6$.

Pour un échauffement donné, l'*allongement est donc proportionnel à la longueur primitive de la barre.*

Il nous suffira donc de connaître ce que serait cet allongement pour l'unité de longueur de la barre. C'est ce que nous appellerons la *dilatation linéaire* de la barre.

On appellera donc dilatation linéaire d'une barre entre 0° et t° l'accroissement de longueur estimé en centimètres, que subirait une longueur de 1 centimètre prise sur cette barre, quand on la chauffe de 0° à t°.

36. Définition du coefficient de dilatation linéaire. — Les résultats des expériences de dilatation sur les barres métalliques (§ **34**) peuvent donc encore s'énoncer ainsi :

La dilatation linéaire des métaux est proportionnelle à l'élévation de la température.

Calculons cette dilatation pour une élévation de température de 1°. On aura ce qu'on appelle le *coefficient de dilatation linéaire* du corps.

Ainsi, on appelle *coefficient de dilatation linéaire* d'un corps solide *l'allongement qu'éprouve, pour une élévation de température de 1°, l'unité de longueur de ce corps, mesurée d'abord à 0°.*

37. Calcul du coefficient de dilatation linéaire. — Les résultats d'une série d'expériences de dilatation permettent de déterminer le coefficient de dilatation linéaire du corps sur lequel on a opéré.

Reprenons l'exemple du laiton (§ **31**). Pour une élévation de température de 72°, une règle de 107 centimètres s'est allongée de $1^{mm},41$.

Le coefficient de dilatation linéaire du laiton est donc égal à

$$\frac{0,141}{102 \times 72} = 0,000018.$$

38. Résultats d'expériences de mesure. — Voici un tableau de quelques coefficients de dilatation linéaire :

SUBSTANCES	COEFFICIENTS DE DILATATION
Plomb	0,00003
Argent	0,000018
Cuivre	0,000016
Laiton	0,000018
Fer	0,000012
Platine	0,000009
Verre	0,000007
Acier au nickel (métal *invar.*)	0,00000018

Le cuivre, le laiton, le plomb sont des corps très dilatables ; l'acier au nickel (à 36 pour 100 de nickel) est, au contraire, le moins dilatable des corps solides actuellement connus.

39. Efforts énormes développés par la dilatation des solides. — Une barre de fer, de 1 mètre de longueur, se dilate de $0^{cm},12$ quand on la chauffe de 100°.

FIG. 21. — FORGERONS CERCLANT UNE ROUE EN BOIS.
Par refroidissement, le cercle de fer se contracte et maintient les pièces de bois de la roue fortement appliquées les unes contre les autres.

D'autre part, des expériences spéciales ont montré que, si on voulait, par une simple traction, produire le même allongement de cette barre, il faudrait un effort de 2600 kilogrammes par centimètre carré de section.

Si donc on chauffe de 100° une barre de fer de 1 mètre de longueur et de 1 centimètre de section, et si on veut l'empêcher de se dilater, il faudra la soumettre sur ses bases à une poussée énorme de 2600 kilogrammes environ.

40. Importance des dilatations dans la pratique. — On utilise industriellement ces puissants efforts dans quelques circonstances. Les roues des wagons sont en fonte ; elles sont entourées d'un cercle d'acier. Pour fixer celui-ci, on le chauffe au rouge et l'on y fait pénétrer la roue de fonte froide qui, dans ces conditions, y entre juste. Par refroidissement, le bandage d'acier se contracte et adhère solidement à la roue de fonte. Les forgerons opèrent de même pour cercler une roue de bois (fig. 21).

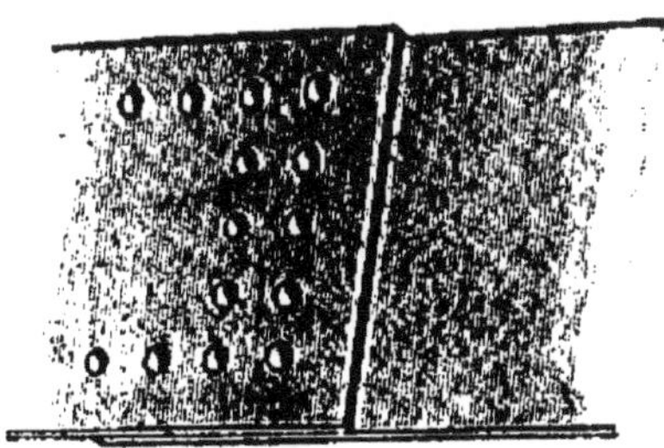

Fig. 22. — Rivets a chaud.
Le rivet, appliqué à chaud, se contracte en se refroidissant ; d'où résulte un serrage énergique des deux feuilles de tôle.

Quand on rive à chaud deux feuilles de tôle, la contraction des rivets (fig. 22), revenant du rouge à la température ordinaire, provoque un serrage tellement énergique des pièces en contact que la rivure est plus résistante que les feuilles de tôle elles-mêmes. Cette propriété est utilisée dans la construction des chaudières à vapeur et dans l'assemblage des pièces qui forment les tabliers des ponts métalliques. Ces derniers sont disposés sur leurs supports (fig. 23), de façon à laisser un libre jeu à leur dilatation sous l'action de la chaleur.

Fig. 23. — Tabliers des ponts métalliques.
Les tabliers des ponts métalliques sont montés à leurs extrémités sur des galets, qui laissent un libre jeu à la dilatation.

41. Résumé. — *Quand on fait varier la température d'un* *métal, son volume et ses dimensions varient. Cette variation est proportionnelle :*

1° Aux dimensions primitives du corps (volume du solide, longueur de la barre);

2° A la variation de la température.

La dilatation des solides développe des efforts énormes, utilisés dans certains cas.

Les coefficients de dilatation linéaire des métaux les plus dilatables s'écartent peu de 0,00002.

2. Dilatation des liquides.

42. **Expériences sur la dilatation des liquides.** — Prenons un ballon rempli de liquide (fig. 24). Fermons-le avec un bouchon, traversé par un tube étroit ouvert aux deux bouts. Plongeons brusquement l'appareil dans un bain d'eau chaude.

Nous voyons tout d'abord le niveau du liquide baisser dans le tube, puis remonter rapidement et dépasser de beaucoup sa position primitive.

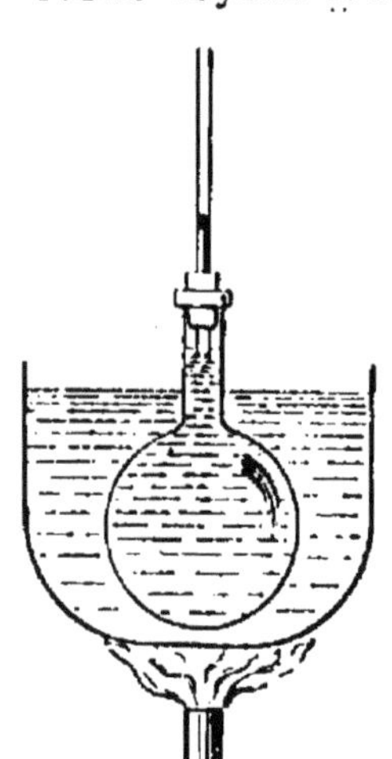

Fig. 24. — Dilatation apparente d'un liquide. Quand on immerge brusquement le ballon plein de liquide dans l'eau chaude, le niveau dans le tube descend d'abord pour remonter ensuite.

Nous constatons ainsi que :

1° ***Le ballon s'est dilaté tout d'abord***; ce qui a produit l'affaissement du niveau;

2° ***Le liquide s'est dilaté à son tour.*** — Sa dilatation est beaucoup plus grande que celle du ballon.

Les lectures, que nous ferions du niveau sur la tige de l'appareil, ne nous donneraient donc ***que l'augmentation apparente de volume du liquide dans le ballon.***

Supposons, en effet, que le niveau du liquide, après s'être abaissé, fût revenu à son état primitif; nous n'aurions pas pu en conclure que l'augmentation de volume du liquide eût été nulle, mais seulement qu'elle eût été égale à l'augmentation de volume du ballon.

43. **Résultats.** — Tout comme les solides, les liquides se dilatent sous l'action de la chaleur; et, dans l'immense majorité des cas, l'augmentation de volume qu'ils éprouvent est également proportionnelle à l'élévation de température, en sorte que l'on connaîtra les

variations de leurs volumes si l'on connaît leurs ***coefficients de dilatation. On appelle ainsi l'accroissement de volume que subit l'unité de volume du liquide, pris à 0°, quand sa température monte de 1 degré.***

Voici les coefficients de dilatation de quelques liquides :

Mercure	Alcool	Éther
0,00018	0,00105	0,00150.

On voit que, d'une manière générale, les liquides se dilatent beaucoup plus que les solides (§ **38**).

44. Effets produits par la dilatation des liquides. — Les liquides sont aussi incompressibles que les solides (§ **6**).

D'autre part, ils sont beaucoup plus dilatables (§ **43**).

La dilatation d'un liquide dans un récipient fermé développera donc des effets beaucoup plus énergiques que ceux qu'on obtient par la dilatation des solides, et que nous avons expliqués ci-dessus (§ **39**).

Ce fait se démontre aisément.

Remplissons d'eau un tube fermé par un bout. Fermons-le à la lampe et immergeons-le dans l'eau bouillante. Le tube se rompt presque aussitôt sous la pression énergique que produit la dilatation de l'eau.

45. Dilatation de l'eau. — La dilatation de l'eau présente une particularité extrêmement remarquable.

Indiquons d'abord les résultats. Nous verrons ensuite comment on les a obtenus.

Chauffons de l'eau à partir de 0°; le volume, au lieu d'augmenter, diminue d'abord jusqu'à 4°.

A partir de 4°, le volume augmente comme pour les autres liquides.

A 4°, le volume de l'eau est donc plus petit qu'à toute autre température. On dit qu'il présente alors un minimum.

Quand on la chauffe de 0° à 4°, l'eau diminue de volume. ***Il en résulte qu'un centimètre cube d'eau pèse alors de plus en plus.*** On dit que, dans ces conditions, la ***densité*** de l'eau va en augmentant (§ **192**). On dit de même que la ***densité*** de l'eau diminue, quand sa température monte à partir de 4°.

L'eau passe donc par un maximum de densité, pour la température de 4°.

46. Maximum de densité de l'eau. — Ce maximum de

densité peut facilement être mis en évidence, à l'aide de l'expérience suivante.

Une éprouvette à pied (fig. 25) est entourée d'un manchon, vers le milieu de sa hauteur.

Deux thermomètres horizontaux plongent dans l'éprouvette, l'un dans le bas, l'autre dans le haut.

L'éprouvette est remplie d'eau. Le manchon est rempli d'un mélange réfrigérant de glace et de sel.

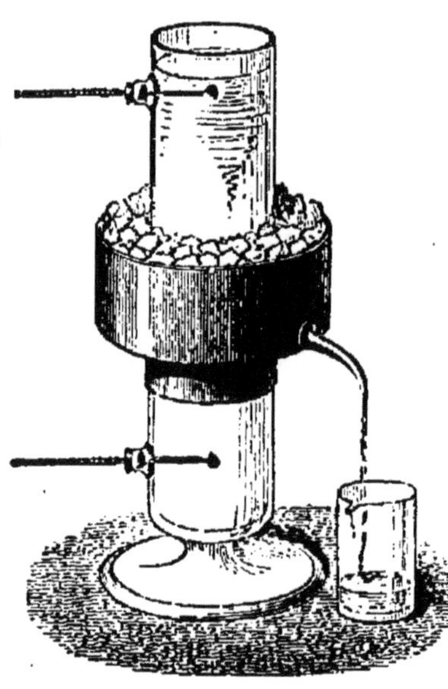

Fig. 25. — Maximum de densité de l'eau. Démonstration expérimentale.
On observe que le thermomètre inférieur peut être à 4°, alors que celui du haut peut marquer des températures plus élevées ou plus basses ; ce qui démontre que la densité de l'eau est maxima à 4°.

On observe la marche des thermomètres.

Voici ce que donne l'expérience :

1re phase. — Le thermomètre inférieur baisse d'abord rapidement.

Le thermomètre supérieur reste à peu près invariable.

Le thermomètre inférieur cesse de baisser, quand il atteint 4°.

2e phase. — A partir de ce moment, le thermomètre supérieur baisse rapidement à son tour. Il atteint 4°. A ce moment, toute l'eau de l'éprouvette est à 4°. Enfin le thermomètre supérieur continue à marquer des températures de plus en plus basses.

Ces résultats s'expliquent de la façon suivante. Dans la première phase de l'expérience, l'eau de l'éprouvette, dont la température est encore supérieure à 4°, devient plus lourde en se refroidissant. Elle tombe au bas de l'éprouvette. Le thermomètre inférieur se refroidit.

Dans la deuxième phase de l'expérience, l'eau que l'on refroidit au-dessous de 4°, devient de plus en plus légère. Elle gagne le haut de l'éprouvette. Le thermomètre supérieur se refroidit à son tour. Ainsi, à 4°, l'eau est plus lourde qu'à toute autre température plus élevée ou plus basse.

A 4°, l'eau passe donc par un maximum de densité.

47. Importance du maximum de densité de l'eau dans la nature. — Un phénomène analogue à celui que nous venons d'étudier se produit pendant l'hiver dans les lacs tranquilles et profonds. L'eau se refroidit par la surface. Elle gagne le fond pour être remplacée à la surface par de l'eau plus chaude qui se refroidit à son tour. Ces mouvements de l'eau s'arrêtent quand la masse entière du liquide est arrivée à 4°.

A partir de ce moment, si les couches superficielles continuent à se refroidir, elles restent à la surface. Ainsi :

1° L'eau d'un lac ne pourra pas se congeler à la surface, avant que toute la masse de l'eau n'en soit descendue à 4°. ***La congélation est retardée.***

2° La congélation ayant lieu à la surface, les couches inférieures peuvent néanmoins rester liquides à 4°. — ***La vie aquatique peut persister sous la couche de glace superficielle.***

48. Représentation graphique de la dilatation de l'eau. — Représentons sur un graphique la manière dont l'eau change de volume, quand sa température varie.

1° Sur l'axe horizontal xx' (fig. 26) nous portons des longueurs

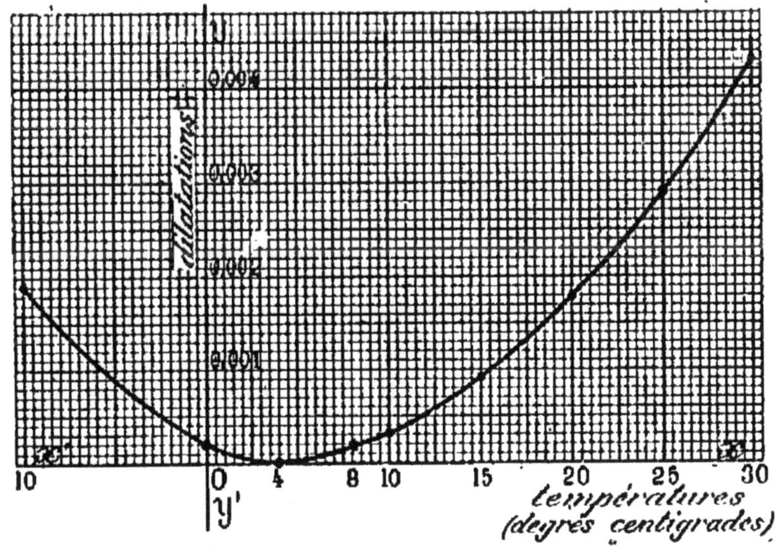

Fig. 26. — Courbe de dilatation de l'eau.
Quand on chauffe l'eau de — 10° à + 25°, le volume diminue d'abord, pour augmenter ensuite.

égales, dont chacune (1 millimètre) représentera par exemple un demi-degré. ***En abscisses, nous portons les températures.***

2° Sur l'axe perpendiculaire yy' nous portons des longueurs égales dont chacune (1 centimètre) représentera par exemple une variation de volume de 0,001. ***En ordonnées nous portons les variations du volume indiquées par la seconde colonne du tableau ci-dessous.***

TEMPÉRATURES	VOLUME DE 1 KILOGRAMME D'EAU	DENSITÉ DE L'EAU
	cm^3 cm^3	
— 10°	1000 + 1,9	0,9981
0°	1000 + 0,2	0,9998
4°	1000	1,0000
10°	1000 + 0,3	0,9997
20°	1000 + 1,8	0,9982
30°	1000 + 4,3	0,9957
50°	1000 + 12,3	0,9882
100°	1000 + 41,3	0,9586

C'est ainsi qu'a été obtenue la courbe de la figure 26.

Remarque. — Ne pas s'étonner de la valeur — 10° pour la température ; de l'eau que l'on refroidit lentement (sans la mettre au contact de la glace), peut, en effet, être amenée à cette température, sans se congeler. On dit qu'il y a ***surfusion*** (§ **321**).

49. **Résumé.** — ***Les liquides se dilatent beaucoup plus que les solides.***

L'eau présente une particularité : son volume ne varie pas toujours dans le même sens que la température. Elle possède un maximum de densité pour la température de 4°.

3. *Thermomètres divers.*

50. **Thermomètres médicaux.** — L'étendue de la graduation d'un thermomètre à mercure ***varie suivant l'usage*** auquel on le destine.

Ainsi, avec un ***thermomètre médical*** (fig. 27), on n'a à observer que des températures voisines de 37° (§ **53**); la tige porte une graduation allant seulement de 34° à 42° environ. Dans ces conditions, on apprécie facilement le dixième de degré.

51. **Thermomètre à alcool.** — On remplace parfois le mercure par de l'alcool qui coûte moins cher que le mercure et pour lequel le remplissage de l'appareil est plus facile.

L'alcool se congèle à une température beaucoup plus basse que le mercure, mais bout à 78°; aussi, peut-on, sur ces appareils, déterminer directement le point zéro, mais non pas le point 100. ***On gradue ces appareils par comparaison.*** Dans ce but, le thermomètre à alcool et un thermomètre à mercure sont plongés dans la même eau chaude. Quand les niveaux des liquides sont stationnaires, on inscrit sur le thermomètre à alcool le nombre lu au même moment sur le thermomètre à mercure. On détermine ainsi un certain nombre de points isolés et l'on fractionne les intervalles compris entre ces points par des divisions en parties égales.

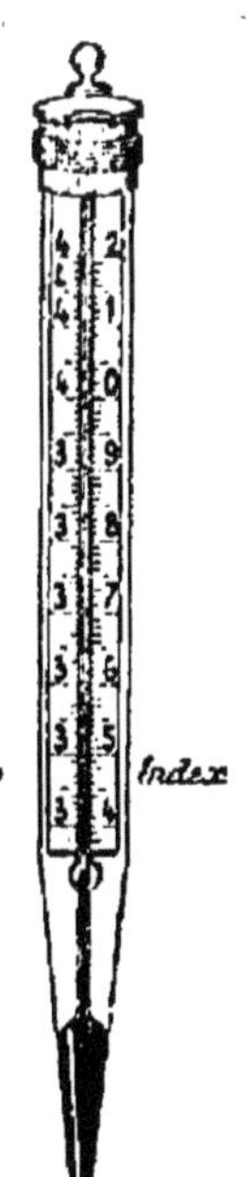

Fig. 27. THERMOMÈTRE MÉDICAL.

La graduation est comprise entre 34° et 42°. Chaque degré occupe donc une grande longueur sur la tige. On peut ainsi apprécier facilement le dixième de degré.

52. **Thermomètre à maxima et à minima.** — Nous ne décrirons qu'un seul type d'appareil. C'est un thermomètre à alcool A (fig. 28). La tige recourbée en forme d'U contient une colonne de mercure dont l'une des extrémités monte pendant que l'autre descend. En contact avec chaque extrémité de la colonne mercurielle, se trouvent deux petits index d'émail *t*, *t'*, plongés au milieu de l'alcool, et qui, par un fil de verre, font ressort contre la paroi du tube. Lorsque la température varie, le volume de l'alcool change; le mercure pousse alors un des index et abandonne l'autre au milieu de l'alcool, où il se trouve plongé. Chacun de ces deux index indiquera donc, par sa position finale, la température extrême à laquelle l'appareil a été porté dans un sens ou dans l'autre. ***L'un des index indique ainsi la température maxima, l'autre la température minima.***

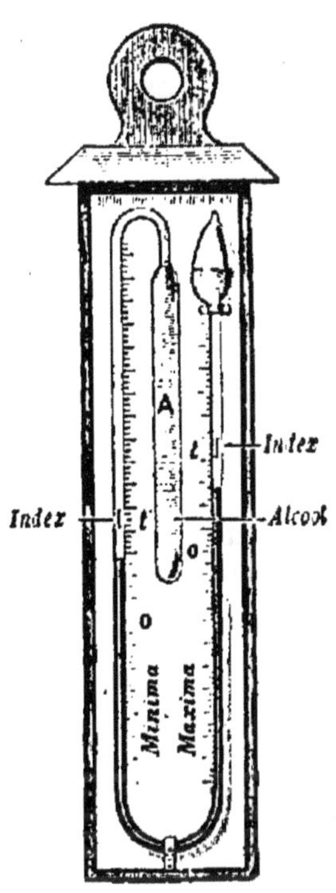

Fig. 28. — THERMOMÈTRE A MAXIMA ET A MINIMA.

Les températures maxima et minima sont indiquées par deux petits index d'émail, plongés au milieu de l'alcool et que le mercure pousse au-devant de lui quand l'extrémité de la colonne mercurielle se déplace.

Pour préparer l'instrument à une nouvelle observation, on amène les index au contact du mercure, en agissant à l'aide d'un aimant sur un petit morceau de fer doux contenu dans chacun d'eux.

53. **Usages du thermomètre.** — Le thermomètre est un instrument précieux, à un très grand nombre de points de vue.

Au point de vue de l'hygiène, il est bon de se rappeler que la température des chambres à coucher ne doit guère dépasser 12°, et que celle des locaux habituels doit être voisine de 18°.

Au point de vue médical, on doit savoir que la température du corps d'un homme en bonne santé s'écarte peu de 37°. Il y a forte fièvre à partir de 39°, et fièvre très grave à partir de 40°. Au-dessous de 36°, ou au-dessus de 40°, la vie ne saurait se prolonger régulièrement.

L'industriel utilise constamment le thermomètre pour régulariser la température dans les autoclaves (§ **102**) ou la pression dans les chaudières (§ **103**), pour surveiller la marche des fours à porcelaine et des fours à verreries, ainsi que le fonctionnement des appareils qui servent à la distillation des pétroles ou des liquides alcooliques. La température doit être maintenue invariable dans les locaux où se pratiquent la fermentation de la bière et la fabrication du vinaigre, etc., etc.

L'agriculteur, lui aussi, doit tenir souvent le plus grand compte de légères variations de température. La fabrication du beurre ou du fromage, la fermentation du vin et du cidre, l'élevage du bétail et de la basse-cour ne se font bien que dans des limites assez étroites de températures.

54. **Résumé.** — ***Les thermomètres médicaux donnent les températures voisines de 37°. Les thermomètres à maxima conservent l'indication de la température la plus élevée qui a été atteinte; et les thermomètres à minima, celle de la température la plus basse.***

CHAPITRE III

LES QUANTITÉS DE CHALEUR

55. **Chaleur dégagée. Chaleur absorbée. Quantité de chaleur.** — Un bec de gaz allumé ***dégage*** de la chaleur. L'air ambiant, les objets placés au voisinage de la flamme, ***absorbent*** cette chaleur et s'échauffent.

Nous dirons qu'un bec de gaz bien réglé fournit ***des quantités de chaleur égales*** pendant des intervalles de temps égaux ; ou bien encore :

La quantité de chaleur dégagée par une flamme bien réglée est proportionnelle au poids de gaz dépensé.

Cette notion nous est très familière. Elle s'étend d'elle-même à tous les combustibles.

Mais, l'expérience la plus vulgaire nous montre que ***les différents combustibles ont des propriétés très inégales au point de vue calorifique*** (§ **127**).

56. **Comparaison de deux quantités de chaleur.** — Proposons-nous de comparer des quantités de chaleur entre elles. Cette comparaison pourrait se faire de diverses façons :

1° Supposons que deux becs de gaz utilisés séparément, chauffent également, pendant le même temps, des quantités d'eau égales. ***Les deux becs de gaz, employés ensemble, fourniront une quantité de chaleur double.***

2° Ou bien encore, supposons que l'un de nos becs de gaz échauffe un litre d'eau, de 0° à 50°, en cinq minutes. Supposons qu'un autre foyer de chaleur, pendant le même temps, échauffe aussi de 0 à 50° une masse de ***deux*** litres d'eau. Nous dirons que cette seconde source de chaleur fournit deux fois plus de chaleur, pendant le même temps, que le bec de gaz de comparaison. ***On pourrait donc, pour comparer des quantités de chaleur, comparer entre elles les masses des corps soumises à l'action de la chaleur.***

57. Distinction entre les températures et les quantités de chaleur. — Il faut donc bien se garder, comme on le fait trop souvent, de confondre les expressions de température et de quantité de chaleur.

Pour porter au rouge une pièce de monnaie, il faut dépenser très peu de chaleur; mais il faut employer une source de chaleur à haute température. Au contraire, pour porter 10 litres d'eau de 15° à 20°, il faut dépenser une quantité de chaleur énormément plus grande; mais on peut employer une source de chaleur à température peu élevée.

Une petite quantité de chaleur a porté la pièce de monnaie à une température beaucoup plus élevée que l'eau.

En effet, si on projette la pièce chauffée au rouge, dans l'eau, chauffée à 20°, c'est la pièce de monnaie qui perd de la chaleur et se refroidit; c'est l'eau qui gagne de la chaleur, et s'échauffe encore un peu plus (si peu que ce soit, d'ailleurs).

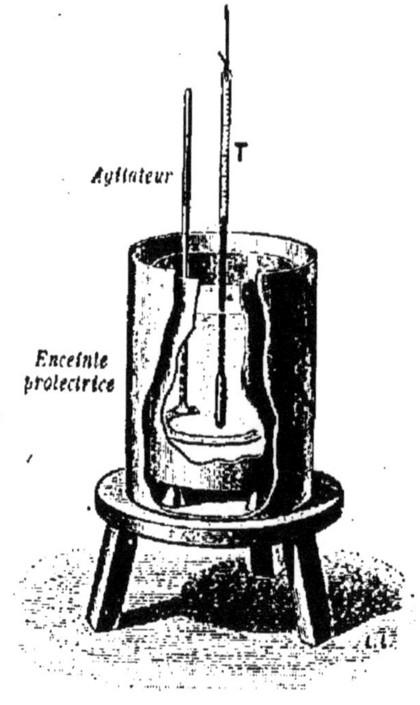

Fig. 29. — Le calorimètre.
C'est un vase cylindrique en laiton mince, contenant un poids d'eau connu, et dont un thermomètre sensible donne la température exacte.

58. Choix d'une unité de chaleur. La Calorie. — Pour mesurer une grandeur quelconque, il faut d'abord faire choix d'une unité de même espèce que la grandeur à mesurer.

L'unité de quantité de chaleur s'appelle la *calorie*.

La calorie est la quantité de chaleur nécessaire pour élever, de 15° à 16°, la température d'un gramme d'eau.

59. Principe des mesures calorimétriques. — Pour mesurer une quantité de chaleur, on dispose les choses de telle façon que cette quantité de chaleur soit uniquement employée à échauffer un poids d'eau connu, dont on observe l'élévation de température. ***Le nombre de calories mises en jeu se calcule alors, en faisant le produit du poids de l'eau, estimé en grammes,***

par le nombre de degrés dont elle s'est échauffée (voir § **62**).

Les appareils destinés à cette opération portent le nom de *calorimètres.*

60. **Le calorimètre.** — Le calorimètre dont on fait le plus habituellement usage est constitué par un vase cylindrique (fig. 29) en laiton mince, qui renferme de 500 à 1000 grammes d'eau, et dans lequel plongent un thermomètre sensible et un agitateur.

61. **Le calorimètre doit être isolé au point de vue thermique.** — Pour être précise, l'opération exige :

1° *Que l'échauffement de l'eau du calorimètre provienne uniquement de la chaleur à mesurer;*

2° *Que la chaleur à mesurer soit tout entière employée à échauffer l'eau du calorimètre.*

3° *Que le calorimètre n'échange pas de chaleur avec les corps voisins.*

Voyons comment cette dernière condition peut être remplie.

On évite les pertes de chaleur *dues à la conductibilité* (§ **115**), en faisant reposer le calorimètre sur *trois pointes de liège,* qui conduisent très mal la chaleur.

On diminue les pertes de chaleur *dues au rayonnement* (§ **114**) :

1° En prenant comme appareil calorimétrique un vase en laiton *poli*; l'expérience apprend, en effet, que les métaux polis rayonnent extrêmement peu;

2° En plaçant le calorimètre *à l'intérieur d'une enceinte protectrice* (fig. 29).

62. **Exemple d'une mesure calorimétrique.** — On comprendra mieux, sur un exemple particulier, la méthode calorimétrique générale qui a été exposée au § **59**.

Supposons qu'un échantillon de plomb soit maintenu quelque temps dans l'appareil (fig. 17) qui sert à fixer le point 100 du thermomètre; il y prend exactement la température de l'eau bouillante : 100°.

Retirons-le de l'étuve; immergeons-le rapidement dans 675 grammes d'eau; supposons que la température de cette eau soit primitivement égale à 15°.

La température de l'eau monte jusqu'à 16°,8 sans aller au-delà.

L'eau du calorimètre a donc reçu :

$$675\,(16,8 - 15) = 1\,215 \text{ calories.}$$

Ces 1215 calories ont été cédées à l'eau du calorimètre par le morceau de plomb, tandis que ce dernier se refroidissait de 100° à 16°,8.

63. **Résumé.** — *Dans un calorimètre, la quantité de chaleur perdue par le corps chaud qui se refroidit est gagnée par l'eau du calorimètre qui s'échauffe.*

L'unité de quantité de chaleur est la calorie.

CHAPITRE IV

FUSION — SOLIDIFICATION

64. **La chaleur et les changements d'état.** — Chauffons du plomb dans une cuiller en fer. Quand la température sera suffisamment élevée, nous le verrons prendre l'état liquide : c'est le phénomène de la ***fusion***.

Le solide étant complètement fondu, cessons de chauffer; puis, abandonnons le corps au refroidissement par l'air extérieur. Nous voyons bientôt le liquide se prendre en masse et repasser à l'état solide : c'est le phénomène de la ***solidification***.

65. **Fusion franche et fusion pâteuse.** — Les corps solides ne fondent pas tous de la même manière :

Si nous chauffons du plomb ou du soufre, ils se liquéfient franchement, dès que leur température est suffisamment élevée; le solide baigne au milieu du liquide; solide et liquide sont nettement séparés : c'est le cas de la ***fusion franche*** ou ***fusion brusque***.

Mais, si nous chauffons de la cire ou du verre, il en est tout autrement : ces substances se ramollissent tout d'abord et ne prennent que progressivement les propriétés d'un liquide (§ 5) : c'est le cas de la ***fusion pâteuse ou progressive***.

Par la suite, nous n'étudierons que la fusion brusque.

66. **Changement de volume qui accompagne la fusion.** — Lorsqu'on met un morceau de glace dans un verre d'eau, la glace surnage et flotte à la surface : c'est qu'elle est plus légère que l'eau liquide; elle doit donc diminuer de volume, en fondant. De fait, 12 décimètres cubes de glace ne donnent que 11 litres d'eau liquide.

En général, il en est autrement. ***Les corps, autres que la glace et la fonte, augmentent de volume en fondant.***

67. **Effets produits par la solidification de l'eau.** — La

congélation de l'eau dans un vase fermé provoque sa rupture (fig. 30). Aux gelées du printemps, les vaisseaux des plantes, déjà gonflés de sève, sont brisés par l'expansion de la glace; d'où résulte *la mort de la plante.*

Les *pierres gélives* sont des pierres poreuses dont les cavités, remplies d'eau, éclatent sous l'effet de la gelée; elles ne peuvent donc servir aux constructions.

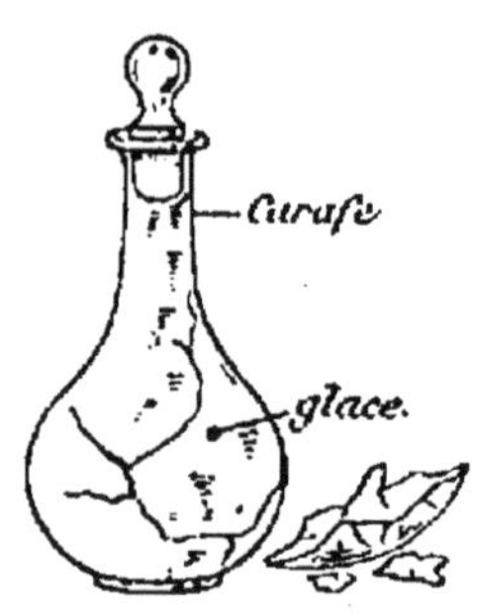

FIG. 30. — RUPTURE PROVOQUÉE PAR FORMATION DE LA GLACE. L'eau, en se solidifiant, augmente de volume et brise la carafe.

68. **Point de fusion ou de solidification.** — Un thermomètre est placé dans un mélange d'eau et de glace. Sa température qui était de 17° au début, par exemple, descend d'une façon graduelle et ne se fixe que quand elle atteint 0°. A partir de ce moment, ***le thermomètre reste à 0°, tant qu'il subsiste une parcelle de glace non fondue***, dans l'eau, pourvu que nous ayons soin d'agiter constamment le mélange d'eau et de glace.

La température ne se remettra à monter que quand la dernière parcelle de glace aura disparu.

Cherchons de même à refroidir au-dessous de zéro un mélange d'eau et de glace. ***La température se maintient à zéro, tant qu'il reste de l'eau liquide dans le mélange.*** Tant qu'il en est ainsi, nous ne faisons que provoquer la formation d'une nouvelle quantité de glace. ***La température ne commence à descendre au-dessous de zéro, que quand toute l'eau a été congelée.***

On exprime tous ces faits, en disant que :

L'eau liquide et la glace, en contact l'une avec l'autre, ne peuvent se maintenir en équilibre de température qu'à 0°.

La température d'équilibre, dont nous venons de parler, est celle pour laquelle la glace peut fondre, ou l'eau se congeler.

69. **Lois de la fusion et de la solidification.** — Tous les corps à fusion franche se comportent comme l'eau. Seule, la température de fusion change de l'un à l'autre. Ainsi, le soufre fond à 120°; le mercure à — 40°. D'une façon générale :

Pour un corps à fusion franche, on ne peut obtenir un mélange de solide et de liquide qu'à une seule température, qui est sa température de fusion ou de solidification. Au-dessous de cette température, le mélange passe entièrement à l'état solide; au-dessus, le mélange passe entièrement à l'état liquide.

70. **Points de fusion des corps usuels.** — On trouvera au § 28, l'indication de quelques points de fusion.

En fait, ***les points de fusion s'étendent des points les plus bas aux points les plus élevés de l'échelle des températures.***

71. **Chaleur de fusion d'un corps.** — L'expérience montre que :

Pendant la fusion, la température reste constante : ***on fournit de la chaleur au corps qui fond.***

Pendant la solidification, la température reste constante : ***le corps liquide qui est en voie de solidification restitue la chaleur qu'il avait absorbée en fondant.***

Nous dirons donc que :

1° ***La fusion absorbe de la chaleur;***

2° ***La solidification abandonne de la chaleur.***

On appelle chaleur de fusion d'un corps le nombre de calories qu'il faut fournir à 1 gramme de ce corps, pris à l'état solide et porté à la température de fusion, pour le transformer totalement en liquide à cette même température.

72. **Détermination de la chaleur de fusion de la glace.** — Choisissons un morceau de glace pure, de 30 à 50 grammes, bien transparent, bien exempt de bulles. — Plaçons-le quelque temps dans de la glace fondante, pour que sa température soit exactement 0°. — Retirons-le; essuyons-le rapidement avec du papier buvard et introduisons-le dans un calorimètre. Soit 22° la température du calorimètre avant introduction de la glace, et 2 kilogs le poids d'eau qu'il renfermait avant l'expérience. La température du calorimètre descend et se fixe quelque temps à 20°, qui sera donc la plus basse température obtenue. Pesons le calorimètre; son poids a augmenté de 40 grammes; le poids de glace introduit était donc de 40 grammes.

La chaleur perdue par l'eau du calorimètre, en se refroidissant, est égale à

$$2000\,(22 - 20) = 4000 \text{ calories.}$$

La chaleur employée pour échauffer de 0° à 20° les 40 grammes de glace, une fois fondus, est égale à

$$40 \times 20 = 800 \text{ calories.}$$

La différence $4000 - 800 = 3200$ calories représente donc la chaleur prise au calorimètre pour effectuer la fusion de la glace. — Or, il y a eu 40 grammes de glace fondus.

La fusion d'un gramme de glace nécessite donc

$$\frac{3200}{40} = 80 \text{ calories.}$$

80 calories est donc la chaleur de fusion de la glace.

73. Grandeur de la chaleur de fusion de la glace. — Voici les chaleurs de fusion de quelques autres corps usuels :

Phosphore	5,0	Plomb	5,4
Soufre	9,4	Étain	14,2

On voit que *la glace a une chaleur de fusion très supérieure à celle des autres corps.*

Si la chaleur de fusion de la glace était moindre, les glaciers disparaîtraient rapidement à l'approche de l'été; certains grands fleuves seraient alors changés en torrents redoutables à la fin du printemps et réduits à sec pendant les fortes chaleurs.

74. Résumé. — *Pour les substances qui subissent la fusion brusque, il y a constance de la température, pendant tout le temps de la fusion. La fusion exige, pour l'unité de poids du corps, une certaine quantité fixe de chaleur (chaleur de fusion). La valeur de la chaleur de fusion est très variable, d'un corps à un autre; mais, celle de l'eau est particulièrement considérable.*

Un liquide, en se refroidissant, repasse en sens inverse par les mêmes états. En particulier, le phénomène de la solidification dégage de la chaleur.

CHAPITRE V

DISSOLUTION ET CRISTALLISATION

75. **Définitions.** — A la partie supérieure d'un flacon plein d'eau, suspendons quelques cristaux bleus de sulfate de cuivre, enfermés dans un linge soutenu par un fil. Nous ne tardons pas à apercevoir des filets liquides bleus qui s'échappent du linge et gagnent le bas du tube. Au bout d'un certain temps, le sulfate solide a complètement disparu; et, par agitation, on obtient un liquide bleu homogène.

On dit que le sulfate de cuivre est ***soluble*** dans l'eau, qu'il ***s'est dissous*** dans l'eau; le phénomène porte le nom de ***dissolution***; le liquide final est une ***solution*** aqueuse de sulfate de cuivre; l'eau est un ***dissolvant*** du sulfate de cuivre.

L'expérience même que nous venons de décrire montre que, sou le même volume, la solution est plus pesante que le dissolvant.

76. **Influence de la nature du dissolvant.** — Du sucre plongé dans l'eau s'y dissout assez rapidement en grande quantité; par contre, dans l'eau-de-vie, il ne se dissout que lentement et en faible quantité. Le bromure d'argent ne se dissout pas dans l'eau; il se dissout dans une solution d'hyposulfite de sodium. ***La nature du dissolvant a donc une influence prépondérante.***

77. **Définition de la concentration.** — Dans 100 grammes d'eau à 15°, laissons tomber quelques fragments de sel marin et agitons : au bout de quelque temps, le sel a disparu, nous avons une solution. Ajoutons de nouveaux fragments de sel; ils se dissolvent à nouveau.

On appelle ***concentration*** d'une solution le rapport entre le poids du sel dissous et le poids du dissolvant.

On peut donc, à une même température, obtenir une infinité de dissolutions d'un même corps, à des concentrations différentes.

78. **Solutions saturées.** — Continuons à ajouter lentement

du sel. Il arrive un moment où le fragment ajouté ne disparaît plus. On dit alors que la solution est *saturée.*

Dans la pratique, ***on définit la solubilité d'une substance solide, en donnant le poids du solide nécessaire pour saturer 100 grammes du dissolvant.***

C'est ainsi qu'on dira qu'à 15° la solubilité du sel marin dans l'eau est égale à 36. Cela signifie qu'à la température de 15°, 100 grammes d'eau peuvent dissoudre 36 grammes de sel marin mais ne peuvent en dissoudre davantage.

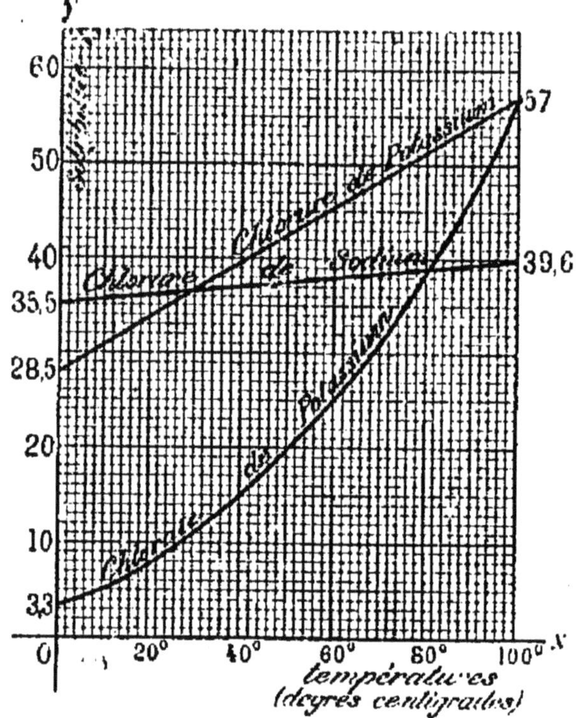

FIG. 31. — REPRÉSENTATION GRAPHIQUE DE LA SOLUBILITÉ, EN FONCTION DE LA TEMPÉRATURE.
Sur ce graphique, les températures ont été portées en abscisses et les solubilités en ordonnées.

79. Influence de la température sur la saturation. — Nous pouvons répéter ce qui précède pour chaque température.

Prenons à 15° une solution saturée de chlorate de potassium dans 100 grammes d'eau ; ce qui exige 6 grammes de sel. Ajoutons 33 grammes de chlorate, et chauffons constamment : le sel disparaît peu à peu ; et, à 80°, il est totalement dissous. A 80°, la solubilité du chlorate est donc représentée par 6 + 33 = 39.

La solubilité d'une substance déterminée, dans un dissolvant déterminé, croît en général quand la température s'élève.

80. **Représentation graphique.** — Cette propriété ressort de la figure 31, qui représente, en fonction de la température, les solubilités du chlorate de potassium, du chlorure de potassium et du chlorure de sodium. Chaque millimètre compté sur Ox représente 2 degrés; chaque millimètre compté sur Oy représente

1 gramme de sel dissous dans 100 grammes d'eau. Autrement dit, les températures ont été portées en abscisses (§ 32), les solubilités en ordonnées.

81. Cristallisation. — Les corps solides, que laisse déposer une solution refroidie, sont généralement terminés par des facettes planes brillantes, parallèles deux à deux. Ces petits solides portent le nom de ***cristaux***.

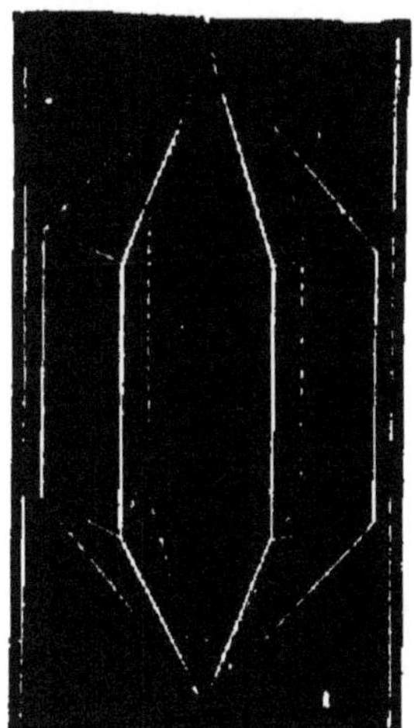

Fig. 32. Cristaux de quartz.
Le quartz, ou cristal de roche, se trouve cristallisé dans la nature sous forme de prismes hexagonaux, surmontés de pyramides hexagonales.

Fig. 33. — Cristaux de gypse fer de lance.
Le gypse se trouve, dans la nature, cristallisé sous forme de fer de lance.

On trouve dans la nature un grand nombre de minéraux cristallisés.

Le ***quartz*** (fig. 32), ou cristal de roche, affecte la forme de prismes hexagonaux, terminés par des petites pyramides hexagonales.

Le ***gypse*** (fig. 33), qui sert à la préparation du plâtre, est du sulfate de chaux cristallisé. Il affecte la forme de fer de lance.

Fig. 34. — Cristaux d'alun.
Ils affectent la forme d'octaèdres réguliers.

L'industrie prépare également un grand nombre de produits cristallisés : sucre ordinaire, sel fin, cristaux de soude du commerce, sulfate de cuivre, ***alun*** (fig. 34), etc., etc.; ***leur forme cristalline est une garantie de leur pureté***. Tous ces cristaux sont obtenus, en partant de dissolutions des corps que l'on veut faire cristalliser. On dit qu'ils se forment par ***voie humide.***

Les flocons de neige que l'on reçoit sur les vêtements, disparaissent lentement en donnant des cristaux en forme d'étoiles à six branches (fig. 35). Ce sont les mêmes cristaux qui forment, en hiver, les ***fleurs de glace*** sur les vitres de nos appartements.

Fig. 35. — Cristaux de neige.

Ces cristaux sont formés par de fines aiguilles de glace, associées de manière à reproduire des étoiles à six branches plus ou moins compliquées.

Le soufre fondu cristallise en longues aiguilles quand, après l'avoir fait fondre (§ 64), on le laisse solidifier lentement. On dit qu'***il cristallise par voie sèche.***

La naphtaline, l'iode cristallisent par ***sublimation*** (§ 88).

82. Résumé. — ***A chaque température, un solide peut se dissoudre dans un liquide, jusqu'à ce que la saturation soit atteinte.***

A chaque température, il y a une valeur déterminée de la solubilité. Cette valeur va généralement en croissant avec la température.

Les solides purs, que laissent déposer, en se refroidissant, des solutions convenablement choisies, sont généralement cristallisés.

CHAPITRE VI

VAPORISATION

83. **Gaz et vapeurs.** — Tout le monde sait que si, par un temps sec, on expose au soleil un récipient largement ouvert, contenant de l'eau, la quantité de liquide diminue peu à peu dans le récipient et finit même par disparaître complètement.

L'eau n'a fait que prendre un état nouveau; on dit qu'elle s'est transformée en *vapeur*.

Fig. 36. — Évaporation de l'eau.
Quand le linge sèche au soleil, l'eau dont il était imprégné se transforme en vapeur.

Les gaz et les vapeurs ont les mêmes propriétés générales. — Rien d'ailleurs ne distingue absolument un gaz d'une vapeur. Retenons seulement que le mot *vapeur* est habituellement réservé à ceux d'entre ces corps qui, à la température ordinaire, peuvent prendre indifféremment les deux états : liquide ou gazeux.

Dans l'expérience précédente, on dit que l'eau s'est *évaporée*. Quand le linge sèche au soleil (fig. 36), l'eau dont il était primitivement imprégné s'évapore peu à peu.

84. **Les liquides sont plus ou moins volatils.** — Ce qui précède n'est pas vrai seulement de l'eau.

L'alcool et surtout l'éther disparaîtraient beaucoup plus rapidement d'un récipient largement ouvert, que l'eau n'en disparaît elle-même (§ **83**); ce sont des liquides ***très volatils***.

Le mercure, l'huile, la glycérine, ne semblent pas subir de diminution de volume dans les mêmes conditions; ce sont des liquides ***peu volatils*** ou ***non volatils***.

85. **Ébullition.** — Mettons de l'alcool dans un ballon, puis chauffons progressivement.

A partir du moment où le thermomètre marque 78°,2 nous voyons des bulles gazeuses se dégager de toute la masse du liquide et venir crever à sa surface.

On dit alors que le liquide est en ***ébullition*** (§ **90**).

Pour l'eau, le même phénomène se produit à une température que nous avons précisément choisie pour en faire le point fixe 100 du thermomètre (§ **22**).

A partir du moment où l'ébullition commence, la masse du liquide diminue rapidement dans le ballon.

Au contraire, la quantité de vapeur augmente constamment dans l'air environnant.

En effet, plaçons au-dessus du col du ballon un corps froid (tel qu'une soucoupe de porcelaine ou un vase de verre), nous le voyons se recouvrir rapidement d'une buée abondante; les gouttelettes liquides ne tardent pas à se rassembler (fig. 14); il est alors facile de les recueillir et de reconnaître que le liquide ainsi obtenu possède exactement les mêmes propriétés que celui qui était au début à l'intérieur du ballon.

86. **Évaporation et ébullition.** — Les liquides peuvent donc se transformer en vapeurs par deux voies différentes :

1° Le liquide peut se transformer en vapeur, ***par tous les points de sa surface libre***. Ce phénomène, plus rapide à chaud qu'à froid, peut cependant se produire à toutes températures. On lui donne le nom d'***évaporation*** (§ **83**).

2° Le liquide peut se transformer en vapeur, ***par tous les points de sa masse***. On voit alors se dégager des bulles de vapeur à travers le liquide. Ce phénomène, sous la pression atmosphérique ordinaire, ne se produit qu'à une seule température déterminée pour chaque liquide (78°,2 pour l'alcool; 100° pour l'eau). On lui donne le nom d'***ébullition*** (§ **85**).

87. **Vaporisation.** — Dans l'évaporation et l'ebullition, l'état primitif du corps est le même; c'est l'***état liquide***. L'état final est le même, également ; c'est l'***état gazeux***.

Dans les deux cas, on dit que le liquide s'est *vaporisé.*

La *vaporisation* d'un liquide peut donc se faire par deux voies différentes : l'*évaporation* et l'*ébullition.*

88. **Sublimation.** — En général, si on chauffe suffisamment un corps solide, il fond d'abord (§ 64), ne se vaporise qu'ensuite. ***L'état liquide est habituellement intermédiaire entre l'état solide et l'état gazeux.***

Il n'en est cependant pas toujours ainsi.

Chauffons légèrement de l'iode dans un ballon. Nous voyons celui-ci se remplir d'une vapeur violette, très lourde, qui est de la vapeur d'iode ; il n'y a pas trace de liquide dans le ballon.

On dit que l'iode s'est ***sublimé.*** On désigne donc par ***sublimation le passage direct de l'état solide à l'état gazeux.***

Inversement, la vapeur d'iode, au contact d'une paroi froide, repasse à l'état solide en donnant de petits cristaux plats, violacés et brillants.

Le camphre, la naphtaline, le sublimé corrosif, la mort-aux-rats (anhydride arsénieux) sont des corps qui, comme l'iode, sont susceptibles de sublimation.

89. **Résumé.** — ***Le passage d'un liquide à l'état gazeux porte le nom de vaporisation.***

Quand la vaporisation se fait par la surface libre du liquide, on la désigne plus spécialement sous le nom d'évaporation.

Quand la vaporisation se fait par tous les points de la masse liquide, on lui donne plus spécialement le nom d'ébullition. Pour un liquide donné, sous une pression donnée, l'ébullition ne peut se produire qu'à une seule température ; l'évaporation, à n'importe quelle température.

On distingue les différents liquides par leur plus ou moins grande volatilité. Un liquide plus volatil s'évapore plus vite ; il bout à une température moins élevée qu'un liquide moins volatil.

La sublimation est le passage direct de l'état solide à l'état gazeux.

CHAPITRE VII

ÉBULLITION

90. Ce qui se passe dans le phénomène de l'ébullition. — Tout le monde a observé ce qui se passe pendant l'ébullition de l'eau. Reprenons les faits en détail.

FIG. 37. — ÉBULLITION.
Des bulles de vapeur se détachent de la paroi chauffée, grossissent en s'élevant, puis viennent crever à la surface du liquide qu'elles agitent violemment.

Un ballon plein d'eau (fig. 37) a été placé sur le feu. On y a projeté un peu de sciure de bois. Un thermomètre peut, de temps à autre, être plongé dans le liquide.

La sciure de bois nous permet de suivre les mouvements du liquide, dont les parties les plus chaudes, étant aussi les plus légères, montent vers la surface libre. On voit ainsi que c'est l'eau elle-même qui, par son propre mouvement, transporte la chaleur du foyer vers les parties moins chaudes. On exprime ce fait, en disant que l'eau s'échauffe *par convection* (**§ 114**).

A un certain moment, on voit apparaître, sur les parois directement exposées à l'action du foyer, une foule de petites bulles qui se détachent, s'élèvent et, rencontrant, à quelque distance des parois, des couches plus froides, se condensent presque aussitôt. Il en résulte un bruissement particulier ; on dit alors que *l'eau chante*.

Enfin, bientôt après, on constate que ces mêmes bulles gazeuses, au lieu de disparaître, se mettent à grossir démesurément en s'élevant. Elles viennent crever tumultueusement à la surface. L'eau est alors évidemment le siège d'une ***vaporisation intérieure très active***. C'est le phénomène de ***l'ébullition***.

91. Constance de la température pendant l'ébullition. — Pendant ces différents phénomènes, suivons la marche d'un thermomètre plongé dans l'eau du ballon.

La température monte d'abord régulièrement, jusqu'au moment où l'ébullition commence. A partir de cet instant, le thermomètre ne monte plus.

Supposons que la pression atmosphérique[1] soit, pendant l'expérience, de 76 centimètres de mercure. Le thermomètre atteindra la température de 100°, puisque c'est ainsi que le point 100 a été déterminé (§ **22**) ; puis, il s'y maintiendra indéfiniment, tant qu'il restera de l'eau dans le ballon.

92. La vaporisation d'un liquide se fait avec absorption de chaleur. — Nous tirons de là une conséquence importante. La chaleur que le foyer continue à céder à l'eau est employée autrement qu'à élever sa température. Elle est donc uniquement employée à transformer l'eau, de l'état liquide à 100°, à l'état de vapeur à 100°.

La vaporisation de l'eau absorbe donc de la chaleur (environ 540 calories par gramme d'eau, à la température de 100°).

93. Lois de l'ébullition. — L'étude de l'ébullition sera complétée plus tard (§ **303**). Dès maintenant, nous pouvons énoncer les trois lois suivantes :

1° ***Sous une pression déterminée, un liquide bout à une température déterminée, que l'on appelle point d'ébullition du liquide sous cette pression.***

2° ***La température du liquide reste invariable pendant tout le temps de l'ébullition, si l'indication du baromètre ne change pas pendant l'expérience.***

3° ***La vaporisation d'un gramme d'eau, à la température de 100°, exige une dépense de chaleur égale à 540 calories.***

94. Résumé. — ***L'ébullition est une véritable évaporation qui se manifeste dans la masse même du liquide.***

La température du liquide se maintient invariable pendant toute la durée de l'ébullition.

1. L'étude systématique de la ***pression atmosphérique*** ne doit venir que plus tard, pendant le cours de deuxième année (§ 205). Qu'il nous suffise, pour le moment, de supposer que l'on dispose d'un ***baromètre*** quelconque. C'est la lecture numérique, faite sur cet appareil, que nous prendrons provisoirement pour définition et pour mesure de la pression atmosphérique.

CHAPITRE VIII

DISTILLATION

95. **Appareil distillatoire simple.** — Prenons une cornue de verre. Remplissons-la d'eau à moitié. Plaçons-la sur un fourneau ; puis engageons son col dans le col plus large d'un ballon de verre (fig. 38), situé plus bas.

Refroidissons constamment le ballon avec de l'eau froide.

Chauffons en même temps le liquide de la cornue. Nous apercevons bientôt des petites gouttelettes liquides sur le col de la cornue ; elles se rassemblent et viennent tomber dans le ballon.

FIG. 38. — APPAREIL DISTILLATOIRE SIMPLE.
Le liquide bout dans la cornue ; sa vapeur vient se condenser dans le récipient refroidi.

La quantité du liquide contenu dans la cornue diminue régulièrement.

La quantité de liquide augmente en même temps dans le ballon.

L'opération que nous venons de décrire constitue une ***distillation***. On dit que l'eau a distillé de la cornue vers le ballon.

96. **Appareil distillatoire avec réfrigérant.** — L'appareil distillatoire de la figure 38 est le plus simple que l'on puisse employer.

On entoure habituellement le tube, par lequel se dégage la vapeur, d'un ***réfrigérant*** (fig. 39) où l'on fait circuler un courant d'eau froide.

On aura soin de remarquer, sur la figure, ***que la vapeur d'eau qui circule dans le tube central et l'eau froide qui circule dans le réfrigérant progressent en sens contraire l'une de l'autre.***

Pour obtenir des distillations plus rapides, on se sert habituellement d'appareils industriels spéciaux désignés, sous le nom d'***alambics***.

Un alambic (fig. 15) se compose d'une chaudière en cuivre, fermée par un couvercle en forme de dôme. On remplit cette chaudière du liquide à distiller et on la chauffe : le dôme porte

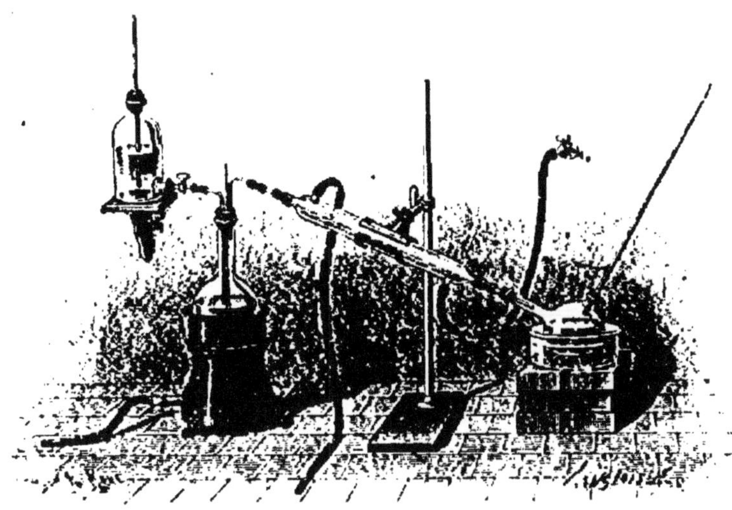

FIG. 39. — APPAREIL DISTILLATOIRE AVEC RÉFRIGÉRANT.
La circulation de la vapeur dans le tube central et la circulation de l'eau froide dans le réfrigérant se font en sens contraire. Le flacon, situé dans le haut de la figure, à gauche, contient le liquide à distiller.

un long col qui conduit la vapeur dans un appareil de condensation constitué par un tube contourné en spirale et entouré d'eau froide. La vapeur se condense dans ce ***serpentin*** et le liquide est recueilli dans un vase extérieur.

Le vase réfrigérant est constamment parcouru par de l'eau froide, arrivant par le bas, sortant par le haut.

97. **Distillations fractionnées.** — La distillation permet de séparer deux liquides inégalement volatils. Si, par exemple, on distille du vin (mélange d'alcool et d'eau), l'alcool, qui est beaucoup plus volatil que l'eau, passe tout d'abord.

La vapeur d'eau ne passe qu'ensuite.

Si l'on recueille séparément les différents produits qui passent aux différents moments de l'opération, on effectue ce qu'on appelle une ***distillation fractionnée***.

Les ***goudrons de houille***, traités par distillation fractionnée, donnent successivement la benzine, le phénol, la naphtaline.

Les ***pétroles***, traités par distillation fractionnée, donnent tout d'abord des liquides très légers, très volatils et très inflamma-

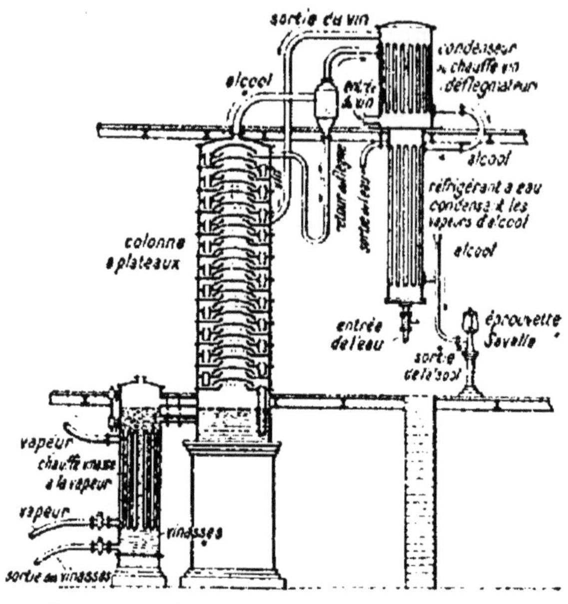

Fig. 40. — Appareil pour la distillation fractionnée des alcools d'industrie.

L'appareil est formé de plateaux superposés. ***Le liquide à distiller descend la colonne*** en s'échauffant de plus en plus; ***les vapeurs d'alcool la parcourent en sens contraire*** en se refroidissant de plus en plus et en se dépouillant de vapeur d'eau.

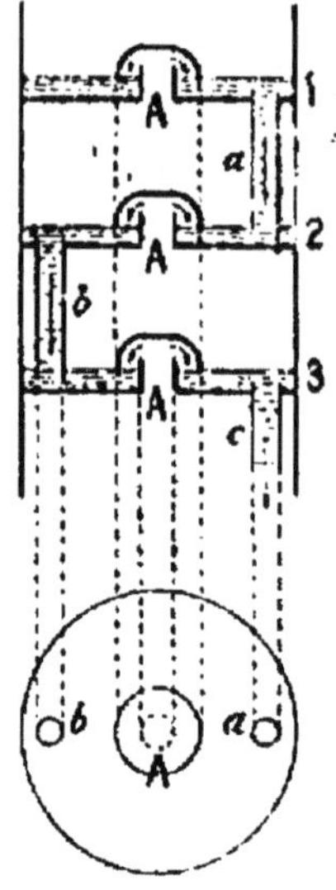

Fig. 41. Détail d'un plateau de l'appareil précédent.

Des tubes *a*, *b*, *c*, font écouler le liquide de chaque plateau au plateau inférieur; les vapeurs passent d'un plateau au plateau supérieur, à travers des cloches telles que A, A, A. Elles barbotent dans le liquide du plateau, et se dépouillent de l'eau qu'elles contenaient encore.

bles, ce sont les ***éthers et essences*** de pétrole; passent ensuite des liquides moins volatils, tels que ***l'huile lampante,*** puis des ***huiles lourdes***; il reste enfin des corps qui sont solides à la température ordinaire, tels que la ***paraffine.***

Les alcools d'industrie sont obtenus par distillation fractionnée. Les figures 40 et 41, ainsi que les légendes qui les accompagnent, expliquent suffisamment le procédé employé.

98. **Résumé.** — ***Distiller un liquide, c'est d'abord le faire bouillir, pour le réduire en vapeur; puis, condenser sa vapeur par refroidissement.***

La distillation fractionnée permet de séparer les différentes substances volatiles contenues dans un même liquide.

CHAPITRE IX

FORCE ÉLASTIQUE DE LA VAPEUR D'EAU

99. **Ébullition dans un vase librement ouvert.** — L'étude de la machine à vapeur (ch. X) sera facilitée par l'exposé de quelques principes très simples, mais très importants.

1° Si l'on met de l'eau ***dans un vase ouvert,*** avec un thermomètre plongé à son intérieur, si on la place ensuite sur un foyer, nous savons (§ **91**) que le thermomètre va s'élever progressivement jusqu'à la température de 100°, qu'il ne dépassera pas. En même temps, ***la vapeur d'eau bouillante se répand dans l'air environnant*** (fig. 42).

FIG. 42. — EXPANSION DE LA VAPEUR D'EAU DANS L'AIR ENVIRONNANT.

L'eau bouillante produit de la vapeur d'eau qui se répand dans l'air environnant. Nous avons vu (fig. 14) que cette vapeur se condenserait sur un corps froid.

2° Une fois le thermomètre arrivé en ce point, ***l'ébullition commence et se maintient ensuite indéfiniment à cette température de 100°,*** pourvu seulement que l'on continue à chauffer. Il en serait ainsi jusqu'à transformation complète de la dernière goutte d'eau liquide en vapeur (§ **91**).

100. **Chauffage d'un liquide en vase clos.** — 3° Cherchons maintenant ce qui se passerait si on venait à chauffer de l'eau ***dans un vase clos.*** Pour cela, il convient de débuter par une observation très simple, que nous pourrons avoir l'occasion de faire à la cuisine, en surveillant la préparation du repas familial. Une marmite pleine d'eau est sur le feu ; elle est munie de son couvercle. Si l'ébullition est commencée, nous voyons de temps à autre le couvercle se soulever (fig. 43), livrer ainsi passage à de légers flocons de vapeur, puis retomber aussitôt en sa position première. Le même phénomène se produit périodiquement. A intervalles réguliers, le couvercle se soulève

et retombe, en produisant des petits chocs d'autant plus rapprochés que le foyer de chaleur est plus intense. C'est ainsi que prend naissance ce léger bruit dont s'accompagne la cuisson des aliments. Retenons seulement, pour notre étude actuelle, que la vapeur d'eau, produite par l'ébullition, manifeste une véritable ***force élastique***, puisque, au lieu de rester indéfiniment sous le couvercle, elle est capable de le soulever pour s'échapper ensuite au dehors.

Fig. 43. — Force élastique de la vapeur d'eau.

la vapeur d'eau est capable de soulever le couvercle, puis de s'échapper au dehors.

4° Que serait-il arrivé, si le couvercle, solidement maintenu, n'avait offert à la vapeur d'eau aucun moyen de s'échapper au dehors? Il nous sera facile de répondre à cette question, en procédant à l'expérience suivante. Mettons un peu d'eau dans un tube à essai (fig. 44), que nous fermons, sans trop forcer, par un bouchon de liège. Approchons le tout de la flamme d'une lampe à alcool, en ayant soin toutefois d'incliner le tube dans une direction telle que l'expérience n'offre aucun danger pour les personnes présentes. Au bout de peu de temps, le bouchon est violemment projeté. Si le bouchon avait été trop fortement enfoncé, l'opération eût même pu devenir dangereuse. Dans cette expérience, nous voyons de nouveau se manifester la force élastique de la vapeur d'eau; beaucoup plus vivement, il est vrai, que dans nos précédentes observations.

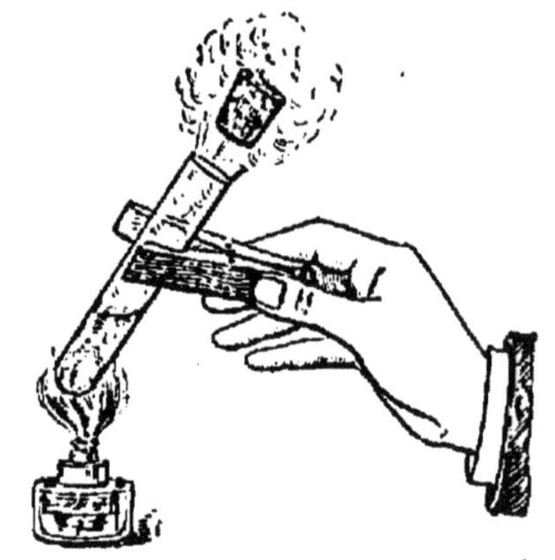

Fig. 44. — La vapeur d'eau est capable de développer des efforts considérables.

Le bouchon est violemment projeté, dès que l'eau a été suffisamment chauffée.

101. Marmite de Papin. — Nous sommes ainsi amenés à comprendre la fameuse expérience de la ***marmite de Papin*** (fig. 45). On désigne ainsi une marmite, en bronze, hermétiquement fermée par un couvercle qu'une vis maintient fortement en place. Ce couvercle porte seulement un orifice *u*, muni d'une soupape qui peut être plus ou moins chargée de poids.

Voici ce que cet appareil a permis de constater. Quand on chauffe de l'eau dans un vase clos, la vapeur produite tend à s'accumuler au-dessus du liquide; elle y acquiert alors une pression de plus en plus grande; cette pression, constamment croissante, s'oppose d'ailleurs à la production et au dégagement de bulles de vapeur à l'intérieur même de la masse liquide.

Nous tirons de là cette première conséquence :

Toute ébullition est rendue impossible dans un vase hermétiquement clos, dont tous les points sont maintenus à la même température.

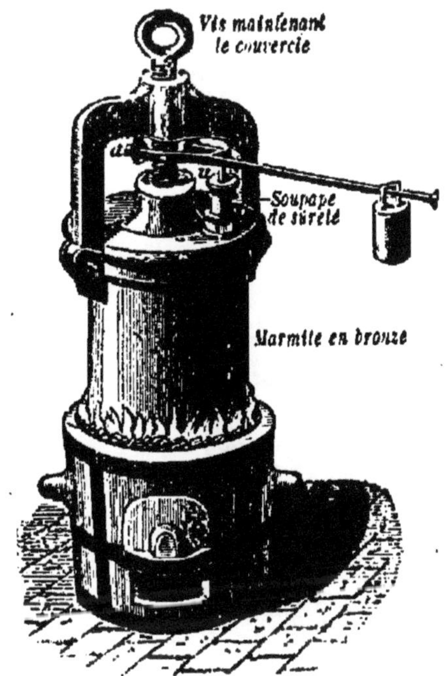

FIG. 45. — MARMITE DE PAPIN.

C'est une marmite hermétiquement fermée. Seul un orifice *u* est ménagé dans le couvercle. Il peut être plus ou moins chargé; c'est ce qu'on appelle une *soupape de sûreté*.

102. Propriétés des liquides chauffés en vase clos. — Autoclaves. — L'observation de la marmite de Papin nous conduit encore à formuler cette autre conclusion :

La température d'un liquide chauffé dans un vase hermétiquement clos peut être portée notablement au-dessus de la température d'ébullition normale du liquide.

Cette importante propriété est utilisée dans les *autoclaves.*

On désigne ainsi des récipients (fig. 46), très résistants, complètement clos, munis de soupapes de sûreté dont on peut faire varier la charge à volonté. Dans ces récipients, on peut porter l'eau à des températures déterminées, suivant la charge, que l'on impose à la soupape de sûreté.

Ces appareils sont employés à la préparation des pansements aseptiques, à la fabrication des savons et des conserves alimentaires, à l'extraction de la gélatine des os, etc..., etc..

103. Comment on peut augmenter la pression développée à l'intérieur d'une chaudière. — On peut encore tirer de l'observation de la marmite de Papin cette autre conclusion très importante :

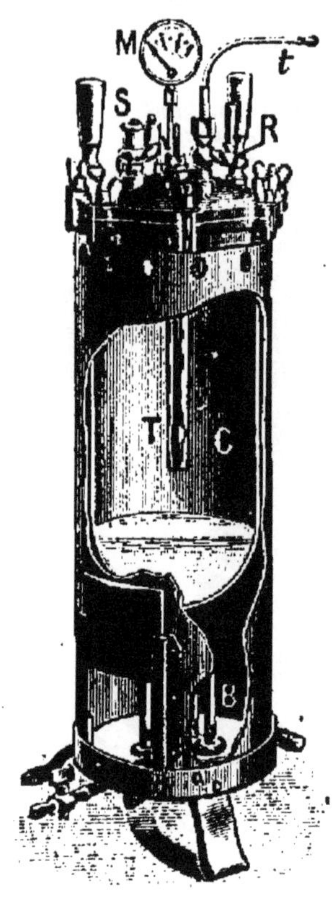

FIG. 46. — AUTOCLAVE.
On peut, dans ces récipients, porter l'eau à des températures supérieures à 100° et d'autant plus élevées que l'on charge davantage la soupape de sûreté.

La pression de la vapeur dans une chaudière hermétiquement close peut être portée d'autant plus haut que la soupape est plus fortement chargée.

Il faut avoir soin, bien entendu, de ne pas dépasser les pressions que la chaudière ne saurait supporter sans danger; faute de quoi, on s'exposerait aux graves accidents que pourrait provoquer une explosion.

La propriété que nous venons d'énoncer a reçu, dans les ***machines à vapeur***, une application dont l'importance est de tout premier ordre.

Des exemples numériques nous feront mieux comprendre le sens et la portée du principe qui nous occupe.

La marmite étant ouverte, soumettons l'eau tout d'abord à une ébullition prolongée. Nous savons déjà que, par ce procédé (§ **13**), nous chassons de la chaudière tout l'air qu'elle contenait primitivement; elle ne renferme donc plus que de l'eau, soit à l'état de liquide, soit à l'état de vapeur.

Chargeons alors la soupape de façon à la maintenir fermée. Supposons pour simplifier, que la soupape ait une surface de 1 centimètre carré et que le poids dont nous la chargeons directement soit de 1 kilog; et continuons à chauffer la marmite de Papin. La soupape se soulèvera dès que la température aura atteint 120°. A partir de ce moment nous pouvons continuer à chauffer, la température ne s'élèvera plus. Le liquide reste en ébullition; et l'ébullition se maintient tant que l'on continue à chauffer.

Si on chargeait la soupape de 9 kilogs, au lieu d'un seul, on observerait des phénomènes tout à fait semblables aux précédents, sauf que la température atteinte serait de 180°, au lieu de 120°.

Bien entendu, si la soupape présentait une surface de 2 centimètres carrés, il faudrait, pour obtenir les mêmes résultats, une charge de 2 kilogs, dans la première expérience et de 18 kilogs dans la seconde.

De ces expériences résulte que :

La force élastique, que peut atteindre la vapeur d'eau dans une chaudière hermétiquement close, va très rapidement en croissant, quand la température s'élève.

La courbe de la figure 47 représente précisément la manière dont se fait cet accroissement de pression avec la température.

Pour interpréter correctement cette courbe, on ne devra pas perdre de vue les deux points suivants :

a) On désigne sous le nom d'***atmosphère*** la pression exercée par un poids de 1 kilog sur une soupape de 1 centimètre carré de surface.

b) On doit toujours effectuer le calcul comme si, en sus du poids directement appliqué sur la soupape de 1 centimètre carré, se trouvait un poids additionnel de 1 kilogramme (destiné ici à représenter l'effet de l'air atmosphérique sur la soupape).

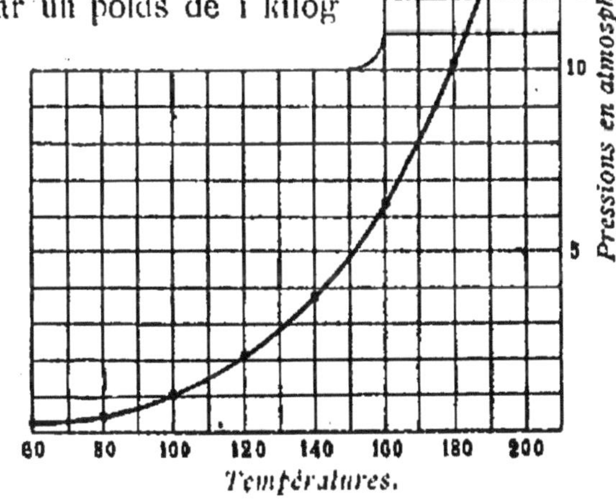

Fig. 47. — Variation de la pression maxima de la vapeur d'eau.

Cette pression augmente avec la température d'une façon de plus en plus rapide.

Nous comprendrons mieux la raison de cette manière de diriger le calcul, lorsque nous serons plus familiarisés avec les effets de la pression atmosphérique (§ **306**).

101. **Exemples numériques.** — Appliquons les règles formulées à la fin du paragraphe précédent. Nous voyons que notre

soupape (de 1 centimètre carré), étant chargée directement d'un poids de 1 kilog, supporte, en réalité, du haut vers le bas, une pression totale de 2 atmosphères. Or, elle se soulève, dans ces conditions, dès que la température de la chaudière atteint 120°. Voilà pourquoi la courbe de la figure 47 donne 2 atmosphères, comme étant la pression atteinte par la vapeur d'eau dans une chaudière portée à 120°. De même à 180°, la pression exercée par la vapeur sur la soupape est égale à $9 + 1 = 10$ atmosphères; et c'est encore ce qu'indique la même courbe.

105. **Résumé.** — *L'eau chauffée dans un vase clos est douée d'une* **force élastique** *qui augmente rapidement avec la température.*

CHAPITRE X

LA MACHINE A VAPEUR

106. **Organes principaux d'une machine à vapeur.** — Réduite à ses organes essentiels, une machine à vapeur comprend :

1° ***Un générateur de vapeur***; c'est une chaudière close (fig. 48), à parois résistantes, dans laquelle on chauffe de l'eau à une température telle que la pression de la vapeur puisse atteindre plusieurs kilogrammes par centimètre carré;

2° ***Un cylindre*** (fig. 51), dans lequel est engagé un piston mobile. La vapeur de la chaudière agit alternativement sur l'une et sur l'autre face du piston;

3° ***Un dispositif de transformation*** du mouvement alternatif du piston en un mouvement circulaire à peu près uniforme (fig. 51).

Nous allons décrire sommairement ces trois organes.

107. **Générateur de vapeur.** — Les générateurs doivent présenter une ***large surface de chauffe*** aux gaz chauds du foyer. Cela, pour deux raisons :

1° Pour ***économiser le combustible***;

2° Pour ***obtenir rapidement les grandes quantités de vapeur*** exigées par les machines modernes.

Les chaudières tubulaires sont formées d'un grand nombre de tubes inclinés V (fig. 48), directement chauffés par la flamme du foyer, et communiquant tous par leur extrémité supérieure avec un collecteur R, en grande partie rempli d'eau.

108. **Organes accessoires des générateurs de vapeur.** — Tous ces générateurs sont munis d'organes accessoires :

1° ***Une soupape de sûreté*** S (fig. 48) est destinée à s'ouvrir dès que la pression dans la chaudière devient accidentellement trop forte, et par suite dangereuse;

2° ***Un indicateur de niveau*** N (fig. 48), formé d'un tube de cristal épais A (fig. 50), fait connaître à chaque instant le niveau de l'eau B dans la chaudière.

109. Le manomètre. — Parmi les organes indispensables à une machine à vapeur, il convient de signaler tout spécialement un indicateur de pression, généralement appelé *manomètre*.

Il ne serait évidemment pas facile de procéder à la mesure des pressions, comme nous avons supposé que nous faisions

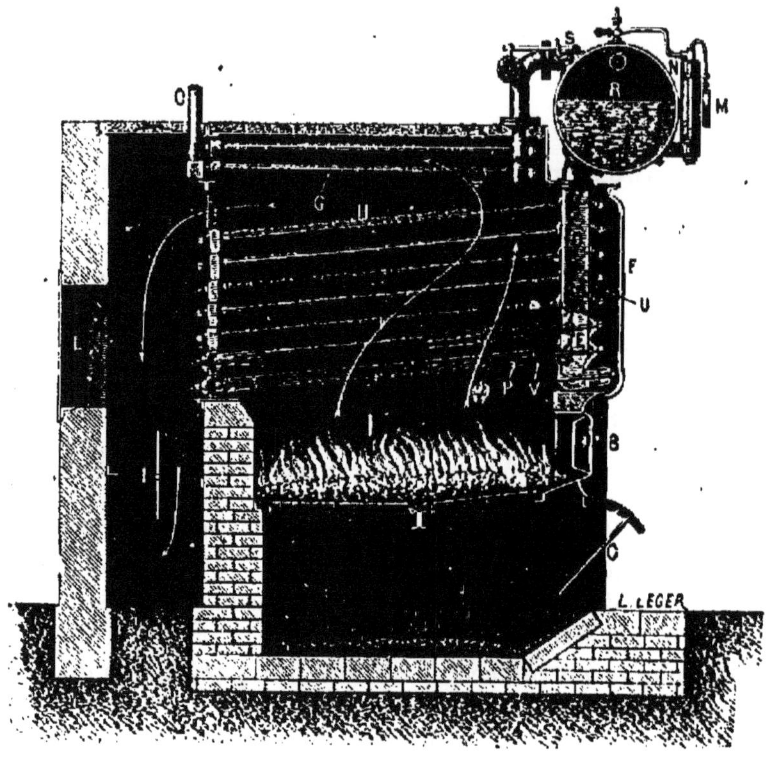

FIG. 48. — CHAUDIÈRE MULTITUBULAIRE.

L'eau, contenue dans le réservoir R, circule dans les tubes V, entourés par la flamme du foyer; elle s'y vaporise. La vapeur ainsi produite retourne dans le réservoir R dont elle élève progressivement la température.
I, valve servant à régler le tirage; M, manomètre; N, niveau d'eau; S, soupape de sûreté; K, tuyau d'alimentation; O, tube qui conduit la vapeur à la machine.

jusqu'ici, c'est-à-dire en faisant varier les poids qui chargent la soupape de sûreté. On se sert plus commodément de *manomètres métalliques*.

Imaginons un tube métallique, *flexible et fin*, *b*, (fig. 49), recourbé en spirale. Une extrémité de ce tube est fermée et reliée à une aiguille *c*, mobile devant un cadran; l'autre extrémité de ce tube est mise en relation avec la vapeur d'eau contenue dans la chaudière. Il est évident que, si la pression augmente graduellement dans la chaudière, la spirale flexible tend à se dérouler et l'aiguille vient s'arrêter sur le cadran devant une division d'ordre de plus en plus élevé.

L'aiguille reprend d'ailleurs sa position initiale, dès que l'intérieur du tube est ramené à son premier état. L'appareil peut donc servir à noter les pressions exercées par l'intermédiaire des gaz ou des vapeurs. Ces manomètres métalliques sont généralement gradués en atmosphères. Nous avons indiqué plus haut (§ **103**) ce qu'il faut entendre par là.

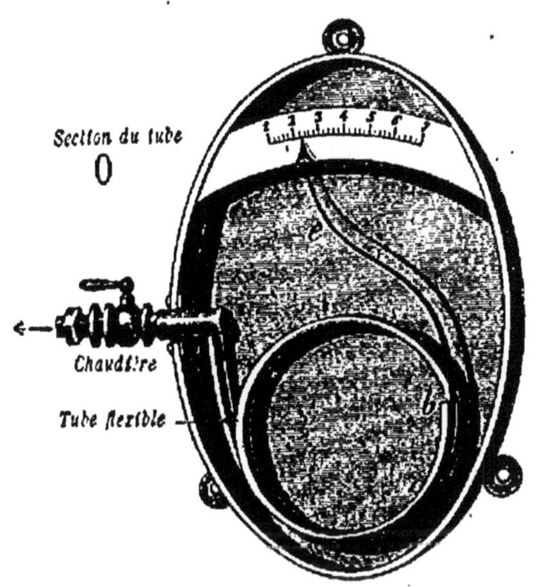

FIG. 49. — MANOMÈTRE MÉTALLIQUE.

Lorsqu'on refoule un gaz à l'intérieur du tube flexible *b*, celui-ci tend à se dérouler; et son extrémité terminée en aiguille, *c*, se déplace vers la droite sur le cadran divisé.

110. Le cylindre et le piston. Mouvement continu du volant. — Nous nous rendrons facilement compte du fonctionnement de la machine à l'aide de la figure 51.

Le cylindre est un corps de pompe en acier, dans lequel se déplace un piston entièrement métallique.

La tige du piston (fig. 51) est reliée par une ***bielle articulée***, à l'extrémité d'une ***manivelle m***, solidaire d'un arbre horizontal, qui tourne entre des coussinets.

La longueur de la manivelle est juste égale à la moitié de la course du piston.

Si la vapeur agit sur l'une des faces du piston, l'extrémité de la manivelle se trouve poussée par l'intermédiaire de la bielle et l'arbre tourne autour de son axe.

Lorsque le piston est à l'une de ses positions extrêmes, la manivelle se trouve dans le prolongement de la bielle, et l'action de la vapeur est alors sans effet : la bielle est à ses ***points morts***.

Il est nécessaire que, parvenue à ces points morts, la machine les dépasse d'elle-même.

Un *volant* très lourd, solidaire de l'axe de rotation, permet d'obtenir ce résultat et de régulariser la marche de la machine.

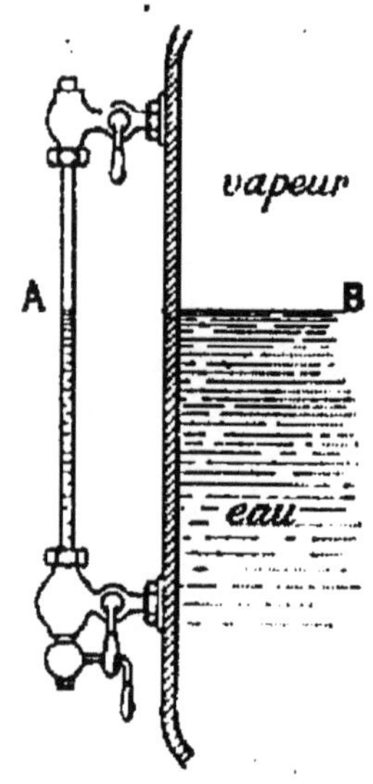

FIG. 50.
INDICATEUR DE NIVEAU.

Cet appareil est destiné à faire connaître, à chaque instant, le niveau de l'eau dans la chaudière.

111. Distribution de la vapeur. Le tiroir. — ***La distribution de la vapeur se fait à l'aide du tiroir***; elle présente l'avantage d'une grande simplicité.

Sur le cylindre est solidement boulonnée une boîte rectangulaire B (fig. 51). Celle-ci communique avec la chaudière. A l'intérieur de cette boîte débouchent trois autres conduits, *a*, *b*, *s*, ménagés dans la paroi même du cylindre.

Deux de ces conduits, *a* et *b*, aboutissent près des bases; le conduit médian *s* est en relation avec l'atmosphère ou avec une enceinte à base pression (***condenseur***).

Dans la boîte B se déplace une pièce mobile *t*, ayant la forme d'un ***tiroir*** à parois épaisses, appliqué par sa face ouverte sur la surface extérieure du cylindre.

Reportons-nous à la figure. La face de droite du piston communique avec la chaudière par le canal *b* que le tiroir laisse ouvert. La face de gauche communique, au contraire, par le canal *a*, et le conduit *s*, avec l'extérieur. Les lumières *a* et *b* restent dans l'état actuel pour la plus grande partie de la course du piston. Mais, dès que celui-ci approche de la base de gauche du cylindre, le tiroir, entraîné par le mouvement du volant, se déplace très rapidement vers la droite. Les ***communications sont alors interverties***. La vapeur de la chaudière agit sur la face gauche du piston, tandis que la partie droite du cylindre communique avec l'extérieur.

La distribution de la vapeur est donc ainsi assurée automatiquement, à chaque coup de piston.

112. Applications des machines à vapeurs. — La ***machine à vapeur*** est utilisée à la fabrication des objets qui servent à la satisfaction de nos besoins les plus variés.

Sur terre, les ***locomotives*** (fig. 52); sur l'eau, les ***bateaux à*** *vapeurs* sont employés au transport de l'homme et des produits multiples de l'agriculture et de l'industrie.

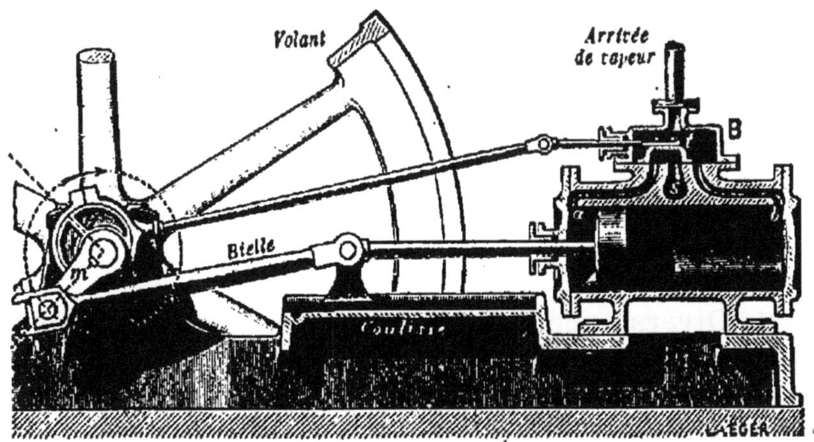

Fig. 51. — Transformation du mouvement alternatif en mouvement circulaire.

La tête du piston, guidée par la coulisse, est reliée par la *bielle* à la *manivelle* *m* qui, finalement, actionne l'arbre de rotation d'un lourd *volant*.

113. **Résumé.** — ***La force élastique de la vapeur d'eau a reçu une application de première importance dans les machines à vapeur.***

Une machine à vapeur comprend : un générateur à vapeur, un

Fig. 52. — Locomotive.

C'est la force élastique de la vapeur contenue dans la chaudière qui produit le déplacement des pistons de la machine et met en mouvement le train de wagons qu'elle entraîne à sa suite.

cylindre dans lequel la vapeur travaille, enfin un organe de transformation du mouvement rectiligne alternatif en mouvement circulaire continu. La distribution de la vapeur se fait à l'aide du tiroir.

CHAPITRE XI

PROPAGATION DE LA CHALEUR

114. Divers modes de propagation de la chaleur. — I. ***Conductibilité.*** — Lorsqu'on chauffe l'extrémité d'une barre de métal qu'on tient à la main, on constate que la température s'élève progressivement tout le long de la barre, des tranches chauffées aux tranches voisines. Ce mode de propagation calorifique constitue la ***conductibilité.***

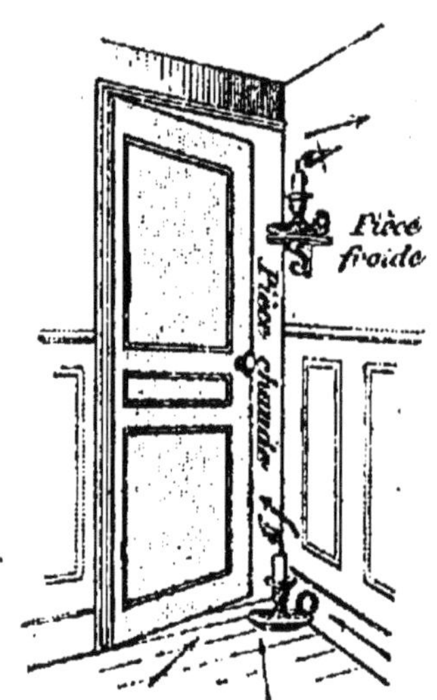

Fig. 53.
Courants de convection dans les gaz.
L'air chaud, plus léger, s'écoule par le haut. L'air froid, plus lourd, s'écoule par le bas. Les flammes des deux bougies montrent qu'il en est bien ainsi.

II. ***Rayonnement.*** — La chaleur peut aussi se communiquer à distance : celle que nous envoie le soleil nous arrive après avoir traversé le vide interplanétaire et la couche d'air qui enveloppe la terre.

On donne à ce mode de propagation de la chaleur le nom de ***rayonnement.***

Par rayonnement, la chaleur peut traverser certains corps transparents, sans les échauffer sensiblement.

III. ***Convection.*** — Tout le monde sait que, lorsque deux pièces d'un appartement communiquent entre elles et que l'une d'elles est chauffée par un poêle, la chaleur se fait sentir dans l'autre, bien que les objets placés dans cette dernière ne soient pas directement exposés au rayonnement du foyer.

Entre les deux salles, il s'établit alors une véritable ***circulation d'air***; il suffit, pour le montrer, de fermer à moitié la porte qui sépare les deux pièces et de placer une bougie dans l'entre-bâillement (fig. 53). En haut, la flamme, poussée par le courant d'air chaud, s'incline vers la salle froide; en bas, la flamme se dirige vers la salle chaude.

A ce troisième mode de transport de la chaleur par les corps chauds en mouvement, on a donné le nom de *convection.*

115. Conductibilité des corps solides. — ***Les propriétés conductrices des différents corps solides sont en réalité très inégales.*** C'est ce que nous apprend l'expérience la plus vulgaire. On peut tenir à la main une allumette enflammée, sans se brûler les doigts; ***c'est que le bois conduit mal la chaleur.*** Au contraire, on ne pourrait tenir longtemps, à la main, le manche d'une cuiller d'argent, plongée dans l'eau bouillante; c'est que ***l'argent conduit bien la chaleur.*** On peut grouper les corps par ordre de conductibilité à l'aide d'un dispositif très simple.

Fig. 54. — Comparaison des conductibilités.

Des baguettes de substances différentes sont implantées dans la paroi du récipient; on les recouvre de cire, et l'on estime les diverses conductibilités d'après la longueur de cire qui fond sur chaque baguette, quand on remplit le récipient d'eau chaude.

L'appareil se compose d'une cuve rectangulaire en laiton, dans la paroi de laquelle sont implantées des tiges de différentes substances : argent, cuivre, zinc, fer, plomb, verre, bois, etc. (fig. 54). Toutes ces tiges pénètrent de quelques millimètres dans l'intérieur de la caisse : elles ont même longueur et même diamètre; elles ont été préalablement recouvertes d'une couche uniforme de cire. On verse de l'eau bouillante dans la caisse; la chaleur se transmet le long des baguettes, et sur chacune d'elles la cire fond juqu'à une distance plus ou moins grande, suivant la plus ou moins grande conductibilité de la substance. On reconnaît ainsi que l'***argent*** est très conducteur; viennent ensuite le ***cuivre***, le ***laiton***, le ***zinc***, le ***fer***, le ***plomb***, le ***verre***, la ***porcelaine***, le ***bois***; la conductibilité de ces trois dernières substances étant d'ailleurs beaucoup plus faible que celle des métaux.

En général, ***une même substance solide conduit mieux la chaleur, lorsqu'elle est compacte*** que quand elle est réduite en minces fragments n'ayant que peu de points de contact les uns avec les autres.

C'est ainsi que ***la houille et l'anthracite sont meilleurs conducteurs de la chaleur que la braise, le noir de fumée ou la suie.***

Une escarbille enflammée, tombant sur de la suie, mauvaise conductrice, n'élève la température de cette dernière, qu'au point touché. Celle-ci peut alors s'échauffer suffisamment pour s'enflammer et pour qu'ensuite ***un feu de cheminée se déclare***. Au contraire, la houille et l'anthracite, étant compacts et bons conducteurs de la chaleur, ne s'enflamment que difficilement et ne brûlent ensuite que grâce à un fort tirage.

116. Conductibilité des liquides. — ***Les liquides conduisent très mal la chaleur*** (à l'exception toutefois du mercure, dont la conductibilité est comparable à celle des autres métaux).

On s'assure de cette mauvaise conductibilité, en essayant de chauffer les liquides par leur partie supérieure ; ils ne s'échauffent que très difficilement. Au contraire, un liquide s'échauffe aisément, quand on place sur un foyer le récipient dans lequel il est contenu.

Les parties qui sont directement exposées à l'action du foyer se dilatent en s'échauffant, et, devenues plus légères, gagnent les régions supérieures du liquide. Il s'établit ainsi, dans la masse de celui-ci, des courants ascendants de liquide chaud et des courants descendants de liquide froid qui ont pour conséquence d'uniformiser la température, au fur et à mesure que celle-ci s'élève.

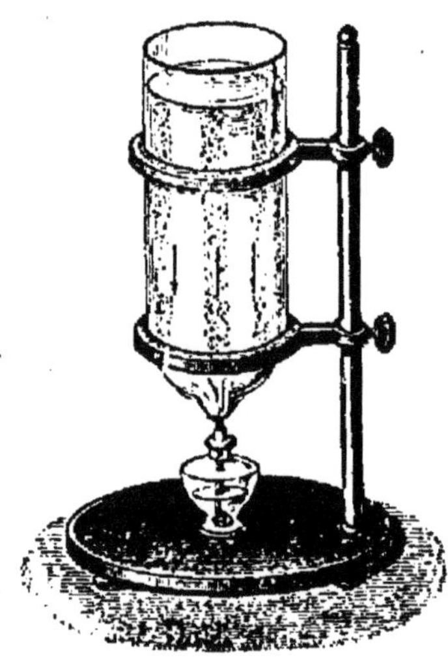

FIG. 55.
CONVECTION DE LA CHALEUR PAR LES LIQUIDES.
L'échauffement d'un liquide est surtout dû aux courants de convection qui s'y produisent quand on le chauffe par la partie inférieure.

On peut rendre ces courants visibles, en chauffant par le fond une large éprouvette de verre (fig. 55) contenant de l'eau dans laquelle on a mis en suspension un peu de sciure de bois. On voit les parcelles de bois, entraînées par les mouvements de l'eau s'élever des points chauffés vers la surface et redescendre ensuite le long des parois.

Ces courants sont de véritables ***courants de convection*** tout à fait analogues à ceux qui se produisent aussi dans une masse gazeuse inégalement chauffée (§ **114**).

117. Conductibilité des gaz. — ***Si les liquides conduisent mal la chaleur, les gaz la conduisent plus mal encore.***

C'est pourquoi les tissus, qui laissent difficilement circuler les gaz à leur intérieur (§ 119), opposent un véritable obstacle à la propagation de la chaleur. C'est pourquoi encore, dans les pays froids, on cherche à se défendre contre les rigueurs de l'hiver, en immobilisant, entre l'intérieur des habitations et leur extérieur, des couches d'air plus ou moins épaisses que maintiennent en place des *doubles portes* ou des *doubles fenêtres* (fig. 56).

Fig. 56. — Double porte.
Les doubles portes, comme les doubles fenêtres, immobilisent un couche d'air plus ou moins épaisse, protégeant l'intérieur des habitations contre un refroidissement trop rapide par l'extérieur.

Une raison du même genre nous fait comprendre le rôle protecteur que la neige peut jouer contre le froid, pendant les hivers très rigoureux. L'air, interposé entre les petits cristaux de neige, forme une enveloppe très peu conductrice de la chaleur; par elle, se trouve empêché un refroidissement trop rapide des couches profondes du sol.

118. Applications de la conductibilité. — ***Pour chauffer les liquides***, en utilisant, au mieux, la chaleur dépensée, on devra se servir de récipients fabriqués avec des métaux bons conducteurs. C'est ainsi que ***les appareils de cuisine, les chaudières, les alambics, les vases évaporatoires sont généralement en cuivre.***

En appliquant la main sur un morceau de fer ou de marbre, on ressent d'ordinaire une impression de froid qu'on n'éprouve pas en touchant du bois. Cette différence d'impression tient à l'inégale conductibilité de ces corps. En effet, si le fer et le marbre, tous deux bons conducteurs, sont à une température moindre que celle du corps humain, ils enlèvent rapidement la chaleur aux points qui les touchent; et l'épiderme se refroidit plus vivement qu'au contact du bois qui conduit très mal la chaleur. ***Une chambre dallée ou carrelée est plus froide aux pieds nus qu'une chambre parquetée.***

Les manches de fers à repasser ou de fers à friser sont en

bois ou, s'ils sont en métal, on ne doit les saisir, qu'après s'être protégé la main avec une poignée en étoffe (fig. 57), pour éviter de se brûler à leur contact.

Pour la même raison, les cafetières et théières en argent (fig. 58) portent habituellement des poignées, formées de substances peu conductrices de la chaleur (bois, ivoire, corne, etc.).

FIG. 57. — FERS A REPASSER.
Le manche d'un fer à repasser doit être peu conducteur de la chaleur. S'il est en fer, on doit, pour ne pas se brûler, le saisir avec une poignée en étoffe.

FIG. 58. — CAFETIÈRES ET THÉIÈRES EN ARGENT.
Ces récipients en métal brillant permettent de conserver longtemps chauds les liquides contenus à leur intérieur. Leurs poignées sont en corne, en bois, ou en ivoire, pour éviter qu'on ne se brûle les mains à leur contact.

Quelquefois, ces poignées sont elles-mêmes en métal, comme la cafetière ou la théière. On a eu soin, dans ce cas, d'intercaler, entre elles et le récipient destiné à contenir le liquide chaud, de petites rondelles isolantes, fabriquées avec les mêmes matières peu conductrices de la chaleur (bois, corne, ivoire, etc.).

119. Du rôle de certains corps, mauvais conducteurs de la chaleur. — La mauvaise conductibilité de certains corps reçoit, dans la pratique, de multiples applications.

L'efficacité des ***vêtements de laine,*** des ***étoffes feutrées*** ou ***pelucheuses,*** des fourrures et des édredons, ainsi que des ***couvertures ouatées*** qui servent en hiver à nous garantir du froid tient à la mauvaise conductibilité de la couche d'air (§ **117**) immobilisée entre les filaments du tissu ou du duvet.

C'est donc une erreur de croire qu'une couverture de laine.

par exemple, soit chaude par elle-même. Elle rend difficile le passage de la chaleur de l'une de ses faces vers l'autre. Elle empêche un corps chaud de se refroidir; c'est son usage le plus habituel. Mais, elle empêcherait tout aussi bien un corps froid de se réchauffer; elle permettrait de conserver longtemps de la glace dans une enceinte à la température ordinaire; c'est là le principe des ***glacières*** et appareils frigorifiques.

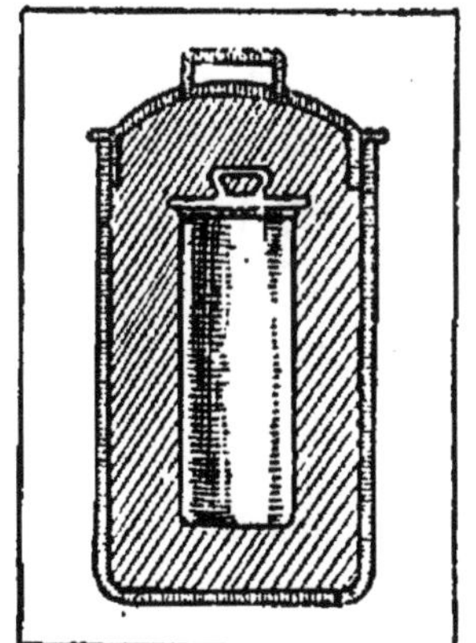

Fig. 59. Marmite automatique.
Protégée contre le refroidissement par l'extérieur, permet d'opérer la cuisson de la viande ou des légumes, avec une forte économie de combustible.

Le liège mérite d'être signalé parmi les corps solides qui conduisent le plus mal la chaleur. Les tuyauteries d'eau chaude ou de vapeur, les parois internes des glacières ou des appareils frigorifiques sont recouvertes de briquettes isolantes qu'on fabrique avec de petits fragments de liège agglomérés.

Cette propriété des substances peu conductrices de la chaleur a reçu une application intéressante dans la ***marmite automatique*** (fig. 59). On désigne ainsi une marmite qui peut être plongée au milieu d'une enceinte dont les parois sont garnies de sciure de bois ou de liège râpé. Le liquide de la marmite, ayant d'abord été porté à l'ébullition sur un foyer, à la manière ordinaire, l'appareil est ensuite placé à l'intérieur de son enceinte, qui, dès lors le protège contre un refroidissement trop rapide. Bien entendu, l'eau ne continue pas à bouillir; mais, elle ne se refroidit que très lente-

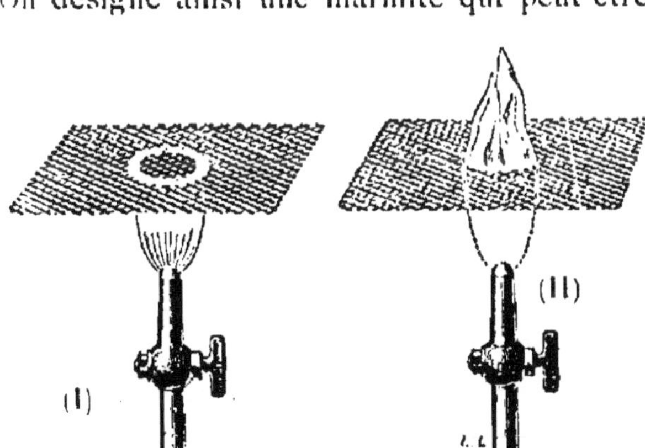

Fig. 60. — Propriété des toiles métalliques.
Les flammes ne traversent pas les toiles métalliques. C'est là un effet de la grande conductibilité des métaux pour la chaleur.

ment; les légumes et la viande, peuvent donc continuer à cuire, sans nouvelle dépense de combustible.

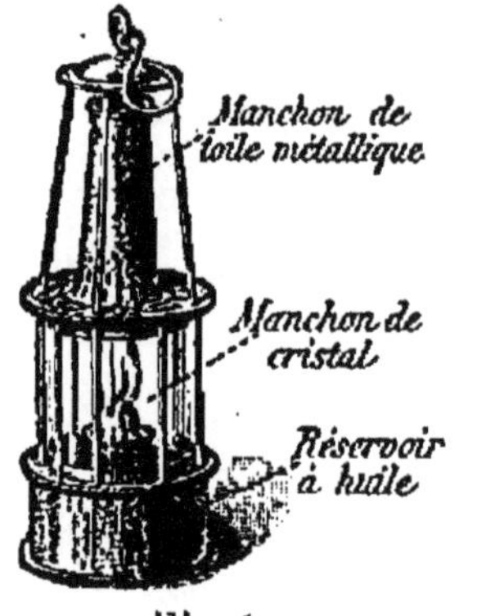

Fig. 61.
Lampe des mineurs.
La flamme de la lampe n'est séparée de l'air extérieur que par une toile métallique. Si un mélange détonant fait explosion dans la lampe, la combustion reste limitée à l'intérieur de celle-ci et ne se propage pas à l'extérieur. Le coup de grisou est évité.

120. Propriétés des toiles métalliques. Lampe des mineurs. — Le pouvoir conducteur des métaux explique facilement une curieuse propriété des *toiles métalliques*. Lorsqu'on place une de ces toiles au-dessus d'un brûleur allumé, on constate que la flamme subsiste seulement au-dessous de la toile sans passer à sa face supérieure (fig. 60; I). Cela tient à ce que le métal bon conducteur refroidit les gaz enflammés et abaisse suffisamment leur température pour que la combustion ne soit plus possible au-dessus de la toile. Celle-ci présente d'ailleurs une large surface de contact avec l'air ambiant, grâce à laquelle la chaleur qu'elle absorbe se dissipe presque aussitôt.

De même, on peut enflammer un courant de gaz d'éclairage au-dessus d'une toile métallique, sans que la flamme descende jusqu'à l'orifice du tuyau qui amène le gaz (fig. 60; II).

Fig. 62. — Mineur muni de sa lampe.

Ces propriétés des toiles métalliques expliquent le fonctionnement des *lampes des mineurs* (fig. 61). Dans ces lampes, la flamme n'est maintenue en communication avec l'air extérieur, indispensable à la combustion, que par l'intermédiaire d'un *manchon de toile métallique*. Supposons qu'un mineur, muni de sa lampe (fig. 62) allumée, pénètre dans une partie de la mine, où se trouve un mélange détonant (air et grisou), tel que ceux qui, trop souvent, se dégagent à l'intérieur des mines de houille et qui, trop souvent, ont provoqué de si terribles catastrophes. Une explosion se déclarera bien à l'intérieur de la lampe mais ne pourra pas s'étendre à l'extérieur. Les gaz de la flamme sont, en effet, refroidis au contact de la toile métallique et sortent trop froids de la lampe pour allumer le mélange détonant qui est au dehors. ***Le coup de grisou est évité.***

121. **Résumé.** — ***La chaleur se propage par conductibilité, par rayonnement ou par convection.***

On peut ranger les différentes substances par ordre de conductibilité : les métaux viennent d'abord; les liquides et les gaz sont très mauvais conducteurs. Ils ne s'échauffent que par convection.

Un même corps conduit d'autant mieux la chaleur que sa structure est plus compacte.

Les vêtements de laine, les couvertures ouatées conduisent mal la chaleur, parce qu'ils emprisonnent des couches d'air à l'intérieur de leurs pores.

CHAPITRE XII

SOURCES DE CHALEUR

122. **Chaleur solaire.** — Le Soleil déverse sur la Terre une quantité énorme de chaleur.

Une surface de 1 mètre carré, exposée perpendiculairement à la direction des rayons solaires, reçoit pendant 1 heure une quantité de chaleur qui serait suffisante pour porter de 0° à 100° une masse de 18 kilogrammes d'eau.

En une minute, un mètre carré, exposé perpendiculairement aux rayons du Soleil, reçoit donc 30 000 calories (§ 58).

Un centimètre carré reçoit pendant le même temps 10 000 fois moins; soit 3 calories, c'est-à-dire 3 fois la chaleur nécessaire pour échauffer 1 gramme d'eau de 1 degré.

123. **Importance de la chaleur solaire.** — Cette chaleur est utilisée directement par les parties vertes des plantes (***chlorophylle***). Sous l'influence simultanée de la chlorophylle et de la lumière solaire, le gaz carbonique (CO^2) et la vapeur d'eau (H^2O) de l'atmosphère abandonnent une partie de leur oxygène, qui se trouve rejeté dans l'air extérieur; puis l'oxygène restant, le carbone et l'hydrogène se combinent entre eux, à l'état d'hydrates de carbone (***amidon, cellulose***) et restent fixés sous cette forme, à l'intérieur même des tissus de la plante. La chaleur solaire est donc la condition essentielle exigée pour la formation du bois et de tous les combustibles qui en dérivent (charbon de bois, tourbe, lignite, houille, etc...); et l'on peut dire que ces derniers représentent de la ***chaleur solaire emmagasinée.***

Les animaux empruntent eux-mêmes leur énergie musculaire, soit aux végétaux dont ils se nourrissent, soit aux autres animaux dont ils font leur proie. Leur énergie musculaire est donc également empruntée à l'énergie de la radiation solaire.

D'autre part, le Soleil vaporise l'eau de la mer; les vapeurs qui en résultent sont transportées par les vents. Condensées dans les parties plus froides de l'atmosphère, elles donnent les nuages, les glaciers, les pluies et alimentent nos cours d'eau.

Les chutes d'eau des pays de montagne (*houille blanche*), elles aussi, doivent donc, en définitive, leur énergie à l'énergie solaire (fig. 63).

124. Dégagements de chaleur dûs à des phénomènes mécaniques. — De la chaleur peut être dégagée dans un grand nombre d'opérations mécaniques.

Fig. 63. — La houille blanche.
L'énergie de la chaleur solaire met en mouvement les chutes d'eau ; l'énergie des chutes se transforme à son tour, dans l'usine, en énergie électrique qui peut ensuite être transportée au loin.

I. ***Un frottement énergique dégage de la chaleur.*** C'est par le frottement que s'enflamment les allumettes chimiques. C'est en frottant nos mains l'une contre l'autre que nous cherchons à les réchauffer pendant les froids rigoureux.

II. ***Un choc brusque est toujours accompagné d'un dégagement de chaleur.*** La pierre à fusil (silex) donne une étincelle par le choc.

Une balle de plomb s'écrase sur la cible, parce qu'elle a commencé à fondre sous l'effet de la chaleur dégagée par le choc.

III. ***La compression d'un gaz dégage de la chaleur.***

On le montre par l'expérience saisissante du ***briquet à air*** (fig. 64). Dans un épais cylindre de verre, fermé à l'une de ses extrémités, un piston emprisonne une certaine quantité d'air. Une compression énergique et brusque élève suffisamment la température du gaz pour enflammer un morceau d'amadou fixé à la base du piston.

125. Dégagements de chaleur dûs à des phénomènes physiques. — I. ***Un corps qui se refroidit abandonne de la chaleur aux corps voisins.***

C'est ainsi que les bouillottes d'eau chaude sont souvent employées comme sources de chaleur.

II. ***Les changements d'état physique peuvent donner lieu à des dégagements de chaleur très importants.***

Nous savons, par exemple, qu'un gramme de glace exigerait pour fondre (§ 72) qu'on lui fournisse une quantité de chaleur égale à 80 calories. Inversement, ***un gramme d'eau liquide, pris à 0°, dégage en passant à l'état de glace, à 0°, une quantité de chaleur égale à 80 calories.***

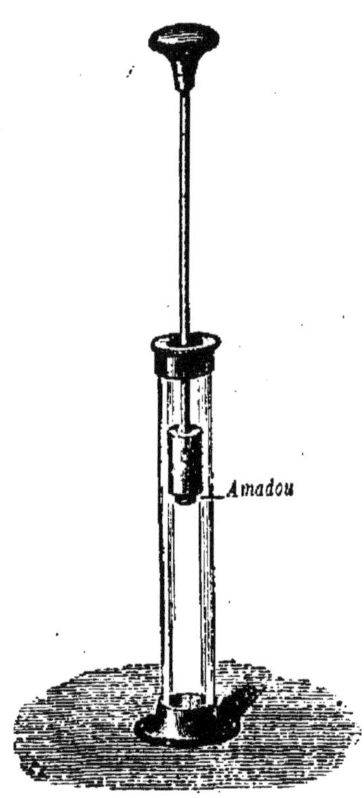

FIG. 64. — BRIQUET A AIR.

Le gaz brusquement comprimé s'échauffe assez pour enflammer un morceau d'amadou placé à la base inférieure du piston.

De même, ***un gramme de vapeur d'eau, à 100°, abandonne en se condensant à l'état d'eau liquide à 100°, une quantité de chaleur égale à 540 calories*** (§ 92).

III. De tous les phénomènes physiques qui peuvent donner naissance à des dégagements de chaleur, le ***courant électrique*** est celui qui se prête le mieux aux applications.

Un conducteur électrique ne peut être traversé par le courant sans s'échauffer (§ 345).

126. Dégagements de chaleur dûs à des phénomènes chimiques. — ***Toutes les réactions chimiques qui se produisent directement se font avec dégagement de chaleur.*** Parmi ces réactions, il y a lieu de signaler plus spécialement les ***combustions.***

Les différents corps susceptibles d'être employés pratiquement, dans le but d'utiliser la chaleur qu'ils dégagent en se combinant avec l'oxygène, portent le nom de ***combustibles.***

127. Puissance calorifique des principaux combustibles. — Les principaux combustibles sont le ***charbon de terre*** (anthracite, houille, lignite), les tourbes, le charbon de bois, le bois, l'alcool, le pétrole, le gaz d'éclairage, le coke, etc.

Des mesures calorimétriques ont permis d'établir que 1 gramme de houille moyenne développe, en brûlant, 7500 calories.

La puissance calorifique du coke est à celle de la houille comme 13 est à 14; celle de la tourbe ordinaire, comme 1 est à 2,50; celle du bois, comme 1 est à 2,28.

Nous étudierons un peu plus loin (§§130 et suivants) les appareils utilisés pour le chauffage.

128. Flammes chaudes et flammes éclairantes. — La chaleur dégagée dans une combustion est évidemment d'autant plus considérable que cette combustion est plus *complète*.

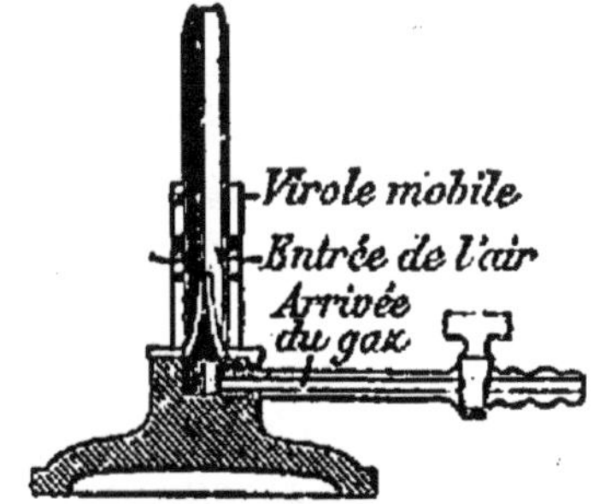

Fig. 65. — Bec Bunsen.
Si la *virole mobile* est ouverte, la flamme est chaude, mais peu éclairante. Si la virole est fermée, la flamme est éclairante, mais peu chaude; elle contient du noir de fumée en suspension.

On augmentera donc la quantité de chaleur développée par un bec de gaz, par exemple, si on ajoute au gaz que l'on doit y faire brûler la quantité d'air suffisante à sa combustion totale. C'est pourquoi on a ménagé, à la partie inférieure des becs Bunsen (fig. 65), une prise d'air, que l'on peut ouvrir ou fermer à volonté à l'aide d'une *virole mobile*.

Les couronnes des fourneaux à gaz, utilisés pour le chauffage dans les cuisines, portent de même à leur partie inférieure une large ouverture donnant libre accès à l'air extérieur qui se mélange au gaz combustible avant sa sortie de l'appareil.

Si l'air est mélangé au gaz, en quantité suffisante, la combustion est complète ; la flamme est très chaude.

Quand il en est ainsi, la flamme ne contient plus de carbone solide à son intérieur, puisque, les composés de carbone contenus dans le gaz d'éclairage ayant brûlé totalement, tout le charbon a été transformé en un composé gazeux, l'anhydride carbonique.

La flamme très chaude est alors très pâle.

Une flamme n'est éclairante que si elle renferme des particules solides en suspension.

Fermons en effet la prise d'air du bec Bunsen. La flamme devient aussitôt très éclairante. On constate facilement qu'elle contient alors en suspension du carbone qui n'a pu brûler. Il suffit de passer une soucoupe dans cette flamme; elle se recouvre de noir de fumée. La flamme, très éclairante, est beaucoup moins chaude que dans la première expérience.

La première flamme, pâle, à combustion complète, est très chaude. On l'emploie pour chauffer directement les vases que l'on met à son contact (elle conviendra pour faire bouillir de l'eau).

La seconde flamme, moins chaude que la première, mais beaucoup plus éclairante, rayonne beaucoup plus de chaleur à distance (elle conviendra mieux pour la préparation des viandes rôties).

120. **Résumé.** — *Le Soleil est la plus importante de toutes les sources de chaleur. Par centimètre carré et par minute, il envoie 3 calories sur une surface perpendiculaire à la direction de ses rayons.*

Le frottement, le choc, la compression brusque d'un gaz, la solidification des liquides, la condensation des vapeurs dégagent de la chaleur.

Le courant électrique échauffe les conducteurs qu'il traverse.

La plupart des sources de chaleur, que nous employons à l'usage domestique et aux opérations industrielles, sont dues à des combustions. La combustion de 1 gramme de houille développe 7500 calories.

CHAPITRE XIII

DIVERS MODES DE CHAUFFAGE

130. **Généralités.** — Les combustibles les plus employés pour le chauffage domestique sont le bois, la houille, le coke et le gaz (dit gaz d'éclairage).

Les principaux appareils de chauffage rentrent dans l'un des types suivants :

1° Les ***cheminées***;

2° Les ***poêles***;

3° Les ***calorifères***.

131. **Poêles et Cheminées.** — S'il s'agit de chauffer une seule pièce d'appartement, on se sert d'une ***cheminée*** ou d'un ***poêle***.

Les ***cheminées*** sont des foyers découverts dans lesquels on brûle du bois ou du coke. Elles sont installées contre un des murs de la chambre au-dessous d'un large tuyau CD qui conduit au dehors les produits de la combustion (fig. 66). Dans ces conditions, la chaleur utilisée est presque uniquement due au rayonnement (§ **114**); la majeure partie de celle qui est réellement développée dans le foyer est entraînée par les gaz chauds qui sortent de la cheminée.

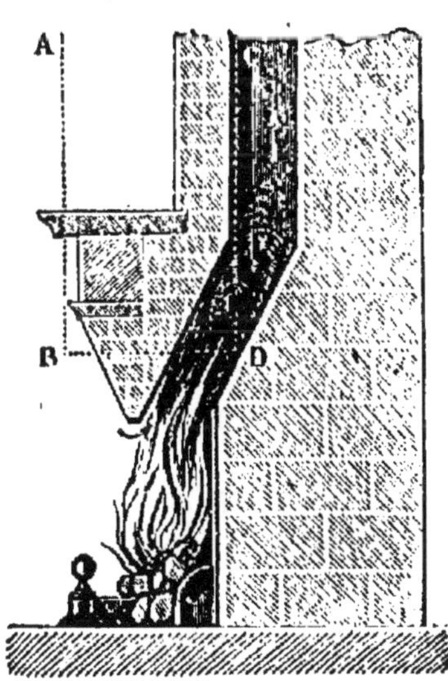

Fig. 66.
Cheminée ordinaire.
Le tirage s'établit parce que l'air contenu dans la cheminée CD est devenu plus léger en s'échauffant.

Les ***poêles*** (fig. 67) sont des foyers fermés, ordinairement en fonte ou en faïence, dans lesquels on brûle surtout de la houille. Par une ouverture ménagée à leur partie inférieure, ils reçoivent l'air nécessaire à la combustion; les produits gazeux de la combustion s'échappent à l'extérieur par un long tuyau adapté au foyer. En circulant autour du poêle, l'air s'échauffe au contact des parois; par conséquent, et à l'inverse de ce qui se passe pour une cheminée, on utilise dans ce cas la plus grande partie de la chaleur fournie par le combustible.

Fig. 67.
Poêle de faience.
Les poêles échauffent l'air non seulement par rayonnement, comme les cheminées, mais encore, et surtout, par convection. Ils sont plus économiques mais moins hygiéniques que les cheminées.

Au point de vue économique, l'usage des poêles est donc plus avantageux que celui des cheminées.

Au point de vue hygiénique, la ventilation est mieux assurée par les cheminées que par les poêles.

Les cheminées, en effet, mettent en mouvement un volume d'air considérable. Les poêles, au contraire, appellent presque uniquement l'air nécessaire à l'entretien de la combustion.

Outre l'inconvénient de produire une ventilation moins active, les poêles présentent encore un réel danger, lorsqu'ils sont mal construits ou que leur tirage est défectueux.

Des produits de combustion s'en échappent alors, qui peuvent contenir de fortes proportions d'***oxyde de carbone***. On sait que des traces de ce gaz suffisent à rendre l'air irrespirable.

Fig. 68. — Tube de calorifère a vapeur.
Les ailettes métalliques fixées sur le tube dissipent la chaleur que dégage la vapeur d'eau en se condensant.

132. Chauffage par calorifères. — Le mode de chauffage qui, aujourd'hui, tend à se répandre davantage dans les villes, est le ***chauffage par calorifères***. C'est le procédé employé toutes les fois qu'il s'agit de chauffer des maisons entières. Il est alors plus économique d'installer un foyer unique destiné à chauffer tout l'immeuble. La conduite du chauffage est en même temps plus régulière.

Les calorifères peuvent se subdiviser en trois groupes.

1° Les calorifères à vapeur; 2° les calorifères à circulation d'eau chaude; 3° les calorifères à air chaud.

133. Calorifères à vapeur. — Dans les sous-sols de l'édifice sont installées des chaudières analogues à celles qui alimentent les moteurs industriels. La vapeur qu'elles produisent est dirigée dans une canalisation en fer, qui chemine le long des parois des diverses salles et dont les tuyaux sont garnis de nombreuses ailettes pour offrir à l'air une large surface de contact (fig. 68). La vapeur se condense dans ces tuyaux qui s'échauffent ainsi (§ **125**) et communiquent leur chaleur à l'air ambiant. La canalisation ramène aux chaudières l'eau qui provient de la condensation.

134. Chauffage par circulation d'eau chaude. — Tout l'édifice est parcouru par une canalisation, fermée sur elle-même, entièrement remplie d'eau, et sur le trajet de laquelle sont installés :

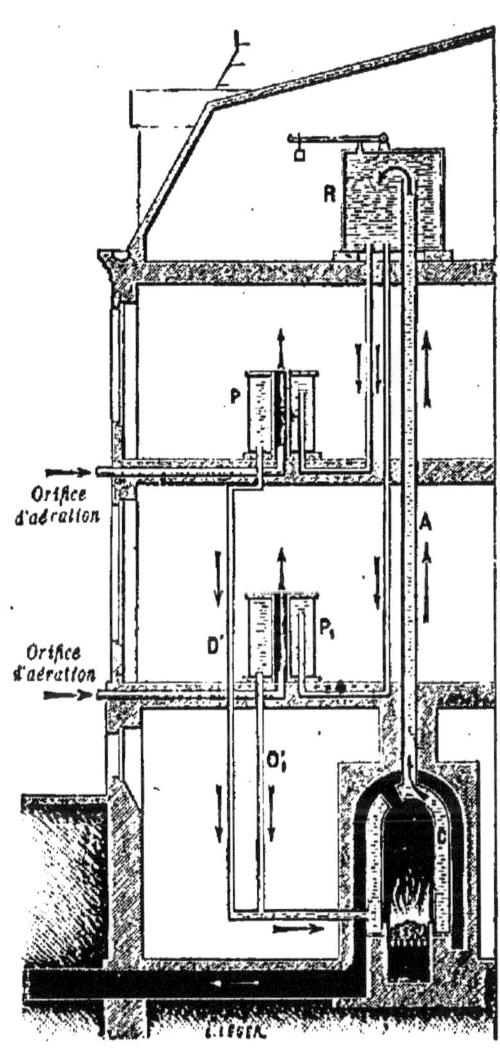

Fig. 69. — Calorifère a eau chaude.

La circulation s'établit parce que dans la colonne ascendante l'eau est plus chaude et, par suite, plus légère que dans les canalisations de retour.

1° Dans les sous-sols, une chaudière C à foyer intérieur, présentant une grande surface de chauffe (fig. 69);

2° Dans les combles, un réservoir R, qu'un large canal A fait communiquer avec la partie supérieure de la chaudière;

3° Dans les diverses salles de l'édifice, une série de récipients cylindriques P, P_1,... qui constituent de véritables poêles à eau. Lorsque l'eau s'échauffe dans la chaudière, elle devient plus légère et s'élève, par le canal A, dans le réservoir R. Des tuyaux de descente la conduisent ensuite à la partie supérieure des cylindres PP_1... En traversant ceux-ci, dont la surface est considérable, elle cède à l'air extérieur une partie de sa chaleur, se refroidit et revient ensuite à la chaudière par les canaux D', D'_1.

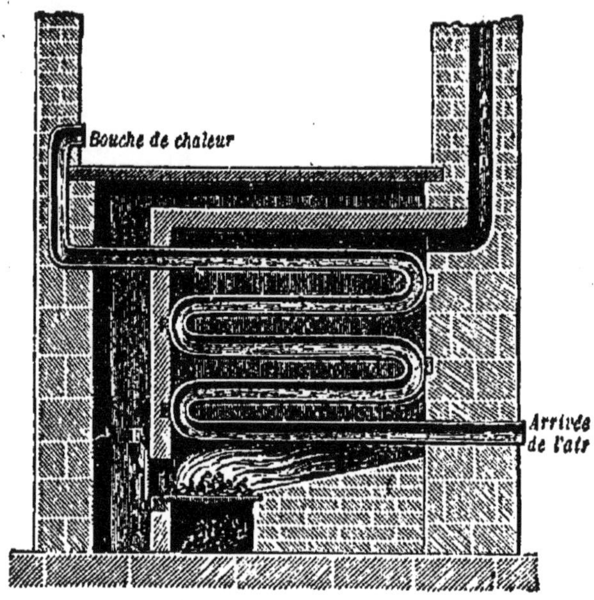

Fig. 70. — Chauffage par l'air chaud.
L'air extérieur s'échauffe à travers des tuyaux placés dans un foyer, au bas de l'édifice.

135. **Chauffage par l'air chaud.** — Pour le chauffage *à l'air chaud*, le foyer est toujours installé dans les sous-sols de l'édifice. Il est traversé par un tuyau replié dont l'extrémité inférieure s'ouvre à l'air du dehors et qui, à la partie supérieure, débouche par un ou plusieurs orifices, nommés ***bouches de chaleur***, dans la salle qu'il s'agit de chauffer (fig. 70). L'air s'échauffe en parcourant le tube installé dans le foyer et s'élève alors, en raison de sa légèreté, dans les tuyaux de distribution pour se répandre enfin par les bouches de chaleur. L'appareil se met rapidement en marche et assure, en outre, dans une certaine mesure, une bonne ventilation.

136. **Appareils de chauffage industriel.** — Dans l'industrie, on se sert d'appareils de chauffage généralement désignés sous le nom de ***fours***.

La figure 71, par exemple, représente un four employé à la fabrication de la chaux vive (**CaO**). Les pierres calcaires (**CO^3Ca**) sont introduites par le haut du four, en G. Le gaz carbonique (**CO^2**) s'échappe par le haut; la chaux produite est retirée

FIG. 71. — FOUR COULANT. PRÉPARATION DE LA CHAUX.

Le four représenté ici est employé à la fabrication de la chaux vive. Le calcaire CO^3Ca est introduit par le haut, en G; la chaux produite CaO est retirée par le bas, en D.

FIG. 72. — FOUR A RÉVERBÈRE.

Dans un semblable four, les matières à chauffer, placées sur la *sole* horizontale, en D, sont en contact direct avec la flamme, entre le foyer et la cheminée par le bas, en D. C'est là ce qu'on appelle un **four coulant**.

La figure 72 représente un **four à réverbère**. Les matières à chauffer sont placées sur **la sole** du four et mises en contact direct avec la flamme du foyer.

La figure 73 représente un **four à porcelaine**. Dans ce genre de fours, les produits sont mis à l'abri de la flamme et des fumées du foyer. Pour atteindre ce but, on les empile à l'intérieur de sortes de tours démontables, formées de pièces en terre réfractaire. Le tout est installé dans une enceinte centrale F, que chauffent des foyers latéraux G, disposés tout autour de l'enceinte. Le four est à deux étages; à l'étage supérieur, la température est moins élevée qu'à l'étage inférieur. L'opération de la cuisson se fait en deux phases : à l'étage supérieur, d'abord; à l'étage inférieur, ensuite.

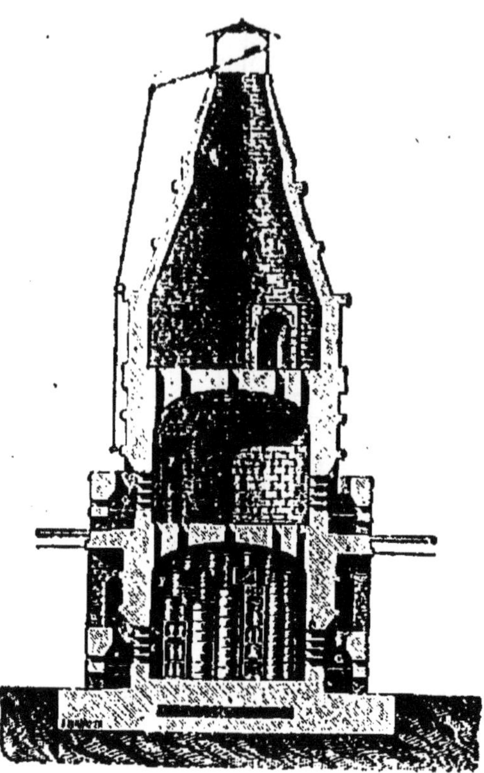

Fig. 73. — Four a porcelaine.

Dans ces fours, les produits à chauffer sont protégés contre la flamme et les fumées du four.

137. **Résumé.** — *Le chauffage domestique utilise surtout la houille, le bois et le gaz d'éclairage. Les appareils employés sont habituellement des cheminées, des poêles ou des calorifères.*

Les poêles sont plus économiques, les cheminées plus hygiéniques. Le chauffage par calorifères est surtout employé pour le chauffage de maisons entières.

L'industrie utilise une grande variété de fours.

DEUXIÈME PARTIE

PESANTEUR

(2e Année)

CHAPITRE I

MODE D'ACTION DE LA PESANTEUR

138. **Poids d'un corps. Pesanteur.** — Quand, par exemple nous soulevons une pierre, nous avons parfaitement conscience de l'effort développé : nous disons que la pierre est ***pesante.***

Si, après avoir soulevé cette pierre, nous l'abandonnons à elle-même, elle tombe tout aussitôt vers le sol.

On exprime ces deux faits, en disant que la pierre est toujours soumise à une certaine force, dirigée vers le bas.

Cette force, s'appelle le ***poids*** de la pierre. Tous les corps sont pesants; ils le sont plus ou moins, mais ils le sont tous.

La cause commune, qui fait que tous les corps sont pesants, porte le nom de Pesanteur.

139. **Verticale en plusieurs points voisins.** — Attachons une pierre ou un bloc de métal A' à l'une des extrémités d'un long fil dont l'autre bout est fixé à un clou A (fig. 74). Nous avons ainsi construit ce qu'on appelle un ***fil à plomb.*** Attendons que le tout soit bien au repos; la direction du fil indique alors la direction suivant laquelle agit le poids du corps. On constate ainsi que :

A

A'

FIG. 74.
FIL A PLOMB.
Le fil à plomb donne la direction de la verticale, au point où l'on se trouve.

1° ***La direction du fil reste la même,*** quel que soit le point par lequel le corps est suspendu et quel que soit ce corps lui-même.

2° Si nous fixons, en ***plusieurs points voisins***, des fils semblables au précédent (fig. 75), nous constatons, en dirigeant notre rayon visuel de façon que l'un des fils semble recouvrir le point d'attache de l'autre, que ces deux fils semblent se recouvrir en entier, sur toute leur longueur. C'est ce qu'on exprime en disant : ***Les directions de deux de ces fils sont toujours dans un même plan.***

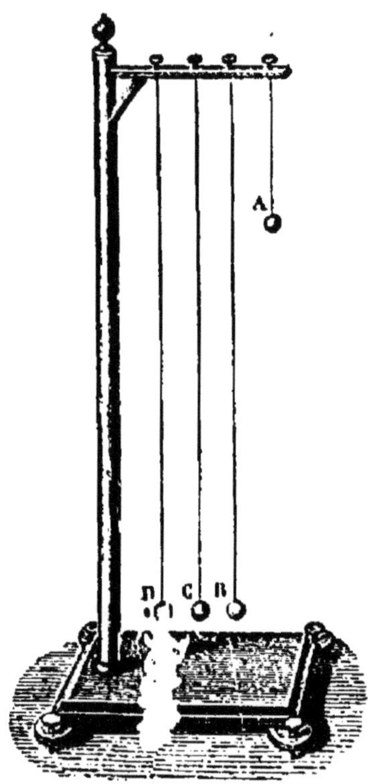

Fig. 75. — Les verticales en plusieurs points voisins sont parallèles entre elles.

On constaterait, tout aussi facilement, sur le même dispositif, que deux quelconques de ***ces fils sont parallèles entre eux.***

C'est à cette direction commune ***bien définie***, que l'on donne le nom de ***verticale.***

140. La pesanteur fait tomber les corps suivant la verticale. — Au clou A (fig. 74), fixons un fil à plomb formé d'un fil fin très flexible, auquel est suspendu, suivant son axe, un cylindre métallique, terminé à sa partie inférieure par une pointe.

Marquons le point A′ où la pointe du fil à plomb vient affleurer le sol. La ligne AA′ sera la verticale du point A.

Ceci fait, enlevons notre fil à plomb et, du point A abandonnons une petite boule de cire. Celle-ci tombe immédiatement et vient s'aplatir au point A′.

Si nous recommençons la même expérience avec une balle de plomb, un petit caillou, nous obtenons le même résultat : c'est toujours au point A′ que les corps viennent frapper le sol, quand on les abandonne à eux-mêmes au point A.

Nous pouvons donc dire que, abandonnés à eux-mêmes, ***les corps lourds tombent suivant la verticale du point de chute.***

141. Plan horizontal. Ligne horizontale. — On appelle :

Plan horizontal, tout plan perpendiculaire à la verticale ;

Ligne horizontale, toute ligne située dans un plan horizontal.

Par suite, toute droite horizontale a une direction perpendiculaire au fil à plomb.

La surface des liquides tranquilles est un plan horizontal. On peut s'en assurer facilement de la façon suivante. Prenons une large cuvette pleine d'eau (fig. 76), que nous noircissons avec un peu d'encre. Amenons l'extrémité d'un fil à plomb au-dessus de cette eau; et observons son image, donnée par la surface réfléchissante du liquide. Nous constatons que, quelle que soit la position que nous prenions, le fil à plomb et son image paraissent être très exactement dans le prolongement l'un de l'autre; de telle sorte qu'un second fil à plomb, qui cache à notre œil le premier, cache également l'image de celui-ci dans l'eau de la cuvette. Le fil à plomb et son image sont donc dans le prolongement l'un de l'autre; or, comme nous le verrons plus loin (§ **268**), c'est précisément une propriété très importante des miroirs plans, qu'il n'en peut être ainsi que si le fil à plomb et son image sont perpendiculaires à la surface de l'eau, faisant fonction de miroir. — ***La surface libre de l'eau est donc constituée par un plan horizontal.***

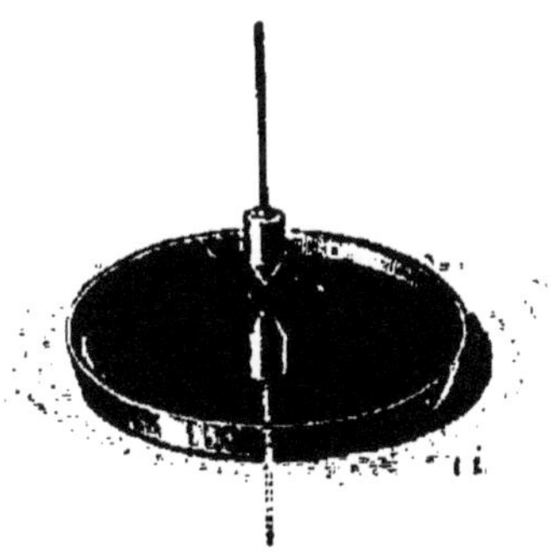

Fig. 76.
LA SURFACE LIBRE D'UN LIQUIDE EN REPOS EST HORIZONTALE.
C'est ce que l'on vérifie à l'aide du miroir que forme la surface libre d'un liquide.

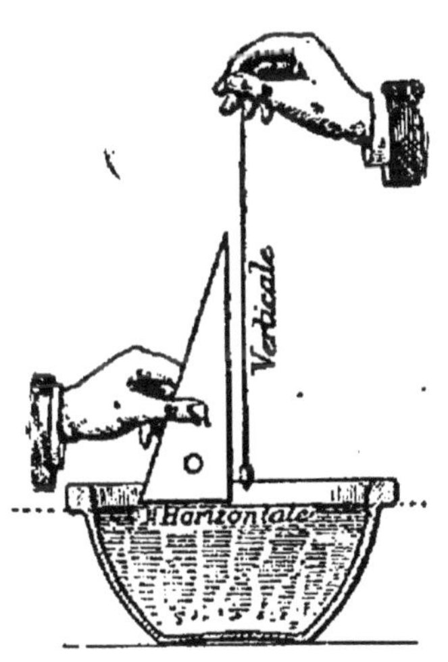

Fig. 77. — LA SURFACE LIBRE D'UN LIQUIDE EN REPOS EST HORIZONTALE.
Elle est, en effet, perpendiculaire à la direction du fil à plomb.

On pourrait d'ailleurs arriver plus facilement au même résultat. On constate, en effet, que si l'on dispose le grand côté d'une équerre à dessin (fig. 77) le long d'un fil à plomb, le petit côté de cette équerre prend exactement la direction de la surface libre de l'eau au-dessus de laquelle est suspendu le fil à plomb.

Le fil à plomb est constamment employé en maçonnerie pour vérifier si un mur est vertical.

C'est ce que la figure 78 nous indique d'une façon suffisamment claire.

Veut-on, par contre, reconnaître si une assise de pierres est horizontale; on fera usage du ***niveau des maçons***. Cet appareil est une sorte de triangle isocèle en bois (fig. 79). Au milieu de la base BC une encoche O a été creusée dans le sens de la hauteur : au sommet A du triangle est fixée l'extrémité d'un fil à plomb. Lorsque la base du niveau repose sur un plan, le fil à plomb vient passer dans l'encoche ou en dehors, suivant que ce plan est horizontal ou incliné.

FIG. 78.
USAGE DU FIL A PLOMB.
On s'en sert, dans tous les corps de métier, pour s'assurer de la verticalité d'une construction telle que mur, porte, etc.

La figure 80 représente la manière d'employer l'appareil. L'assise MN est horizontale si le fil à plomb recouvre l'encoche O, c'est-à-dire s'il est dirigé suivant la ***ligne de foi*** de l'appareil.

142. Les verticales passent par le centre de la Terre. — Nous venons de voir que la verticale en un lieu est perpendiculaire à la surface des eaux tranquilles en ce lieu. Comme la Terre est sphérique, il faut nécessairement que, en chaque lieu, la verticale prolongée à l'intérieur de la Terre vienne passer par le centre de celle-ci.

La verticale en un lieu donné donc la direction du rayon terrestre qui passe en ce lieu.

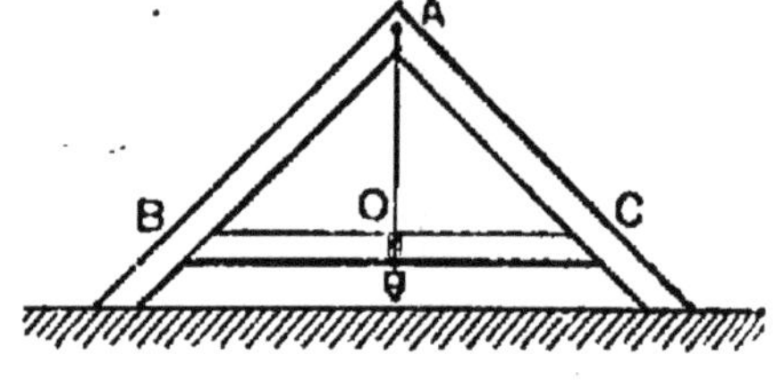

FIG. 79 — NIVEAU DES MAÇONS.
Quand la base du triangle est horizontale, le fil à plomb passe dans l'encoche M.

143. Angle des verticales en deux lieux différents. — Nous avons dit (§ 139) qu'en *une* même région de la Terre, les verticales sont parallèles entre elles.

En fait, cela n'est pas tout à fait rigoureux au point de vue géométrique, puisque toutes les verticales vont concourir au centre de la Terre; seulement, en deux points très rapprochés, les verticales font entre elles un angle tellement petit que, pratiquement, elles peuvent être regardées comme parallèles.

Un petit calcul numérique le fera immédiatement comprendre.

Il est difficile d'apprécier avec certitude un angle voisin d'une minute. Il y faut, en effet, de bons appareils et des précautions peu communes.

Fig. 80. — Usage du niveau.
L'appareil sert à vérifier l'horizontalité de l'assise MN, sur laquelle on veut faire reposer une nouvelle rangée de pierres de taille ou de briques.

Demandons-nous donc quelle doit être la distance de deux points à la surface de la Terre pour que leurs verticales fassent entre elles un angle d'une minute.

Nous savons que chacun des pôles de la Terre est séparé de l'équateur par une distance de dix millions de mètres et que les verticales, aux pôles et à l'équateur, font entre elles un angle de 90 degrés ou de 5400 minutes. La distance correspondant à une minute sera donc de $\frac{10\,000\,000}{5400}$ ou 1852 mètres. Par la suite, ***nous regarderons habituellement comme parallèles, par cela même qu'il nous serait généralement impossible d'apprécier l'angle qu'elles forment entre elles, les verticales de deux points situés à moins de 1800 mètres l'un de l'autre.***

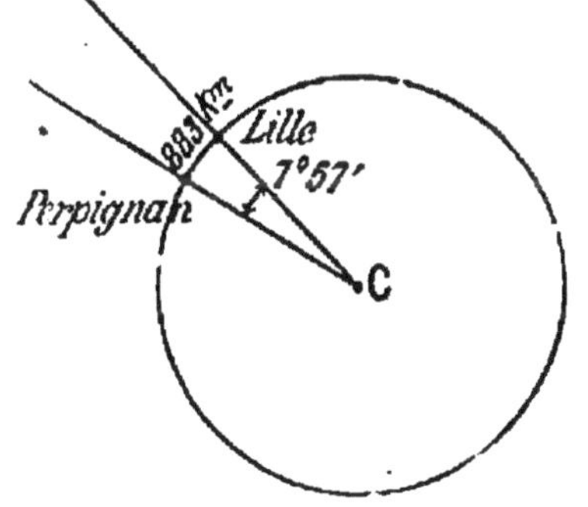

Fig. 81. — Angle des verticales en deux points éloignés.
Cet angle est d'autant plus grand que les points sont plus distants l'un de l'autre.

On calculerait aisément que, la distance de Lille à Perpignan étant, à vol d'oiseau, de 883 kilomètres, les verticales de ces deux villes font entre elles un angle de 7°57′ (fig. 81).

144. Dans le vide, tous les corps tombent également vite. — Nous savons déjà que tous les corps ***lourds*** tombent suivant la verticale. Avec les corps très légers (grains de poussière, barbes de plume,...) ou de large surface (feuilles de papier, feuilles d'arbre), peuvent se produire des particularités intéressantes.

Une feuille de papier, par exemple, peut tomber en s'écartant plus ou moins de la verticale; elle peut même rester suspendue plus ou moins longtemps dans l'air et ne venir toucher le sol que lentement dans une direction très inclinée. Ces effets

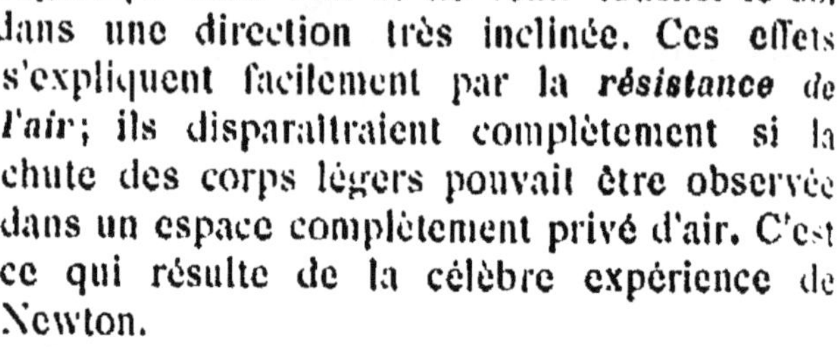

s'expliquent facilement par la ***résistance de l'air***; ils disparaîtraient complètement si la chute des corps légers pouvait être observée dans un espace complètement privé d'air. C'est ce qui résulte de la célèbre expérience de Newton.

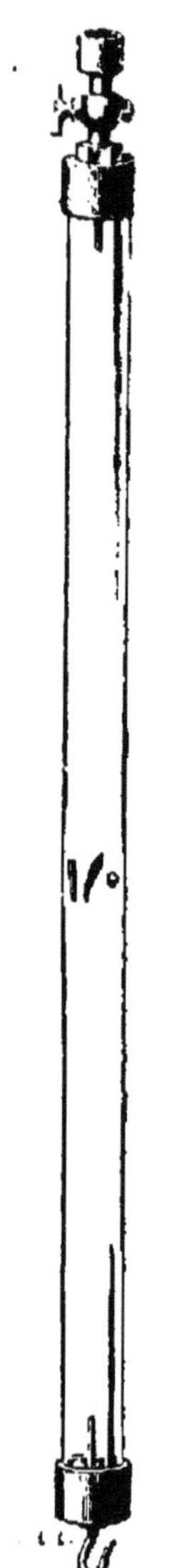

Fig. 82. — Tube de Newton.
Dans le vide, tous les corps tombent également vite.

A l'intérieur d'un large tube de verre (fig. 82) d'environ 2 mètres de long, fermé à ses extrémités par des armatures métalliques, dont l'une est munie d'un robinet, ont été introduits quelques petits fragments de plomb et de bois, ainsi que quelques barbes de plume et quelques petits morceaux de papier. On fait le vide dans le tube (§ **244**) et on le retourne brusquement en le maintenant vertical; les petits objets quittent ensemble le sommet du tube et l'expérience montre que, lourds ou légers, ils arrivent tous ensemble à la partie inférieure du tube.

Le mouvement de chute dans le vide est donc le même pour tous les corps.

Si maintenant on laisse rentrer un peu d'air et qu'on répète l'expérience, on constate que les grains de plomb arrivent les premiers, les barbes de plume en dernier lieu, et l'écart entre les durées de leur chute augmente au fur et à mesure des rentrées d'air.

On peut réaliser très facilement une expérience à peu près équivalente de la façon suivante. Prenons une pièce de monnaie, et découpons un disque de papier de même diamètre. Abandonné à lui-même, le disque de papier tombe beaucoup plus lentement que la pièce de monnaie; la figure 83 nous montre un jeune garçon occupé à faire cette expérience que la résistance de l'air explique suffisamment. Plaçons maintenant ce même disque de papier à plat sur la pièce de monnaie et abandonnons le tout à l'action de la pesanteur. Les deux rondelles frappent le sol au même instant. La pièce de monnaie a, dans ce cas, protégé la feuille de papier contre la résistance de l'air; c'est la vérification à laquelle s'exerce la fillette de la même figure 83.

Les corps lourds suivent dans l'air à peu près le même mouvement que dans le vide. ***Ce mouvement va en s'accélérant constamment.*** On trouve que l'espace parcouru est très voisin de 5 mètres (exactement $4^{m},90$ à Paris), pendant la première seconde, de 20 mètres pendant les deux premières, de 45 mètres pendant les trois premières; et ainsi de suite. On dit que ce mouvement de chute est un ***mouvement accéléré.***

Pour tomber du haut de la tour Eiffel (300 mètres), un corps lourd mettrait un peu plus de 7 secondes.

FIG. 83. — EFFETS DE LA RÉSISTANCE DE L'AIR SUR LA CHUTE DES CORPS.

Un disque de papier tombe avec la même vitesse qu'une pièce de monnaie, si on le protège contre la résistance de l'air.

145. Cause de la pesanteur. — C'est à l'illustre physicien anglais Newton qu'il appartient d'avoir scientifiquement établi que la ***pesanteur est due à une attraction que la Terre exerce sur les corps placés dans son voisinage.*** Que l'on s'élève dans l'atmosphère au moyen d'un ballon, que l'on s'enfonce dans un puits de mine, les corps ne cessent pas de peser, c'est-à-dire que l'attraction terrestre ne cesse pas d'agir. Cette attraction nous semble rester invariable, parce que, relativement à l'énormité du rayon de la Terre, nous ne pouvons guère nous éloigner de sa surface, ni par en haut, ni par en bas; mais, en fait, elle n'est pas limitée au voisinage de notre globe. Elle s'exerce dans tout l'espace et va en s'affaiblissant avec l'éloignement, sans qu'il y ait, d'ailleurs, de limite à son action.

Ainsi, on a pu calculer qu'à la grande distance où se trouve la lune, les corps pèseraient 3600 fois moins qu'à la surface du sol. A cette distance l'attraction terrestre est donc très amoindrie, mais elle persiste encore; et c'est elle qui maintient la lune sur son orbite et l'empêche de s'éloigner de plus en plus de notre planète.

116. **Résumé.** — *Tout corps, abandonné à lui-même, tombe en décrivant une droite qui, prolongée, passerait par le centre de la Terre, et qu'on appelle la verticale du point considéré. Cette verticale se détermine à l'aide du fil à plomb.*

Le plan perpendiculaire à la verticale d'un lieu est le plan horizontal en ce lieu (la surface libre des liquides est un plan horizontal). Toute ligne d'un plan horizontal est une horizontale. On se rend compte de l'horizontalité d'un plan ou d'une droite avec le niveau des maçons.

Par suite du grand rayon de la Terre, les verticales, en des points rapprochés, doivent être regardées comme pratiquement parallèles.

Le mouvement de chute dans le vide est le même pour tous les corps. Il est accéléré.

La résistance de l'air *retarde très notablement la chute des corps légers.*

CHAPITRE II

LE CENTRE DE GRAVITÉ

117. Existence du centre de gravité. — Prenons une feuille plane de zinc; découpons-y une figure quelconque; marquons différents points sur le contour de celle-ci et suspendons-la successivement à un fil flexible par chacun de ces points (fig. 84). Nous pourrons alors faire une double constatation.

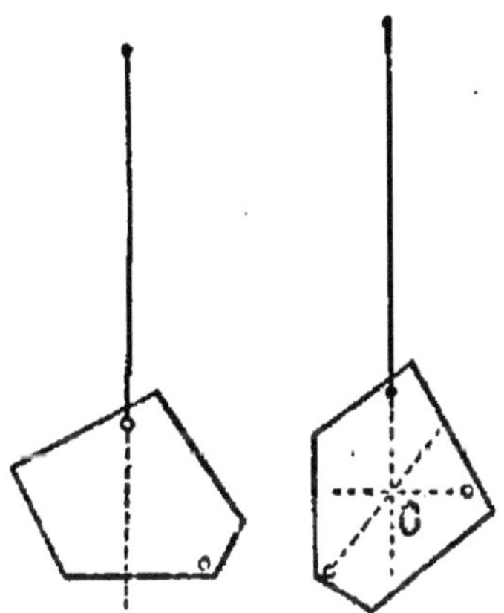

Fig. 84. — Existence du centre de gravité d'un corps quelconque.
Vérification par suspension du corps au bout d'un fil.

1° Quel que soit le point par lequel nous suspendions la feuille de zinc, ***le fil flexible se place toujours suivant la verticale*** : il suffit, pour s'en assurer, de disposer dans le voisinage un fil à plomb et d'opérer comme au § **139**.

2° Si on trace chaque fois sur la feuille de zinc le prolongement du fil vertical qui la soutient, on observe que ***toutes les lignes ainsi obtenues passent par un même point*** G.

Or, la pesanteur s'exerce évidemment sur toutes les particules de la feuille de zinc et chacune de celles-ci se trouve soumise à une force verticale particulière. Il résulte donc des deux faits que nous venons d'observer :

1° Que toutes ces forces élémentaires peuvent être remplacées par une force verticale unique dirigée de haut en bas;

2° Que cette force unique passe par ***un point fixe*** G.

Ce point, nous l'appellerons le ***centre de gravité*** de la feuille de zinc. D'une façon générale :

L'action de la pesanteur sur un corps solide quelconque se réduit à une force verticale unique qui, quelle que soit l'orientation du corps, passe constamment par un point fixe de celui-ci, point que l'on nomme le centre de gravité ***du corps.***

148. Centre de gravité dans quelques cas particuliers. — Quand le corps considéré est ***homogène*** (c'est-à-dire formé en entier d'une matière identique), et qu'il a par surcroît une ***forme simple***, la détermination de son centre de gravité peut se faire par de simples considérations géométriques.

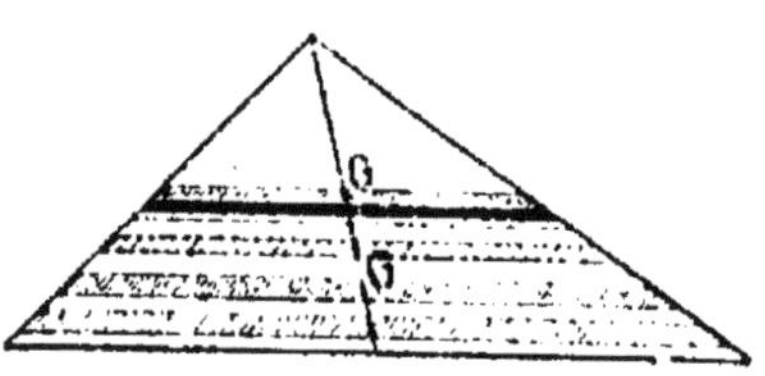

Fig. 85. — Centre de gravité d'un triangle quelconque.

Il est situé sur chacune des trois médianes. Les trois médianes se coupent donc en un même point. Ce point est le centre de gravité du triangle.

Prenons le cas d'une plaque triangulaire, en carton, par exemple; imaginons que nous la découpions en minces lanières parallèles à l'une des bases du triangle (fig. 85). Le centre de gravité de chacune de ces lanières est évidemment en son milieu; l'ensemble de tous ces points milieux constitue une des médianes du triangle. Nous pourrions donc faire reposer le triangle sur la tranche d'un couteau, dirigée exactement suivant l'une quelconque de ses médianes; il se tiendrait en équilibre. ***Nous pourrions faire la même expérience pour chacune des trois médianes; leur point d'intersection est le centre de gravité du triangle.***

On trouverait, en raisonnant de semblable façon, que le centre de gravité est placé :

Pour une sphère homogène, en son centre;

Pour un cylindre à base circulaire, au milieu de la droite qui joint les centres des deux bases;

Pour une lame rectangulaire (une règle à dessin, par exemple) au point de rencontre des diagonales.

Le centre de gravité ne fait pas nécessairement partie du corps : ainsi le centre de gravité d'une sphère creuse ou d'un anneau se trouve en leur centre. Il est commode, dans les cas semblables, d'imaginer que, le centre de gravité est invariablement relié au corps lui-même.

149. Équilibre d'un corps reposant sur un plan horizontal. — La considération du centre de gravité présente une grande importance dans toutes les questions d'équilibre.

Lorsqu'un corps repose par plusieurs points sur un plan horizontal, on appelle ***polygone de sustentation*** le plus grand des polygones convexes dont tous les sommets sont des points d'appui du corps sur le même plan.

L'équilibre de ce corps exige que la verticale passant par le centre de gravité G du corps traverse le plan horizontal d'appui en un point G_1, situé à l'intérieur du polygone de sustentation; et cette condition est suffisante (fig. 86).

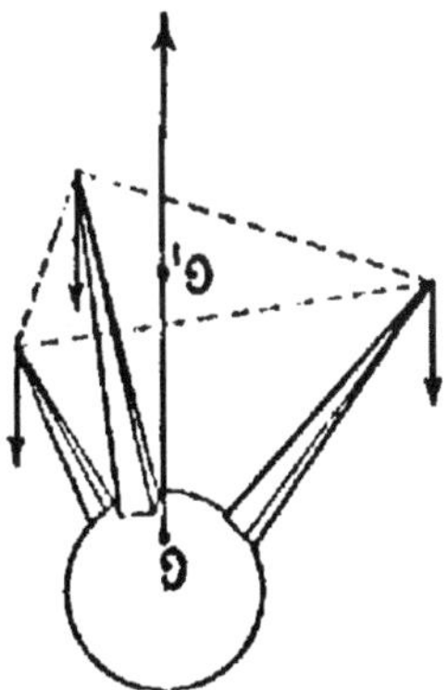

FIG. 86. — ÉQUILIBRE D'UN CORPS SOLIDE REPOSANT SUR UN PLAN HORIZONTAL.

L'équilibre est stable si le centre de gravité G se projette en G_1, à l'intérieur du polygone de sustentation.

S'il n'en est pas ainsi, on voit facilement que le corps tournera autour d'un des côtés du polygone, comme charnière.

Une table, une chaise, etc., nous donnent des exemples faciles à discuter de ces cas d'équilibre.

Il peut, d'ailleurs, se faire que l'équilibre soit réalisé pour plusieurs positions du corps. Une brique prismatique (fig. 87) par exemple, est en équilibre stable quand elle repose sur un plan horizontal par l'une quelconque de ses faces. Remarquons que, pour chacune de ses trois positions d'équilibre stable, ***la hauteur de son centre de gravité est un minimum***, puisqu'elle est moindre qu'elle ne serait pour chacune des positions immédiatement voisines (fig. 87) que l'on pourrait lui donner.

150. **Équilibre du corps humain.** — Le genre de considérations qui précèdent peut s'appliquer en particulier au

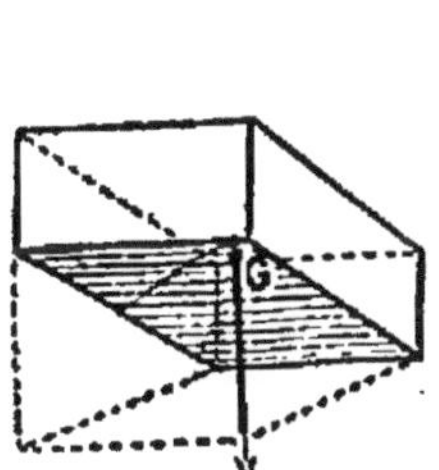

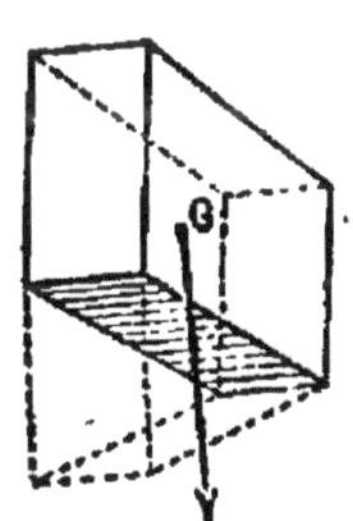

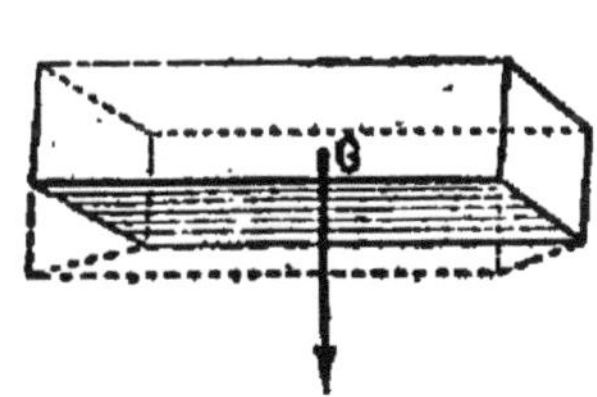

FIG. 87. — STABILITÉ DE L'ÉQUILIBRE.

Quelle que soit la face par laquelle repose une brique, l'équilibre est stable parce que son centre de gravité est plus bas que dans les positions voisines.

maintien de l'équilibre pour notre propre corps. Instinctivement, nous tendons toujours à ramener la verticale du centre de gravité de notre corps à venir tomber à l'intérieur de notre polygone de sustentation, c'est-à-dire à l'intérieur de la surface comprise entre la position d'appui de nos pieds sur le sol. Quand l'équilibre est difficile à garder, nous écartons les jambes davantage; c'est ce que fait naturellement le matelot, habitué à vivre

FIG. 88. — ÉQUILIBRE DU CORPS HUMAIN.
Le corps se penche instinctivement du côté opposé à celui où le fardeau tend à l'entraîner.

sur un plancher mouvant. Si nous portons une charge sur le dos (fig. 88), nous nous penchons en avant. Si notre bras droit porte

FIG. 89. — POUSSAH.
On ne peut incliner la figurine, sans relever son centre de gravité. Dès qu'on l'abandonne à elle-même, elle se redresse.

un fardeau, nous nous rejetons vers le côté gauche (fig. 88). Toujours, sous peine de chute, nous réagissons contre les causes qui tendent à faire passer la verticale de notre centre de gravité en dehors de notre base de sustentation.

151. Condition de stabilité de l'équilibre. — Cette importante ***condition de stabilité de l'équilibre*** (centre de gravité situé le plus bas possible) peut être mise en évidence par de simples expériences de physique amusante.

FIG. 90. — ÉQUILIBRE STABLE, EN DÉPIT DES APPARENCES.

L'équilibre est stable, parce que le centre de gravité du système mobile est situé au-dessous du point d'appui.

Le ***poussah*** est une figure de carton qui se tient en équilibre lorsqu'on la pose sur une table (fig. 89) et qui se redresse d'elle-même quand on l'incline. La partie inférieure de la figure est une lourde calotte sphérique en argile ou en plomb, tandis que la partie supérieure est creuse et légère. Quand la calotte repose sur son sommet, le centre de gravité de l'ensemble se trouve ***le plus bas possible***; et tout déplacement tend nécessairement à l'élever, ce qui assure la stabilité de l'équilibre.

« Peut-on verser le contenu d'une bouteille, tandis que le bouchon reste sur le goulot? » Rien de plus facile. Piquons dans le bouchon deux fourchettes, formant entre elles un angle assez aigu (fig. 90). Le bouchon étant posé sur le bord du goulot, le centre de gravité de l'équipage formé par le bouchon et les fourchettes restera toujours au-dessous du point de sustentation; le bouchon n'a donc aucune tendance à se renverser. On peut donc incliner la bouteille à volonté, sans avoir à craindre que le bouchon ne tombe.

FIG. 91. — ÉQUILIBRE D'UNE TOUPIE EN MOUVEMENT.

Lorsque la toupie est en mouvement, elle peut se tenir sur sa pointe. Il n'en serait plus de même au repos.

152. Remarque relative à l'équilibre des corps en mouvement. — Il est seulement indispensable de bien remarquer que les conditions d'équilibre précédemment développées conviennent aux seuls corps en repos absolu et qu'on s'exposerait à des erreurs grossières si on les appliquait sans modifications à des corps en mouvement.

Une toupie (fig. 91) qui tourne très vite peut se tenir sur sa pointe, mais elle tombe sur le flanc aussitôt qu'elle cesse de tourner.

Le cerceau d'un enfant (fig. 92) reste vertical tant qu'il est animé d'une vitesse suffisante. Il tombe, dès que son mouvement se ralentit.

Fig. 92. — Équilibre du cerceau en mouvement.

Un cerceau, mis en mouvement, peut rester en équilibre sur sa tranche. Il n'en serait plus de même au repos.

Il est très difficile de se tenir en équilibre sur une bicyclette au repos, parce que, malgré l'écrasement des pneus, le polygone de sustentation est très restreint. En revanche, lorsque la bicyclette roule et surtout lorsqu'elle roule très vite, le cycliste possède sur sa selle une stabilité assez grande pour se diriger, au besoin, sans faire usage de ses mains.

Bornons-nous à signaler ces effets de stabilité dans le mouvement. Nous voulions seulement en montrer toute l'importance, sans toutefois chercher à les expliquer.

153. **Résumé.** — *L'action de la pesanteur sur un corps solide est toujours exercée en un même point : son centre de gravité.*

On détermine ce point, en suspendant le corps à un fil, dont la direction d'équilibre passera toujours par le point cherché.

Quand un corps pesant repose sur un plan horizontal, l'équilibre est stable, si la verticale de son centre de gravité tombe à l'intérieur du polygone de sustentation.

D'une façon générale, la stabilité de l'équilibre est d'autant mieux assurée que le centre de gravité se trouve placé plus bas.

CHAPITRE III

LA BALANCE

151. Principe de la Balance. — Le poids des corps peut se déterminer avec des appareils de deux types différents : ***les appareils à ressort*** et ***la balance.***

Les figures 93 et 94 représentent deux formes souvent employées des instruments du premier genre, que l'on désigne sous le nom de ***pesons*** ou de ***dynamomètres.*** Ces appareils, fondés sur

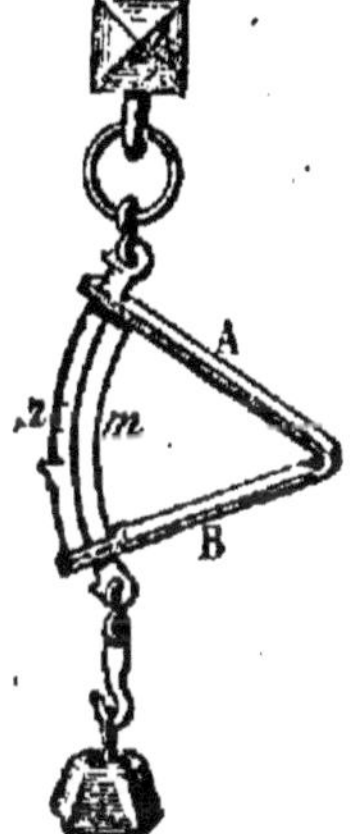

Fig. 93. — Peson en forme de V.

L'appareil se gradue directement en notant les flexions produites par des poids connus.

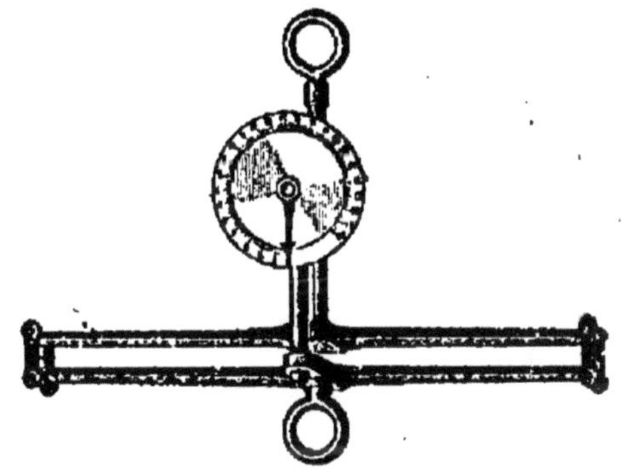

Fig. 94. — Dynamomètre industriel.

L'écartement des deux lames-ressorts sert à mesurer la force que l'on exerce sur l'appareil. Cet écartement se traduit par un déplacement plus ou moins marqué d'une aiguille sur un cadran divisé.

l'élasticité des solides (§ 4), sont fréquemment employés dans l'industrie, mais ne comportent que peu de précision. Aussi, nous occuperons-nous exclusivement de la balance.

La pièce la plus importante d'une balance (fig. 95) est son ***fléau.*** C'est une lame de métal (bronze ou acier), ordinairement taillée en forme de losange allongé et évidé ; dans cette lame, sont implantés, normalement à son plan, trois prismes d'acier, A, C, A', que l'on nomme les ***couteaux.*** L'un de ces prismes, C, est dans la région médiane de la lame ; les deux autres se trouvent aux extrémités du fléau.

Les arêtes des couteaux doivent être ***fines et bien parallèles entre elles.***

L'arête du couteau médian est équidistante des deux autres et située dans un même plan avec elles. Elle doit être placée très légèrement au-dessus du centre de gravité du fléau (§ **149**). Si cette dernière condition n'était pas réalisée, l'équilibre du fléau serait instable ; ***la balance serait folle.***

Le couteau médian tourne son arête vers le bas ; par cette arête, il répose sur un petit plan fixe, d'acier ou d'agate H (fig. 95).

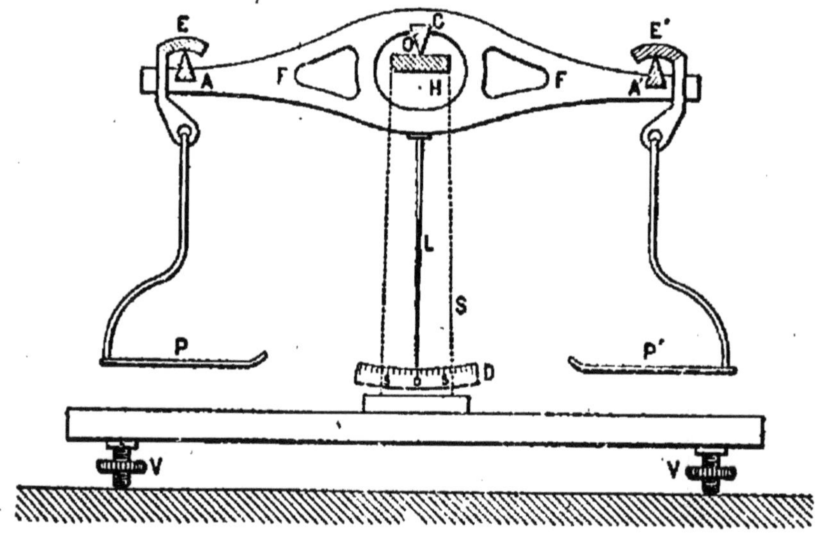

Fig. 95. — Principe de la balance.

Les pièces essentielles d'une balance sont : ***le fléau*** et ses trois ***couteaux.***

Les mouvements du fléau doivent s'effectuer librement, sans être gênés par le moindre frottement. Une aiguille, L, fixée au fléau, se déplace devant un cadran divisé immobile D (fig. 95).

Des plateaux P, P', sont suspendus, sans frottement, à chacun des deux couteaux extrêmes. Tout se passe comme si, sur l'arête même de chaque couteau, agissait vers le bas une force verticale, égale à la somme des poids du plateau et du corps contenu dans le plateau.

La figure 96 représente le ***trébuchet*** dont se servent couramment les pharmaciens dans leurs laboratoires.

155. Unités de poids. Boites de poids. — Il nous reste à choisir une unité de poids.

On conserve avec le plus grand soin, au Bureau International des Poids et Mesures, un cylindre de platine iridié (alliage tout à fait inaltérable à l'air) que l'on nomme le kilogramme international : c'est le poids de ce cylindre, que l'on choisit pour unité et que l'on appelle ***kilogramme-poids***.

Fig. 96. — Trébuchet des pharmaciens
C'est la balance couramment employée pa les pharmaciens dans la confection de leurs ordonnances.

En vue des usages pratiques, le kilogramme international a été établi de manière à avoir le même poids qu'un litre d'eau pure à la température de 4°. Le gramme, qui est la millième partie du kilogramme, représente ainsi le poids d'un centimètre cube d'eau pure à 4°.

Les boîtes de poids marqués (fig. 97), dont on se sert dans les laboratoires, permettent de réaliser facilement tous les poids, de milligramme en milligramme, jusqu'à 2 kilogrammes.

Elles se composent de plusieurs séries. Le premier terme de chaque série est un multiple ou un sous-multiple décimal du gramme, depuis le milligramme jusqu'à l'hectogramme. La série se continue par deux poids doubles et un poids quintuple du premier.

Fig. 97. — Boite de poids.
La boite comprend plusieurs séries de poid correspondant à 1, 2, 5 fois chaque multiple ou chaque sous-multiple décimal du gramme.

Au-dessus du gramme, ces poids sont en laiton platiné ou doré. On leur donne la forme de cylindres (fig. 98). Les fractions de gramme sont ordinairement constituées par de petites plaques carrées, très minces, en platine.

156. Justesse de la balance. — Nous avons supposé les arêtes des deux couteaux extrêmes équidistantes de celle du couteau médian; on dit alors que les deux ***bras du fléau sont égaux.***

FIG. 98. — POIDS EN LAITON. On leur donne la forme de cylindres dont la hauteur est égale au diamètre de base.

En outre, nous avons supposé que les trois arêtes sont situées dans un même plan.

Quand il en est ainsi, l'équilibre de la balance n'est pas modifié, si l'on charge les deux plateaux de poids égaux. C'est ce qu'on exprime, en disant alors que ***la balance est juste.*** Ainsi donc :

1° ***Définition de la justesse*** : Une balance juste est celle dont le fléau conserve la même position d'équilibre, quand les plateaux sont vides, ou quand ils sont chargés de poids égaux;

2° ***Condition de justesse*** : La balance est juste, à condition que, les arêtes de ses trois couteaux, étant situées dans un même plan, les arêtes de ses couteaux extrêmes soient équidistantes de l'arête du couteau médian.

157. Comment s'assure-t-on si une balance est juste? — Pour vérifier si une balance est juste, on observe d'abord la position d'équilibre de l'aiguille, lorsque les plateaux sont vides.

On met ensuite un corps A dans un des plateaux et on place dans l'autre des poids B jusqu'à ce que le fléau reprenne la même position d'équilibre.

Si la balance est juste, les poids A et B sont nécessairement égaux. Le fléau devra donc conserver encore la même position, lorsqu'on intervertira ces poids sur les plateaux.

Si, au contraire, la balance n'est pas juste, les deux poids A et B ne sont pas égaux; au plus grand des deux correspond, dans la position d'équilibre, le plus petit des deux bras de levier de la balance; et l'on voit bien que cette condition cessera d'être réalisée, dès que les poids auront été intervertis sur les deux plateaux de la balance.

158. Pesée simple avec une balance juste. — Supposons que nous ayons à notre disposition une balance juste et une boîte de poids marqués (§ **155**).

Les plateaux étant vides, on note sur le cadran D (fig. 95) la division devant laquelle s'arrête l'aiguille du fléau. On place le corps à peser dans l'un des plateaux; la balance s'incline alors du même côté.

On ajoute ensuite méthodiquement des poids marqués dans l'autre plateau jusqu'à redonner à l'aiguille la même position d'équilibre qu'au début.

Si la balance est juste, ces poids marqués représentent exactement le poids du corps à peser.

Mais, bien que les constructeurs cherchent à réaliser le mieux possible les conditions de justesse, celles-ci sont si difficiles à obtenir rigoureusement, que cette méthode rapide ne convient qu'aux pesées commerciales. Nous verrons plus loin (§ **160**) une autre méthode (*double pesée*), qui permet de s'affranchir des conditions de justesse.

159. Sensibilité d'une balance. — Supposons qu'une balance soit en équilibre, chacun de ses plateaux supportant, par exemple, une charge de 1 kilogramme. L'aiguille du fléau se trouve alors devant une certaine division du cadran. Si, pour modifier d'une façon perceptible la position de l'aiguille, il faut ajouter dans l'un des plateaux un poids de 0 g. 1, nous dirons que la balance est sensible au décigramme, sous une charge de 1 kilog., ou encore qu'elle est sensible au dix-millième $\left(\frac{0,1}{1000}\right)$.

Pour qu'une balance soit très sensible, il faut que *les mouvements autour des trois arêtes des couteaux ne soient gênés par aucun frottement.* Ceci exige que les arêtes des couteaux soient fines et dures, et qu'elles portent sur des plans aussi durs que possible. *Il faut encore que le fléau soit léger et qu'il oscille lentement.* Ce sont là des conditions qui ne se trouvent réalisées que dans les balances de haute précision.

Les balances employées dans les pesées commerciales n'accusent guère que le décigramme sous une charge de 1 kilogramme. Les balances de laboratoire sont cent fois plus sensibles, et, sous la même charge, certaines d'entre elles peuvent accuser le milligramme.

160. Méthode de la double pesée. — *Les balances commerciales* sont peu sensibles; *les erreurs dues à leur défaut de justesse ne dépassent pas les erreurs qui peuvent être dues à leur défaut de sensibilité.* Avec elles on peut toujours pratiquer la simple pesée, qui a d'ailleurs l'avantage d'être rapide.

Les balances de laboratoire, au contraire, *sont extrêmement sensibles*; leur justesse est toujours de beaucoup inférieure à leur sensibilité. Il en résulte que ***la simple pesée ne donnerait pas avec ces balances toute l'exactitude dont ces appareils sont susceptibles. Avec des balances de haute précision on procède toujours en faisant une double pesée*** (méthode imaginée par Borda).

Le corps à peser est placé dans l'un des plateaux de la balance; on lui fait équilibre, en mettant dans l'autre plateau des poids communs qui constituent ce que l'on appelle ***la tare.***

Une fois l'équilibre réalisé, on note la division devant laquelle s'arrête l'aiguille de la balance; on enlève le corps et on le remplace par des poids marqués jusqu'à retrouver la même position d'équilibre. Ces poids marqués et le poids du corps sont rigoureusement égaux entre eux, parce qu'ils font tous deux équilibre à la ***même*** tare, dans les ***mêmes*** conditions.

Il est bien évident que ***cette méthode ne suppose en rien que la balance soit juste*** et qu'elle permet d'obtenir dans la pesée toute l'exactitude compatible avec la sensibilité de la balance.

161. Balance de Roberval. — Les balances usuelles sont naturellement établies d'une façon plus robuste que les balances de laboratoire.

Dans la ***balance de Roberval*** (fig. 99), qui est extrêmement répandue dans le commerce, les plateaux D_1 et D_2 (fig. 100) sont portés par des tiges verticales AA', BB', articulées aux extrémités A et B du fléau. Le fléau repose lui-même, par un couteau C, fixé en son milieu, sur un plan d'acier fixe.

Fig. 99.
Balance de Roberval (en élévation).
Balance commune, d'un usage continuel dans le commerce.

Les tiges verticales AA' BB' ont des longueurs égales; leurs extrémités inférieures sont articulées, elles aussi, aux deux bouts d'une tige A'B' qui a même longueur que le fléau et qui est mobile autour d'un axe horizontal fixe passant par son milieu C'.

La figure AA'BB' est ainsi un parallélogramme déformable, mais dont les côtés AA' et BB' restent verticaux; et l'on démontre alors que l'effet d'un poids placé dans l'un des plateaux indépendant de la place qu'occupe ce poids sur le plateau.

Cette balance présente les avantages suivants : 1° d'être plus facilement transportable que la balance ordinaire; 2° de se prêter aux pesées de corps de formes et de dimensions quelconques, sans que l'on soit gêné par les organes qui, dans la balance ordinaire, servent à suspendre les plateaux.

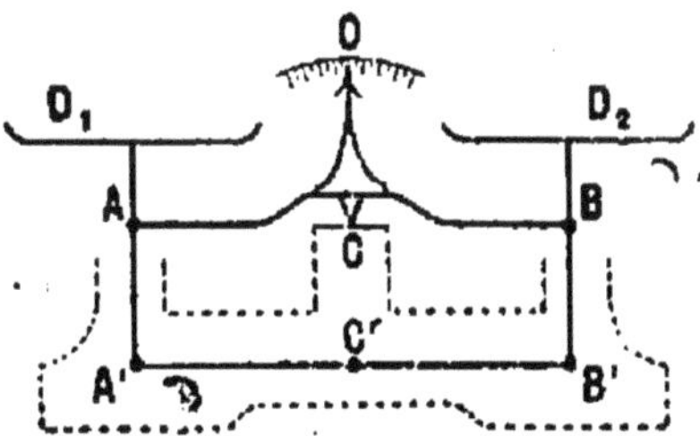

FIG. 100. — FIGURE THÉORIQUE DE LA BALANCE DE ROBERVAL.

Les plateaux sont portés par des tiges verticales qui forment les côtés latéraux d'un parallélogramme déformable dont les autres côtés sont respectivement mobiles autour de leurs milieux C et C'.

Les bonnes balances de Roberval peuvent servir à peser 1 kilogramme à 1 décigramme près. On opère toujours par simple pesée.

162. **Limite de charge.** — Quel qu'en soit le modèle, une balance a toujours une limite de charge. ***Il importe***, en effet, *de **ne jamais placer sur les plateaux des poids trop lourds**, qui pourraient fatiguer les suspensions ou amener la déformation du fléau.*

Les balances de laboratoire dont le fléau est très léger sont établies pour des charges de 200 à 500 grammes.

La limite de la charge pour les différents modèles de balances Roberval varie de 2 à 20 kilogrammes.

163. **Résumé.** — *Une balance de précision se compose essentiellement d'un levier (fléau) ayant la forme d'un losange portant trois couteaux perpendiculaires à son plan. L'arête du couteau médian est équidistante des arêtes des deux couteaux extrêmes. Aux deux couteaux extrêmes sont suspendus deux plateaux. Quand il n'y a rien dans ces plateaux, la grande diagonale, ou axe du fléau, est sensiblement horizontale. Cette position du fléau est déterminée d'une façon précise par la division du cadran devant laquelle s'arrête une longue aiguille fixée au fléau.*

*Une balance peut être **juste**, mais sa qualité essentielle est d'être **sensible**.*

Pour déterminer le poids d'un corps, on procède par simple pesée ou par double pesée (méthode de Borda).

La double pesée convient seule pour les mesures de précision.

TROISIÈME PARTIE

ÉQUILIBRE DES LIQUIDES

(2e Année)

CHAPITRE I

NOTION DE LA PRESSION

161. Efforts exercés par les solides pesants sur leurs appuis. — Supposons que nous ayons préparé quelques petits cylindres de bois de hauteurs quelconques, et de sections très inégales (fig. 101).

Plaçons le plus large d'entre eux sur une masse de sable fin, contenue dans un vase. Chargeons-le d'un poids de plusieurs kilogs; c'est à peine si le cylindre s'enfoncera dans le sable.

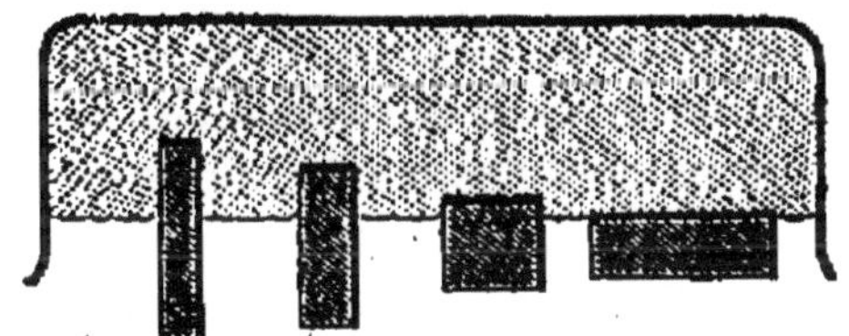

Fig. 101. — Effet de la pression.
Un corps solide enfonce dans le sable, en raison de la *pression* qu'il exerce sur le sable, et non pas en raison seulement de la force qui lui est appliquée.

Au contraire, recommençons l'expérience avec le cylindre le plus étroit. Chargeons-le seulement d'un poids d'une centaine de grammes. Il enfoncera et disparaîtra totalement à l'intérieur de la masse de sable. La force exercée est plus petite, l'effet produit est cependant beaucoup plus marqué.

La grandeur de la force n'est donc pas la seule chose à considérer au point de vue de l'effet produit; on doit encore tenir compte de la surface, plus ou moins grande, sur laquelle elle s'exerce.

Recommençons l'expérience en chargeant le premier cylindre d'un poids de 2 kilogrammes; un second, dont la base serait 5 fois plus petite, enfoncera autant que le premier, si on le charge d'un poids 5 fois plus petit, c'est-à-dire de 400 grammes seulement.

Donc, si la surface d'appui est 2 fois, 3 fois, 4 fois plus grande, il faut, pour obtenir le même effet, la soumettre à une force, ou poussée, 2 fois, 3 fois, 4 fois plus grande.

Quand il en est ainsi, l'effet restant le même, nous convenons de dire que le sable supporte *une pression invariable*.

165. Définition de la pression. — La pression supportée par une surface plane a donc une valeur d'autant plus grande : 1° que la poussée exercée F est plus grande; et 2° que cette poussée est répartie sur une plus petite surface S.

Elle varie dans le même sens et dans le même rapport que F.

Elle varie en sens contraire de la surface S, et en rapport inverse avec elle.

On prend, pour mesure de la pression p, la valeur du quotient $\frac{F}{S}$. On a donc :

$$p = \frac{F}{S};$$

ce que nous traduirons en langage ordinaire, en disant :

La pression, supportée par une surface plane, est égale à la valeur de la force appliquée par unité de surface.

Si nous choisissons le kilogramme comme unité de force, et le centimètre carré comme unité de surface, la pression sera estimée en kilogrammes par centimètre carré. Ainsi, une force de 100 kilogrammes supportée par une surface plane de 20 centimètres carrés représente une pression de 5 kilogrammes par centimètre carré.

La notion de pression apporte une grande simplification à l'étude des fluides en équilibre.

166. Résumé. — *Quand une force F agit normalement sur une surface S, son action sur cette surface dépend de l'étendue de cette surface S. On dit qu'elle exerce une* **pression** *moyenne, mesurée par le quotient* $\frac{F}{S}$. *Les grandeurs F et S doivent être exprimées avec des unités convenablement choisies et expressément indiquées.*

CHAPITRE II

PRESSIONS A L'INTÉRIEUR DES LIQUIDES

167. **Poussées sur les parois.** — La notion de pression est surtout utile pour l'étude des *liquides et des gaz*.

Nous nous servirons fréquemment, pour étudier les pressions dans les liquides, du dispositif suivant : l'une des bases d'une boîte circulaire en laiton B est fermée par une membrane de caoutchouc mince C (fig. 102), l'autre porte une tubulure E. Réunissons cette tubulure à celle d'un entonnoir A par un tube de caoutchouc et versons de l'eau dans l'entonnoir.

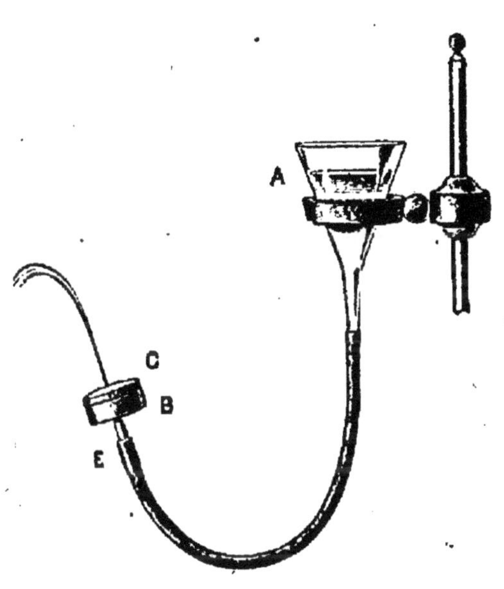

FIG. 102. — POUSSÉES EXERCÉES PAR LES LIQUIDES.
La poussée exercée par un liquide sur une portion de paroi est normale à celle-ci.

Si la boîte B est en dessous de l'entonnoir, on voit la membrane se bomber vers l'extérieur : elle est donc soumise de la part du liquide à une poussée ; et le fait est général :

Un liquide exerce toujours une poussée sur chaque portion de paroi d'un vase qui le renferme, et, d'une façon générale, *sur toutes les surfaces solides qu'il touche*.

Si on perce un petit trou dans la membrane, on constate que le liquide jaillit ; et que la direction du jet se confond avec la perpendiculaire à la surface de la membrane. On dit que le liquide jaillit *normalement*. *La poussée est donc normale à la portion de paroi sur laquelle elle s'exerce*.

168. **Remarque importante.** — Ces poussées ne peuvent

se manifester sur une surface que si elles s'exercent d'un côté seulement de cette surface.

Un disque de verre, suspendu verticalement par un fil au milieu d'un liquide, ne manifestera aucune tendance à se déplacer de droite à gauche ou de gauche à droite.

De même, une membrane de caoutchouc qui serait tendue sur un cadre au milieu du liquide, ne manifesterait aucune déformation dans un sens ou dans l'autre.

Mais, si l'on se sert d'une membrane de caoutchouc pour fermer une petite boite plate, pleine d'air, et si celle-ci est introduite au milieu de l'eau, sans que l'eau puisse pénétrer dans la boite, la pression de l'eau s'exerçant d'un côté seulement de la membrane, la fera fléchir vers l'intérieur de la boite.

Nous allons précisément nous servir de cette remarque pour combiner un petit appareil qui nous permettra d'étudier commodément les pressions à l'intérieur d'un liquide.

169. Étude expérimentale des pressions dans les liquides. — Une petite boite plate en métal (fig. 103) est fermée sur une de ses faces par une membrane de caoutchouc, ficelée sur les bords de la boite. A l'intérieur de cette boite pénètre un tube étroit, dont l'axe est précisément dirigé dans le plan de la membrane. Un tube de caoutchouc établit une communication entre l'intérieur de la boite et un récipient en verre, recourbé en forme d'U et contenant de l'eau colorée (fig. 104).

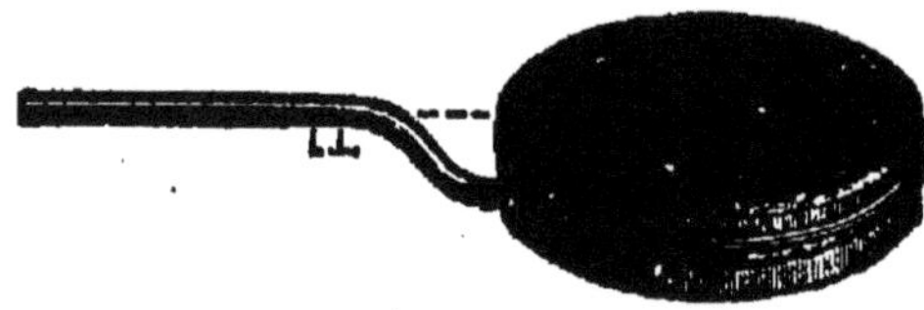

FIG. 103. — REPÉRAGE DES PRESSIONS A L'INTÉRIEUR DES LIQUIDES.
Nous emploierons un tambour fermé par une membrane de caoutchouc et communiquant avec un tube en U contenant un peu d'eau.

L'appareil va nous permettre de repérer les pressions. Posons, en effet, la boite sur la table, la membrane tournée vers le haut. Pressons la membrane avec le doigt; le liquide baisse dans la branche correspondante du tube en U. Pressons plus fort; la dénivellation augmente. Diminuons la poussée exercée avec le doigt, la dénivellation diminue. Elle reprend la même valeur, quand la poussée est redevenue la même. Au lieu de presser avec le doigt, chargeons la membrane de ***poids connus,*** comme en BC (fig. 104). Nous obtenons des effets du même genre. ***L'appareil peut donc être gradué.***

170. Mesure des pressions dans les liquides. — Ce petit

appareil peut nous servir d'abord à faire ***des mesures des pressions*** exercées par les liquides.

La figure 105 montre comment on dispose l'expérience. Le tube *a* traverse une planche de bois HH qui repose sur le bord horizontal d'un grand récipient en verre A. Ce tube *a* commu-

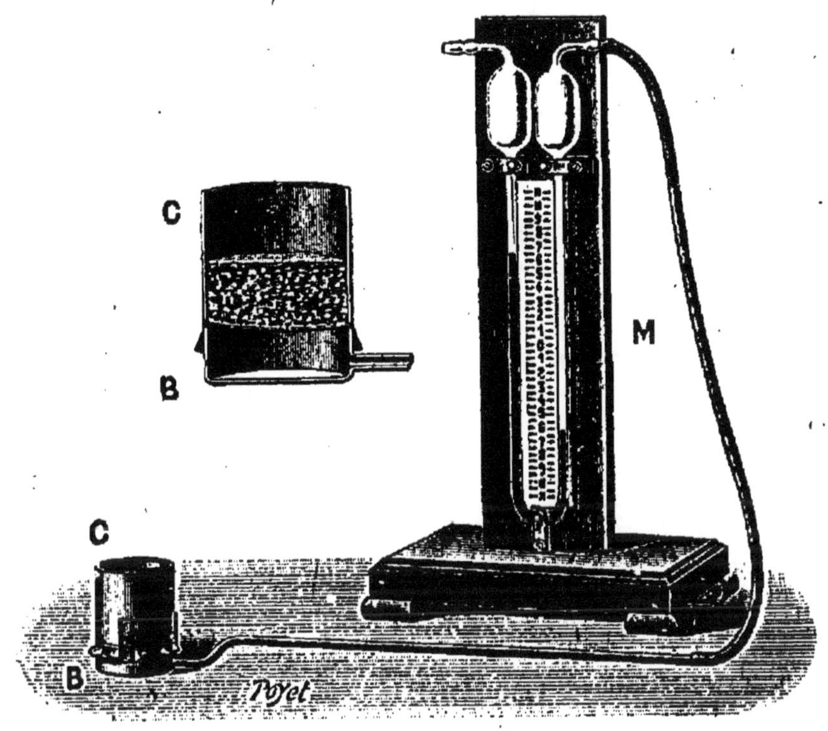

FIG. 104. — REPÉRAGE DE LA POUSSÉE.
La dénivellation dans le tube M s'accroît à mesure que l'on presse davantage sur la membrane.

nique d'autre part avec le tube en U à l'aide d'un tube de caoutchouc épais et étroit.

Le récipient A étant vide et aucune dénivellation n'existant dans le tube en U, on verse de l'eau en A. Une dénivellation se produit; ce qui démontre l'existence d'une poussée normale du liquide sur la membrane. La valeur de cette poussée est donnée par la graduation préalable de l'appareil (§ **169**). Si, par exemple, cette poussée est de 260 grammes et que la surface de la membrane soit de 20 centimètres carrés, on dira que la ***pression*** sur la membrane est de $\frac{260}{20}$, soit 13 grammes par centimètre carré.

Ainsi, nous sommes déjà en possession des faits suivants :

1° *A l'intérieur d'un liquide s'exercent des pressions;*

2° *La pression qu'un liquide exerce sur une surface est dirigée perpendiculairement, du liquide vers la surface;*

3° *Cette pression peut se mesurer facilement à l'aide de l'appareil précédemment décrit.*

171. La pression est indépendante de l'orientation de la surface sur laquelle elle s'exerce. — Faisons maintenant

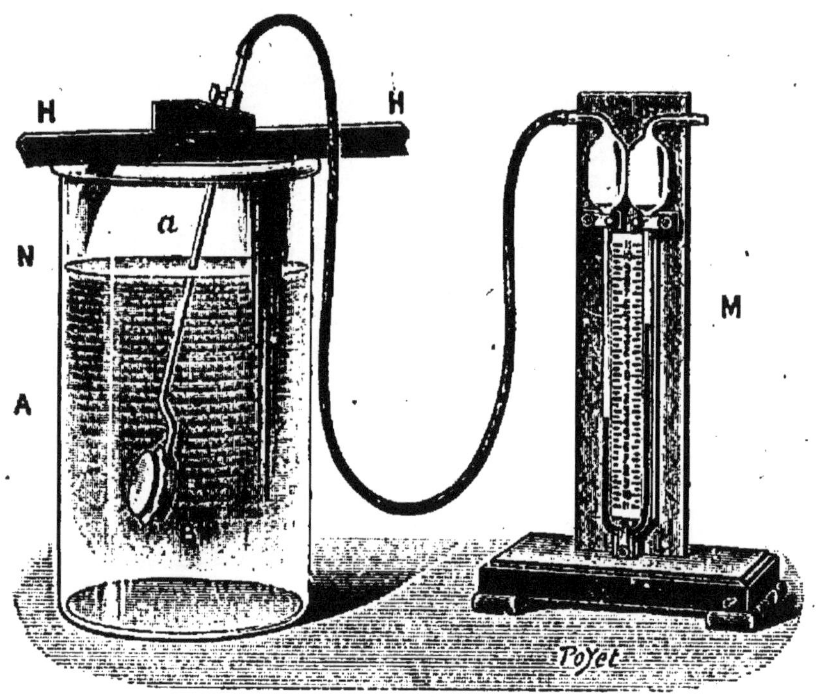

Fig. 105. — Constance de la pression, en tous les points d'un plan horizontal.

Quand on déplace la traverse HH sur le bord horizontal du récipient ou qu'on fait tourner le tambour sur place, la dénivellation dans le tube M ne change pas.

tourner le tube *a* sur place; l'orientation de la membrane change donc à volonté. Nous constatons que la dénivellation dans le tube en U reste invariable; il en est évidemment de même de la pression supportée par la membrane de caoutchouc.

Nous dirons donc que *la pression exercée par le liquide sur une petite surface plane, à l'intérieur du liquide, ne dépend que de la position occupée par le centre de cette surface dans le liquide, mais ne dépend pas de son orientation.*

172. Principes fondamentaux. — 1° Déplaçons maintenant la traverse HH de la figure 105 sur le bord horizontal du vase A. La dénivellation dans le tube en U reste constante, ***la pression reste donc invariable dans toute l'étendue du plan horizontal qui passe par le centre du tambour.***

2° Immergeons maintenant notre appareil à des profondeurs diverses dans un récipient rempli d'eau. On constate que, dans le tube en U, la dénivellation augmente ou diminue suivant qu'on enfonce ou qu'on soulève le tambour. Il faut en conclure que, dans un liquide en équilibre, ***la pression en un point est d'autant plus considérable que ce point est situé plus bas.***

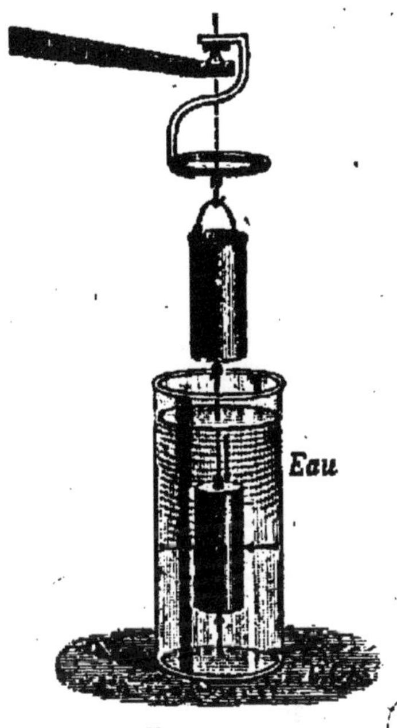

FIG. 106.
DIFFÉRENCE DES POUSSÉES SUR LES BASES D'UN CYLINDRE IMMERGÉ.
Cette différence est égale au poids du liquide déplacé par le cylindre.

173. Différence de pression entre deux points d'un fluide en équilibre. — Supposons un cylindre en cuivre plongé verticalement dans l'eau. La base inférieure supporte une poussée verticale dirigée vers le haut. — La base supérieure supporte une poussée verticale dirigée vers le bas. La première, nous venons de le voir, est supérieure à la seconde. Si donc le cylindre était primitivement suspendu en équilibre au-dessous d'un plateau de balance, il ne resterait plus en équilibre dès qu'il viendrait à plonger dans l'eau. Celle-ci le poussera vers le haut. Pour rétablir l'équilibre, il faudra donc placer des poids dans le plateau qui supporte le cylindre. Ces poids représenteront évidemment la différence des poussées sur les deux bases.

Les poussées qui s'exercent sur la surface latérale du cylindre étant horizontales, n'interviennent évidemment pas dans l'équilibre de la balance.

On constate ainsi que, si l'équilibre a été rétabli une première fois, il persiste à quelque profondeur que l'on enfonce le cylindre. Donc :

Au sein d'un liquide en équilibre, la différence de pressions

est toujours la même entre deux points qui offrent la même différence de niveau.

On peut compléter les résultats que nous venons d'énoncer par une expérience saisissante. Sous l'un des plateaux d'une balance, on suspend un cylindre *creux* (fig. 106), et, au-dessous de celui-ci, un autre cylindre *plein* dont le volume est exactement égal à la capacité du cylindre creux. On fait la tare du tout en plaçant des poids dans l'autre plateau. On immerge ensuite le cylindre plein dans un vase contenant de l'eau et l'on observe, comme nous l'avons dit, que la balance s'incline du côté de la tare; mais le fléau reprend son équilibre primitif, si l'on remplit exactement d'eau le cylindre creux; ce qui montre évidemment que la différence des poussées que reçoit le cylindre plein est égale au poids de l'eau qu'il déplace.

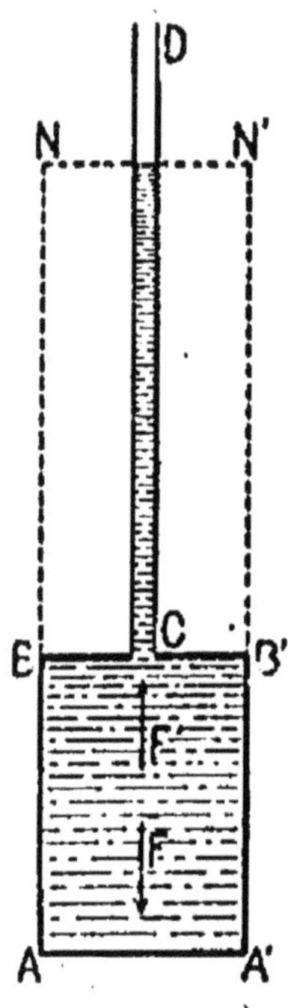

FIG. 107. CRÈVE-TONNEAU DE PASCAL.

Les deux poussées, s'exerçant en sens contraire sur les bases du tonneau, tendent à les écarter l'une de l'autre; le tonneau éclate sous une très petite charge d'eau contenue dans le tube de verre.

On en conclut que : ***La différence des poussées sur deux surfaces horizontales et égales, placées à des niveaux différents dans un liquide, est égale au poids d'une colonne cylindrique du liquide, dont la hauteur est égale à la différence de niveau des surfaces et dont la section a même étendue que celles-ci.***

Par suite :

La poussée totale sur le fond horizontal et plat AA' (fig. 107) ***d'un vase plein de liquide est mesurée par le poids du cylindre liquide AA'NN' qui a pour base le fond du vase et pour hauteur la hauteur du liquide dans le vase.***

174. Crève-tonneau de Pascal. — Ces principes expliquent facilement l'expérience du crève-tonneau de Pascal.

Soit un tonneau, que nous assimilerons à un récipient cylindrique vertical AA' BB' (fig. 107). Supposons sa hauteur AB égale à 1 mètre, la surface du fond égale à 20 décimètres carrés. Surmontons-le d'un tube fin de verre CD. Remplissons le récipient d'eau ainsi que le tube et supposons que l'eau monte dans le tube à 3 mètres au-dessus de la base supérieure du tonneau.

La poussée *F* sur le fond inférieur AA' est verticale, dirigée vers le bas, égale au poids du cylindre d'eau AA'NN', dont le volume est $20 \times 40 = 800$ décimètres cubes et par suite le poids 800 kilogrammes.

La poussée *F'* sur le fond supérieur BB' est verticale, dirigée vers le haut et égale au poids du cylindre BB'NN' dont le volume est $20 \times 30 = 600$ décimètres cubes et, par suite, le poids 600 kilogrammes.

Ces deux poussées s'exercent en sens contraire : elles tendent à écarter l'une de l'autre les deux bases du tonneau. Un tonneau ordinaire éclate facilement dans ces conditions : c'est là l'expérience connue sous le nom de ***crève-tonneau*** de Pascal.

Mais, supposons que le récipient soit assez résistant pour surmonter ces efforts considérables. Plaçons-le sur une bascule à peser les lourds fardeaux. Les deux poussées de 800 et de 600 kilogrammes ne produisent sur le tonneau qu'un effet résultant vertical, dirigé vers le bas, égal à leur différence, c'est-à-dire à 200 kilogrammes.

C'est précisement le poids du liquide contenu dans l'appareil (si on fait abstraction de la très petite quantité de liquide contenue dans le tube de verre).

175. **Résumé.** — ***Quand un liquide est contenu dans un récipient, il exerce, sur chaque petite portion de paroi qu'il touche, une pression normale à la surface.***

Cette pression est indépendante de l'orientation de la paroi, et ne dépend que de la distance de la portion de surface considérée à la surface libre du liquide.

Dans un liquide en équilibre, la différence des pressions en deux points est égale au poids d'un cylindre du liquide considéré ayant pour section droite 1 centimètre carré et pour hauteur la distance verticale des deux points donnés.

CHAPITRE III

SURFACE LIBRE DES LIQUIDES

176. Surface libre des liquides au repos. Surface des mers. — Nous savons que la surface libre d'un liquide au repos est plane et horizontale. Nous avons même indiqué comment on pouvait le vérifier d'une façon précise (§ **141**).

La surface d'un liquide en repos n'est rigoureusement plane que si cette surface présente des dimensions restreintes, parce que c'est alors seulement que deux verticales peuvent être regardées comme parallèles entre elles (§ **143**).

Il n'en est plus de même pour les surfaces liquides d'une grande étendue, comme celle des mers. En effet, puisque la direction de la pesanteur change d'un lieu à un autre, en passant constamment par le centre de la Terre, il faut que la direction de

Fig. 108. — Courbure des mers.
Lorsqu'un navire s'éloigne, c'est la coque qui disparait la première, puis la partie inférieure des mâts; et enfin leur sommet.

la surface des mers change aussi, en restant toujours normale à la pesanteur et prenne, par conséquent, une forme sphérique.

La courbure des mers est facile à constater. En effet, si la surface des mers était plane, un navire qui s'éloigne du rivage ne cesserait d'être visible que par l'effet de l'éloignement et ce seraient les parties les moins apparentes, les mâts et les cordages, qui disparaîtraient tout d'abord. Or, on observe tout le contraire : c'est la coque du navire qui disparaît la première au-dessous de l'horizon, puis la partie inférieure des mâts et enfin leur sommet (fig. 108).

177. Vases communicants contenant un seul liquide. — Considérons deux vases de forme quelconque réunis par leur partie inférieure et contenant un même liquide : c'est le dispositif connu sous le nom de ***vases communicants.*** On peut le réaliser commodément en utilisant (fig. 109), deux longues éprouvettes réunies à leur partie inférieure par un tube de caoutchouc.

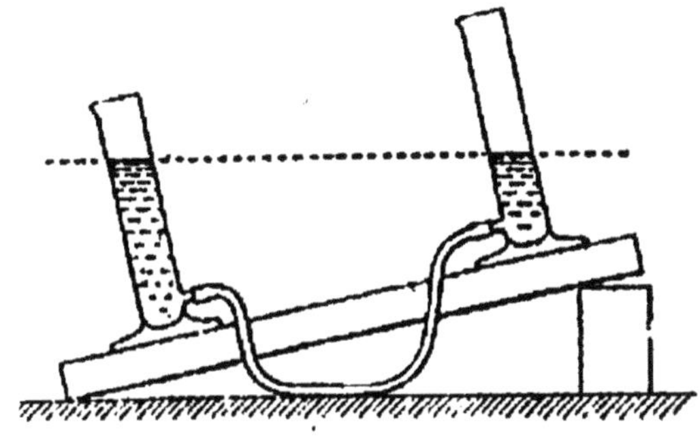

Fig. 109.
Équilibre dans les vases communicants.
Les différentes portions de la surface libre sont dans un même plan horizontal.

Si l'on verse de l'eau dans ces éprouvettes, on constate, quelle que soit leur position, que l'eau s'y établit toujours à un niveau commun.

Ainsi donc, ***quand des vases contiennent une masse continue de liquide au repos, les diverses portions de la surface libre de ce liquide sont dans un même plan horizontal.***

178. Applications diverses du principe des vases communicants. — Cette tendance des liquides à reprendre leur niveau se prête à une foule d'applications : on l'utilise pour la distribution de l'eau dans les villes, le niveau d'eau des arpenteurs, les écluses de canaux, les puits artésiens, etc.

Distribution de l'eau dans les villes. — L'eau qui doit alimenter une ville est amenée, soit directement, soit par des pompes, dans un grand réservoir en maçonnerie où elle s'élève plus haut que le dernier étage de la maison la plus élevée à desservir. De ce réservoir partent des tuyaux de conduite qui se ramifient et dont les branches aboutissent aux divers étages des maisons. Quand on ouvre le robinet qui ferme l'une de ces branches, un courant d'eau s'en échappe, avec une vitesse d'autant plus grande que le robinet est placé plus bas.

Niveau d'eau. — C'est un instrument d'arpentage (fig. 110) composé d'un tube de laiton, d'environ 1 mètre de long, coudé aux deux extrémités. A celles-ci sont adaptés, à angle droit, deux larges tubes de verre en forme de fioles pleines d'eau. Les surfaces libres du liquide dans celles-ci sont alors dans un même plan horizontal.

Cet instrument sert à déterminer la différence de niveau entre deux points du sol. Voici comment on procède : on installe le niveau entre ces deux points; puis un aide vient, au point le plus élevé par exemple, appuyer l'extrémité inférieure d'une échelle

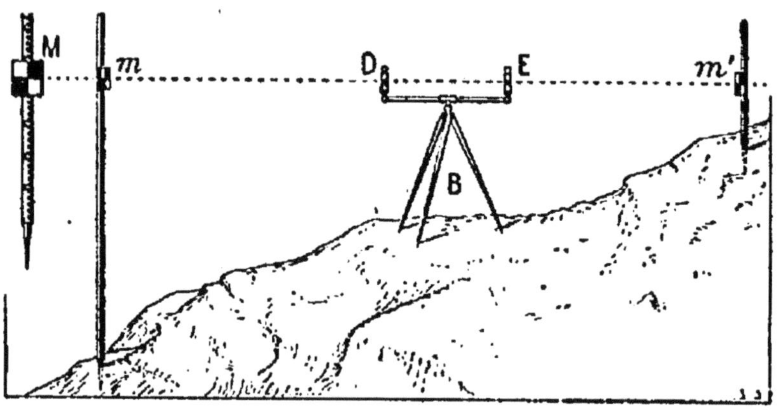

FIG. 110. — NIVEAU D'EAU.
La différence de niveau, entre les deux points sur lesquels repose successivement l'échelle, est égale à la distance qui sépare, sur l'échelle, les deux positions *m* et *m'* de la mire quand celle-ci a été amenée, de part et d'autre, sur la ligne de visée DE.

divisée qu'il maintient verticalement, tandis que l'opérateur, placé près du niveau, dirige, tangentiellement aux surfaces D et E, un rayon visuel vers l'échelle. Le long de celle-ci peut se déplacer une *mire* M qui, pour être plus visible, est peinte de couleurs voyantes, et que l'aide élève ou abaisse, en suivant les signes de l'opérateur, jusqu'à ce que le centre de la mire se trouve dans le plan horizontal passant par D et E. L'aide vient ensuite installer la règle divisée au point le plus bas, l'opérateur passe de l'autre côté du niveau et la même opération recommence. La distance, entre les deux positions *m* et *m'* de la mire sur l'échelle divisée, mesure évidemment la différence des niveaux aux deux points du sol.

179. **Jets d'eau.** — Si l'extrémité d'une des conduites qui partent du réservoir (§ 178) tourne son ouverture vers le haut, l'eau forme en s'échappant une gerbe verticale qui, théoriquement, devrait atteindre le niveau du réservoir, mais qui, en

réalité, n'y arrive jamais. En effet, les frottements de l'eau dans le tuyau, la résistance de l'air et le choc des gouttelettes qui retombent sur celles qui montent sont autant de causes qui, toutes, prises séparément, tendraient à diminuer la hauteur à laquelle l'eau s'élève.

Fig. 111. — Écluses de canal.

Le jeu des écluses permet de faire passer progressivement le bateau, du niveau du bief d'amont au niveau du bief d'aval ; ou inversement.

180. Écluses. — Une application intéressante de la propriété des vases communicants se retrouve encore dans les *écluses des canaux* (fig. 111). Nous ne décrirons pas leur mode de fonctionnement, qui est trop connu et que la figure rappelle suffisamment. Qu'il nous suffise de rappeler que, grâce à cet ingénieux dispositif, le niveau de l'eau, dans la partie qui est comprise entre les deux écluses, peut être à volonté amené au niveau du bief d'amont ou du bief d'aval. Le bateau peut donc passer insensiblement d'un niveau à l'autre.

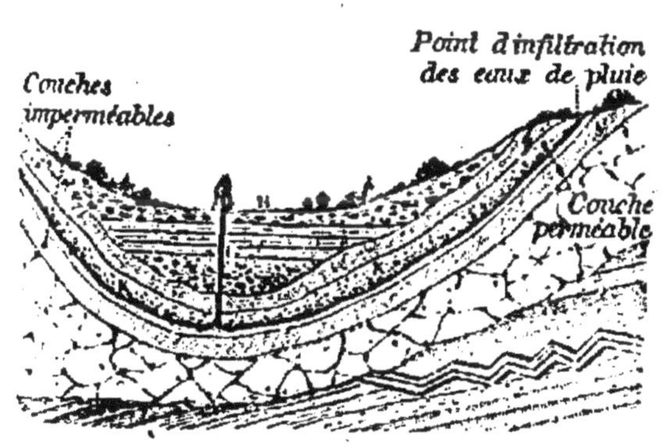

F[ig.] 112. — Sources. Puits artésiens.

Les sources, les puits ordinaires, les puits artésiens sont alimentés par des *nappes d'eau* qui séjournent, à l'intérieur du sol, sur des couches de terrain imperméables.

181. Sources ; puits ordinaires ; puits artésiens. — Les eaux de pluie s'écoulent en partie vers la mer et pénètrent en partie dans le sol, par voie d'infiltration. Elles peuvent y séjourner quand elles rencontrent des couches de *terrains imperméables* (terrains argileux). Elles forment alors des nappes d'eau plus ou moins étendues.

Si ces nappes viennent affleurer en certains points du sol, elles donnent naissance à des *sources*.

Si, en creusant verticalement dans le sol, on vient à rencontrer une de ces nappes d'eau, on a un ***puits ordinaire***, quand le niveau de la nappe s'étend au-dessous du sol. S'il arrive, au contraire, que le trou, percé à la sonde dans le sol, rencontre une nappe d'eau dont la surface libre s'élève à un niveau supérieur à l'orifice du trou de sonde, l'eau jaillit verticalement. On a alors un ***puits artésien*** (fig. 112).

182. **Résumé.** — ***Lorsqu'une même masse liquide est répartie entre plusieurs vases communicants, les diverses portions de la surface libre du liquide sont séparément planes et horizontales. En outre, elles sont toutes situées dans un même plan horizontal.***

CHAPITRE IV

PRESSE HYDRAULIQUE

183. **Principe de la presse hydraulique.** — Imaginons deux corps de pompe C et C' à parois résistantes, réunis à leur partie inférieure par un tube métallique AB (fig. 113). Ces deux corps de pompe, entièrement remplis d'eau, ont des diamètres très inégaux et sont fermés par des pistons cylindriques. Admettons, par exemple, que les surfaces des pistons P et P' soient respectivement de 1 et de 100 centimètres carrés : si on laisse le système se mettre de lui-même en équilibre et ***si l'on place sur le piston P un poids de 1 kilogramme, l'expérience montre qu'il faudra, pour maintenir le système dans la même position d'équilibre, placer sur le piston P' un poids de 100 kilogrammes.***

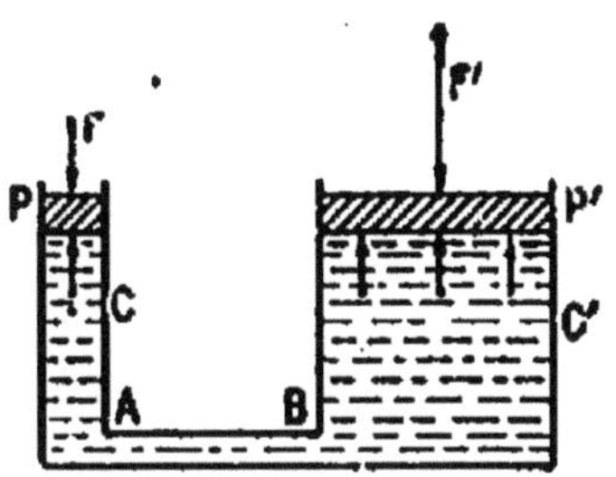

Fig. 113. — Principe de la presse hydraulique.
Quand on exerce une poussée F sur le piston P, le liquide transmet au piston P' une poussée F', d'autant plus grande que la surface de ce dernier est plus étendue.

Les poussées F et F' exercées sur les parois en équilibre sont proportionnelles aux surfaces S et S' de ces parois.

Ce principe fondamental a été énoncé par Pascal.

On peut dire encore : ***Les pressions exercées, en quelque endroit, à l'intérieur d'un liquide, se transmettent intégralement en tous les points de la masse de ce liquide.*** Il suffit, en effet, de se rappeler que nous appelons pression la valeur de la force, rapportée à l'unité de surface (§ **165**). Elle est donc la même ici, sur la base du petit et sur la base du gros piston.

184. **Description de la presse hydraulique.** — Nous venons d'indiquer le principe de la presse hydraulique ; mais il n'est pas inutile de décrire cet appareil avec quelques détails.

La presse hydraulique (fig. 114) se compose d'un large cylindre en fonte B, dans lequel peut se déplacer à frottement doux un autre cylindre plein C, faisant office de piston.

Une petite pompe foulante A, de diamètre beaucoup plus faible, refoule, par le tube *d*, sous le gros piston, l'eau qu'elle puise dans un réservoir extérieur. L'eau étant incompressible, le volume liquide, chassé du petit cylindre, doit donc se retrouver dans le grand; et, comme celui-ci a une section 100 fois plus grande que le petit, ce volume d'eau y occupe une hauteur

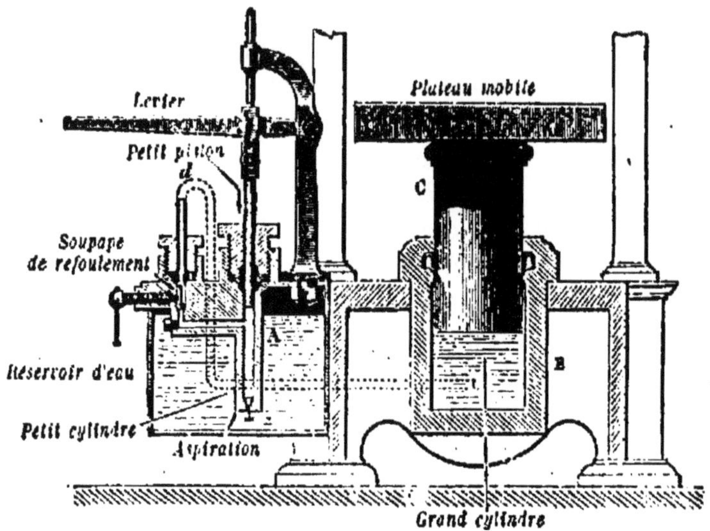

FIG. 114. — COUPE DE LA PRESSE HYDRAULIQUE.

On voit que la partie essentielle de l'appareil consiste en deux corps de pompe de sections très différentes. On injecte de l'eau du petit dans le grand.

100 fois plus petite. Il en résulte qu'à chaque coup de pompe le déplacement du gros piston est 100 fois plus petit que celui du petit piston.

Dans cette machine, comme d'ailleurs dans toutes les autres, ***on perd ainsi en chemin parcouru ce que l'on gagne en force.***

Il est indispensable d'éviter les moindres fuites d'eau par les soupapes et autour des pistons.

Les corps à comprimer sont progressivement serrés entre un plateau mobile formant la tête du piston et un autre plateau fixe que de solides colonnes en fer rendent solidaire du cylindre B.

La presse hydraulique est utilisée dans un grand nombre d'opérations industrielles : compression du foin et du coton pour les transports par bateaux, extraction des huiles, opérations métallurgiques variées, etc., etc.

185. Ascenseurs hydrauliques. — Le fonctionnement des ascenseurs hydrauliques dans les constructions modernes s'explique d'une façon analogue à celle qui vient d'être exposée pour la presse hydraulique.

Décrivons comme exemple un ascenseur destiné à desservir une maison de cinq étages, ayant 20 mètres de haut.

La partie essentielle de l'appareil consiste en un large tube de fonte C, de 20 mètres de haut, fermé par le bas et installé verticalement dans le sol (fig. 115). Dans ce tube faisant office de corps de pompe, s'engage un piston plongeur P de même longueur, mais de diamètre un peu moindre. Ce piston est constitué par un cylindre d'acier creux qui pénètre à frottement doux dans le tube C. Sur la tête du piston est installée la cabine A destinée au transport des personnes ou des fardeaux.

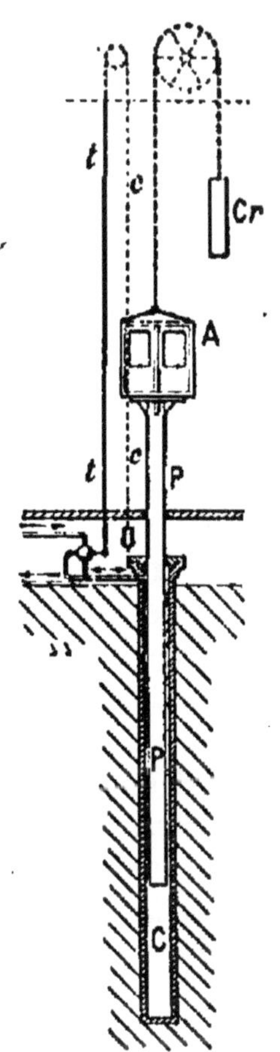

Fig. 115.
Ascenseur hydraulique.
Le piston P est soulevé par la poussée qu'exerce sur sa base l'eau qui s'introduit sous pression dans le cylindre C.

Un tuyau, muni de robinets, permet de mettre le corps de pompe en communication soit avec une conduite reliée au réservoir central des eaux de la ville, soit avec un canal d'écoulement. Dans le premier cas, l'eau pénètre dans le corps de pompe et vient exercer sa poussée sur la base du piston. Si cette poussée est suffisante, le piston s'élève au fur et à mesure de l'arrivée de l'eau et s'arrête quand on ferme le robinet.

La descente s'opère en ouvrant le tuyau d'écoulement : le piston s'enfonce alors par son propre poids dans le corps de pompe à mesure que l'eau s'échappe. Quatre glissières verticales, placées aux angles de la cabine, guident le mouvement de celle-ci et s'opposent à toute déviation.

Supposons, par exemple, que la section du piston ait 2 décimètres carrés et que, dans le réservoir central, le niveau de l'eau soit à 25 mètres au-dessus du sol. Quand la cabine est au rez-de-chaussée, la base du piston se trouve à 45 mètres au-dessous du niveau de l'eau et reçoit, par conséquent, une poussée de 900 kilogrammes, égale au poids d'un cylindre d'eau ayant pour base 2 décimètres carrés et pour hauteur 450 décimètres. Cette poussée diminue, d'ailleurs, au fur et à mesure que l'ascenseur monte, et, si le piston a 20 mètres de haut, elle n'est plus que de 500 kilogrammes quand il est au sommet de sa course.

Comme le poids du piston et de la cabine est relativement considérable, il peut y avoir intérêt à alléger ce poids mort pour faciliter le fonctionnement de l'appareil et le rendre moins coûteux : il est clair, en effet, qu'une faible force ascensionnelle s'obtiendra avec un piston moins large et, par suite, avec une plus faible consommation d'eau On allège le piston à l'aide de forts contrepoids attachés à des câbles de fils de fer qui passent sur de larges poulies disposées dans les combles du bâtiment. La manœuvre de l'ascenseur peut se faire de la cabine même. Le robinet est commandé tantôt par un petit appareil électrique, tantôt par une simple corde sur laquelle on peut tirer dans un sens ou dans l'autre.

186. **Résumé.** — ***Les poussées, exercées, à l'intérieur d'un même liquide, sur différentes portions de parois, supposées planes, sont proportionnelles aux surfaces de ces parois.***

C'est là le principe de la presse hydraulique et des ascenseurs.

CHAPITRE V

PRINCIPE D'ARCHIMÈDE

187. Énoncé du principe d'Archimède. — Revenons à l'expérience du paragraphe **173**.

On pourrait interpréter le résultat obtenu, en disant que ***le cylindre plein semble perdre, quand on le plonge dans l'eau, une partie de son poids égale au poids de l'eau déplacée.***

Cette propriété ne tient pas à la forme particulière du corps plongé dans l'eau, ni à la direction particulière dans laquelle il y est placé : elle est absolument générale.

Voici, en effet, l'expérience que l'on peut faire.

On suspend, au-dessous d'un des plateaux d'une balance, un corps A, un morceau de métal par exemple; sur le même pla-

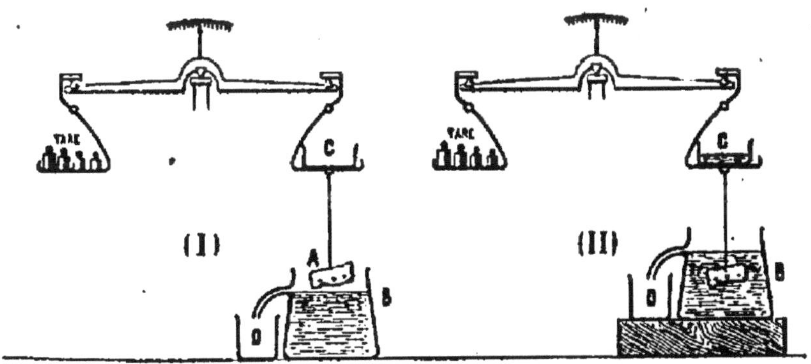

FIG. 116. — VÉRIFICATION DU PRINCIPE D'ARCHIMÈDE.
L'équilibre de la balance n'est pas altéré si l'on verse dans le vase C l'eau que l'immersion du corps A a chassée du récipient B.

teau on place un récipient vide C et l'on fait la tare du tout (fig. 116, I).

On dispose, d'autre part, au-dessous du corps A, un vase B rempli d'eau jusqu'au niveau d'un trop plein latéral. En soulevant doucement le vase B, on oblige le corps A à plonger dans l'eau. On voit tout aussitôt le fléau s'incliner du côté de la tare, ce qui démontre l'existence d'une poussée de bas en haut subie par le corps; on vérifie ensuite que l'équilibre se rétablit lorsque, dans le récipient C, on verse l'eau que l'immersion du corps a fait écouler par l'ajutage et dont le volume est évidemment égal à celui du corps A (fig. 116, II).

On observe, en outre, que le fil de suspension est resté vertical quand le corps a été immergé; ce qui démontre que le corps n'est soumis à aucune force latérale.

Nous sommes ainsi conduits à énoncer les propositions suivantes dont l'ensemble constitue le *principe d'Archimède.*

Quand un corps est immergé dans un fluide, on peut affirmer :

1° ***Que les poussées auxquelles il est soumis peuvent être remplacées par une force unique que l'on appelle leur résultante;***

2° ***Que cette résultante est verticale et dirigée vers le haut;***

3° ***Qu'elle est égale au poids du fluide déplacé.***

Ces résultats restent vrais, quelle que soit la forme du corps.

188. **Mesure du volume extérieur d'un corps solide par application du principe d'Archimède.** — On peut, en utili-

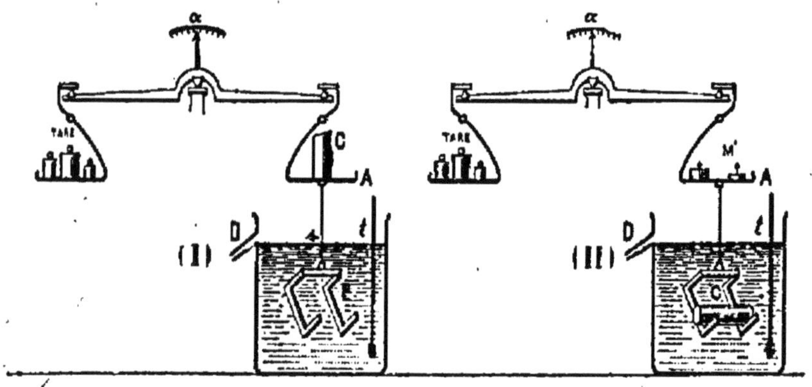

FIG. 117. — MESURE DU VOLUME D'UN CORPS.

On obtient le volume d'un corps, en déterminant la perte de poids que ce corps éprouve quand on l'immerge dans l'eau.

sant le principe d'Archimède, déterminer le volume d'un corps solide. Il suffit, à cet effet, de peser le corps dans l'air, puis dans l'eau. Pour cela, on place le corps en question sur le plateau d'une balance et on fait la tare en mettant des poids dans le plateau opposé (fig. 117, I). Puis on immerge entièrement le corps dans l'eau. Le fléau s'incline alors du côté de la tare; mais on rétablit l'équilibre en plaçant des poids M' (fig. 117; II) sur le plateau qui supporte le corps. Ces poids M' représentent, avec l'exactitude d'une double pesée, le poids d'un volume d'eau égal au volume du corps. Puisqu'un centimètre cube d'eau pèse un gramme, le volume du corps contiendra autant de centimètres cubes qu'il y a de grammes dans le poids M'.

189. **Condition pour qu'un corps flotte librement à la surface d'un liquide.** — Supposons qu'un corps solide de poids P' soit complètement immergé dans un liquide; et désignons par P le poids du liquide déplacé par le solide.

Nous savons que ce solide est alors soumis à deux forces : d'une part, son poids P', force verticale dirigée vers le bas; d'autre part, la poussée d'Archimède P, qui est verticale et dirigée vers le haut.

Trois cas peuvent donc se présenter :

1° $P' > P$. — Le corps solide se déplace de haut en bas dans le liquide et gagne le fond. Pour le soulever, il suffit d'un effort égal à $P' - P$.

2° $P' = P$. — Le corps complètement immergé peut se maintenir en équilibre en toute région du liquide.

3° $P' < P$. — Le corps se déplace de bas en haut, sous l'action de la force $P - P'$.

Si le liquide présente une surface libre, le mouvement ascendant du corps amène celui-ci à émerger partiellement.

La force $P - P'$ devient nulle quand le solide ne déplace plus qu'un volume de liquide dont le poids est égal au sien. Il peut alors ***flotter librement*** à la surface du liquide.

Nous sommes ainsi amenés à énoncer la propriété suivante, à laquelle on donne le nom de **principe des corps flottants** :

Lorsqu'un corps flotte en équilibre à la surface d'un liquide, le poids du liquide déplacé est égal au poids du corps flottant.

190. **Bateaux sous-marins.** — Le principe des corps flottants trouve une application intéressante dans le cas des bateaux sous-marins. Les bateaux sous-marins (fig. 118) ont une coque allongée, hermétiquement close. A l'une des extrémités se trouve un organe propulseur constitué par une hélice qu'on actionne à l'aide d'un moteur électrique pendant la plongée et à l'aide d'un moteur à pétrole lorsque le petit bâtiment navigue à la surface.

Pour maintenir le bateau au niveau voulu, il faut l'alléger quand il tend à descendre, ou l'alourdir, au contraire, s'il tend

à remonter. On rejette ou l'on introduit de l'eau dans le bateau à l'aide de pompes spéciales.

FIG. 118. — BATEAU SOUS-MARIN.
Le bateau est actionné par une hélice, mise en mouvement par un moteur électrique pendant la plongée.

Un petit appareil optique P (le *périscope*) qui, pendant la plongée, affleure à la surface, permet de guider les mouvements du bateau.

191. **Résumé.** — *Un corps immergé dans un liquide est soumis à deux forces verticales de sens contraire : l'une son poids P', l'autre la poussée P, exercée par le liquide. Cette dernière est égale au poids du liquide déplacé et dirigée vers le haut. Dans le cas particulier où P > P', le corps s'élève et arrive à la surface du liquide. Il s'y maintient en équilibre, quand il ne déplace plus qu'un poids de liquide égal à son propre poids.*

CHAPITRE VI

DENSITÉS DES SOLIDES ET DES LIQUIDES

I. *Définitions et généralités.*

192. **Densité; sa définition.** — A grosseur égale, une boule de plomb pèse plus qu'une boule de fer; et celle-ci, plus qu'une boule de bois; sous le même volume, ces diverses substances ont des poids de plus en plus petits.

On dit que leurs *densités* vont en diminuant.

La densité d'un corps est le poids, en grammes, d'un centimètre cube de ce corps.

Un centimètre cube d'eau pèse 1 gramme; la densité de l'eau est égale à 1. Un centimètre cube de plomb pèse 11,35 grammes; la densité du plomb a pour valeur 11,35.

193. **Expression numérique de la définition précédente.** — Supposons que V centimètres cubes d'une substance pèsent P grammes. La densité D de cette substance s'obtiendra, d'après sa définition même, en prenant le quotient $\frac{P}{V}$.

On aura ainsi $D = \frac{P \text{ (grammes)}}{V \text{ (centimètres cubes)}}$.

On peut écrire cette relation $P = VD$; on voit ainsi qu'on obtient le poids d'un corps (en grammes) en multipliant l'un par l'autre les deux nombres qui expriment, l'un sa densité, et l'autre son volume (en centimètres cubes).

194. **Exercice.** — La densité du mercure à 0° est égal à 13,6; quel serait le volume d'un kilogramme de mercure?

Un centimètre cube de mercure pèse 13,6 grammes; le volume cherché contiendra donc autant de centimètres cubes que 1000 grammes contiennent de fois 13,6 grammes : il sera donc égal à $\frac{1000}{13,6}$ ou 73,5 centimètres cubes.

195. **Les densités dépendent de la température.** — Quand on chauffe un corps, son poids ne change pas. Son

volume varie et, en général, croît avec la température. Cette variation de volume entraîne une variation inverse de la densité $D = \frac{P}{V}$. La densité *D d'un corps est donc, en général, d'autant plus faible que sa température est plus élevée.*

D'ailleurs, les solides et les liquides étant pratiquement très peu compressibles, leur volume et leur densité ne peuvent changer que si on change leur température. Donc :

A chaque valeur de la température, correspondra une valeur particulière de la densité, pour un solide ou un liquide déterminés.

196. **Densité de l'eau.** — L'eau présente un phénomène tout spécial : à 4°, elle est plus lourde qu'à toute autre température (voir § **46**). On dit qu'*à cette température de 4°, l'eau passe par un maximum de densité.*

On a choisi cette température du maximum de densité de l'eau, pour la définition du gramme (§ **155**). *Le gramme est le poids d'un centimètre cube d'eau pure, à cette température de 4°.*

La densité de l'eau, qui, à 4°, est, par définition, égale à 1, a été, pour les autres températures, l'objet de déterminations très précises. (Voir § **48**.)

Entre 0° et 20°, la densité de l'eau varie seulement de $\frac{1}{500}$ de sa valeur; mais, à 100°, la densité de l'eau n'est plus que les $\frac{24}{25}$ de ce qu'elle est à 60°.

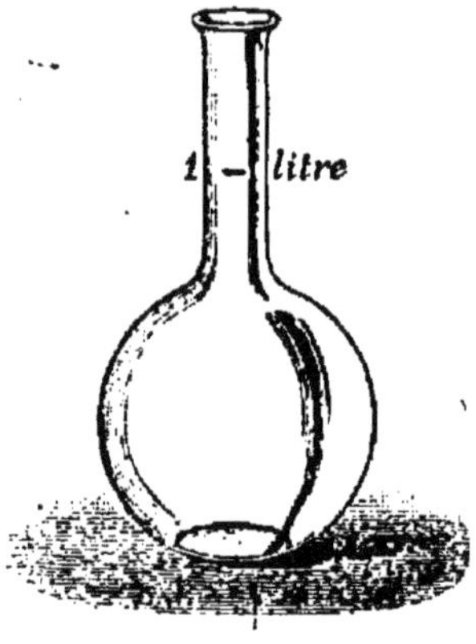

1 litre

FIG. 119. — BALLON JAUGÉ. Le col du ballon porte un trait qui définit exactement le volume.

2. *Mesure du volume et de la densité des corps.*

197 **Jaugeage et graduation de récipients.** — Proposons-nous de construire un ballon *jaugé* (fig. 119), de 1000 centimètres cubes. Choisissons un ballon qui présente un peu plus que cette capacité; plaçons-le, vide, sur le plateau d'une balance et mettons près de lui un poids de 1 kilogramme; puis faisons la tare. Enlevons ensuite le poids et versons de l'eau pure dans le ballon jusqu'à ce que l'équilibre soit rétabli : à ce moment, le ballon contiendra exactement 1000 grammes d'eau et le volume de cette eau sera rigoureusement de

1000 centimètres cubes. Repérons alors la position du niveau de l'eau dans le col du ballon : il ne restera plus qu'à tracer à cet endroit un trait circulaire, et notre ballon sera jaugé.

Pour des capacités inférieures à 100 centimètres cubes, on se sert soit de pipettes (§ **209**), soit de burettes graduées.

Les *burettes* (fig. 120) sont des éprouvettes étroites et cylindriques, terminées par un robinet, et sur lesquelles on a tracé des traits qui définissent, de centimètre en centimètre cube, le volume jusqu'au robinet. On opère, pour les graduer, comme pour jauger un ballon.

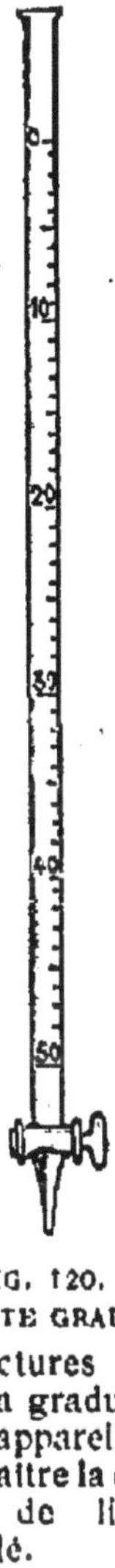

Fig. 120. Burette graduée.

Des lectures faites sur la graduation de l'appareil font connaître la quantité de liquide écoulé.

198. Mesure du volume d'un corps solide à la température ordinaire. Méthode du flacon. — Le principe de cette mesure est des plus simples. Introduisons le corps solide dans un récipient entièrement rempli d'eau. Pesons l'eau chassée par le solide. Si le corps a chassé P' grammes d'eau, son volume est égal à P' centimètres cubes.

Dans la pratique ordinaire, on peut prendre un flacon à large ouverture, dont les bords soient très réguliers. Une lame de verre peut s'appliquer exactement sur ces bords et fermer hermétiquement le flacon (fig. 121).

Soit à mesurer le volume d'un certain nombre de fragments de cristal de roche. Remplissons le flacon d'eau pure, par-dessus bord. Appliquons la plaque en chassant l'excès d'eau, et en évitant de laisser des bulles d'air à la partie supérieure du liquide. Essuyons le flacon. Plaçons le sur le plateau d'une balance de Roberval (§ **161**). Plaçons sur le même plateau des fragments de cristal de roche; et faisons la tare du tout.

Débouchons le flacon. Introduisons les fragments de cristal. Achevons de remplir le flacon d'eau avec les mêmes précautions que la première fois; fermons avec la plaque de verre, sans interposition de bulles d'air; essuyons avec soin. Reportons enfin sur le plateau de la balance. Le fléau s'incline du côté de la tare. Ramenons l'aiguille à la même division que tout à l'heure. Pour cela, il faut placer *P'* grammes à côté du flacon. D'après ce que nous avons dit au début de ce paragraphe, nous en concluons que les fragments de cristal de roche ont un volume de *P'* centimètres cubes.

FIG. 121. FLACON ET OBTURATEUR. Peut servir à la mesure du volume des corps solides (§ 198).

Le volume d'un corps solide pourrait encore être déterminé, comme nous l'avons vu (§ **188**) par application du principe d'Archimède.

199. **Mesure de la densité d'un corps solide à la température ordinaire.** — Maintenant que nous savons ***peser un corps et mesurer son volume***, nous pouvons, par cela même, déterminer sa ***densité*** qui est numériquement égale au quotient de son poids, estimé en grammes, par son volume (§ **192**), estimé en centimètres cubes. Il résulte immédiatement de ce qui précède que la mesure de la densité d'un corps comprend deux opérations : la pesée du corps lui-même et celle d'un égal volume d'eau.

200. **Résultats numériques.** — Voici un tableau des densités de quelques corps usuels :

DENSITÉS DE QUELQUES SOLIDES ET LIQUIDES
PRIS A LA TEMPÉRATURE ORDINAIRE

Platine	21,45	Fer forgé	7,74
Or	19,26	Verre à vitres	2,53
Mercure	13,6	Aluminium	2,50
Plomb	11,35	Soufre	1,98
Argent	10,47	Acide sulfurique normal	1,84
Cuivre	8,85	Essence de térébenthine	0,87
Laiton	8,43	Alcool	0,79

201. **Résumé.** — ***La densité d'un corps homogène est le poids en grammes d'un centimètre cube de ce corps.***

La densité des solides et des liquides diminue généralement quand la température s'élève. L'eau présente une particularité remarquable : sa densité passe par un maximum à la température de 4°.

Pour déterminer la densité d'un corps, on est conduit à déterminer son volume. On y arrive très facilement, soit par l'usage de vases gradués, soit par la méthode du flacon, soit enfin par l'application du principe d'Archimède.

CHAPITRE VII

ARÉOMÈTRES

202. Description des aréomètres ; à quoi ils servent. — ***Les aréomètres sont de petits instruments dont on se sert dan l'industrie pour repérer immédiatement la densité d'un liquide*** ou pour suivre la concentration d'un liquide en cours de fabrication.

Ils se composent d'une ampoule de verre creuse, surmontée d'une tige cylindrique étroite qui se tient verticale lorsque l'appareil flotte librement dans un liquide.

Le poids ***P'*** d'un aréomètre qui flotte est toujours exactement contre-balancé par la poussée ***P*** (§ **189**) que lui imprime le liquide, poussée qui, nous le savons, est égale au poids du liquide déplacé.

La stabilité de l'équilibre exige que l'action des deux forces ***P*** et ***P'*** (fig. 122) ramène l'aréomètre dans la verticale lorsqu'on l'en a légèrement écarté.

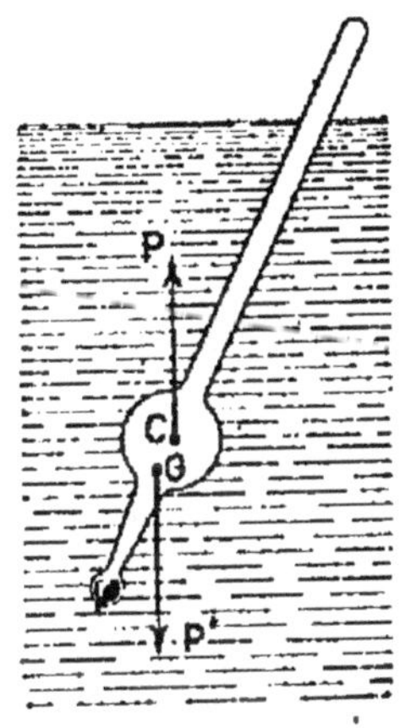

FIG. 122.
FORME GÉNÉRALE DES ARÉOMÈTRES.
Pour que l'instrument se maintienne vertical, on le leste avec un peu de mercure.

Pour que cette condition se trouve réalisée, on a soin de lester l'instrument en plaçant, à la partie inférieure de l'ampoule, un peu de mercure ou de grenaille de plomb, de manière à abaisser fortement le centre de gravité G du flotteur (§ **151**).

La tige cylindrique d'un aréomètre porte une graduation en parties d'égale longueur qui permet de repérer sa position d'équilibre dans un liquide, en notant celle des divisions (***division d'affleurement***) qui se trouve dans le plan de la surface libre.

L'appareil, dont le poids est constant, s'enfonce d'autant moins dans un liquide que celui-ci est plus dense.

La graduation employée diffère suivant les usages auxquels on destine l'instrument. En principe, on l'établit de façon que l'aréomètre marque certaines divisions dans des liquides de densités déterminées. La figure 123 représente deux aréomètres Baumé dont l'un, le pèse-esprit, est destiné aux liquides moins denses que l'eau; l'autre, le pèse-acide, aux liquides plus denses.

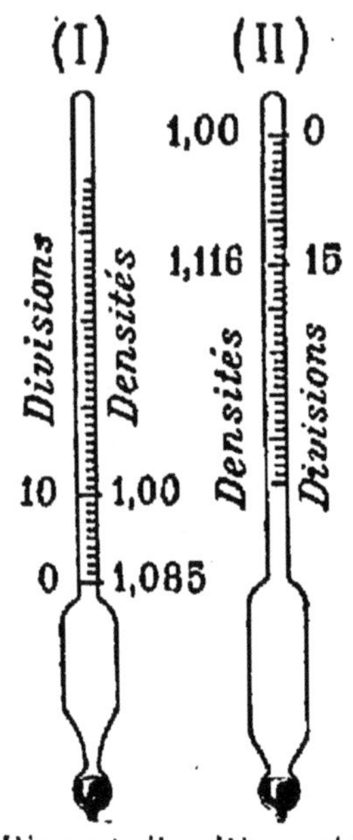

FIG. 123.
ARÉOMÈTRES DE BAUMÉ.

Ces appareils, dont le poids est constant, s'enfoncent d'autant moins dans un liquide que celui-ci est plus dense.

203. **Alcoomètre de Gay-Lussac.** — ***L'alcoomètre de Gay-Lussac***, fondé sur le même principe, a la forme d'un aréomètre, mais il est uniquement destiné à obtenir la richesse en alcool des mélanges d'alcool pur et d'eau pure. Il se gradue point par point, par immersion dans des mélanges titrés, préparés à l'avance.

Lorsqu'on le plonge dans un mélange d'eau et d'alcool, la division *n* devant laquelle il affleure marque le nombre *n* de centimètres cubes d'alcool pur que contiennent 100 centimètres cubes du mélange.

204. **Résumé.** — ***Pour la détermination de la densité des liquides, on peut employer les aréomètres, appareils en verre, destinés à flotter verticalement dans les liquides à étudier. La tige cylindrique qui surmonte l'appareil porte une graduation; et, d'après la division d'affleurement, on sait dans quel sens et de combien la densité du liquide s'écarte de la densité voulue. Celle-ci est d'autant plus faible que l'appareil enfonce davantage.***

QUATRIÈME PARTIE

ÉQUILIBRE DES GAZ

(2ᵉ Année).

CHAPITRE I

EXISTENCE DE LA PRESSION ATMOSPHÉRIQUE

205. **Preuve directe de l'existence de la pression atmosphérique.** — La masse d'air, au milieu de laquelle nous vivons, est habituellement désignée sous le nom d'*atmosphère*.

L'étude, que nous avons faite (§§ **167** et suivants) des pressions qui s'exercent à l'intérieur des liquides, doit nous amener à penser que l'atmosphère exerce également des pressions sur tout objet placé à son intérieur.

C'est ce que permet de confirmer l'expérience. Prenons la pompe à gaz qui sera décrite un peu plus loin (§ **245**).

Un piston plein se meut dans un corps de pompe (fig. 124), terminé à la partie inférieure par des tubulures que l'on peut fermer à l'aide de robinets.

Supposons la surface de base du piston de 20 centimètres carrés.

Fixons notre pompe sur le sol ; recouvrons le piston d'une couche d'huile lourde qui adoucira les frottements et assurera une fermeture parfaite. Enfonçons le piston dans le corps de pompe, de façon à chasser, par les tubulures ouvertes, tout l'air primitivement contenu dans l'appareil. Fermons enfin les robinets; puis essayons de soulever le piston. La traction qu'il faut exercer est considérable. Nous pouvons la mesurer, comme l'indique la figure 124, à l'aide d'un *peson à ressort* (§ **154**).

La force à exercer est de 21 kilogrammes environ.

Si l'on recommence l'expérience, les robinets des tubulures inférieures étant maintenant ouverts, on constate qu'il suffit d'un effort de quelques centaines de grammes pour soulever le piston.

Il résulte de là que, sur chacune des deux faces du piston, *s'exerce, de la part de l'atmosphère, une pression voisine de 1 kilogramme par centimètre carré.*

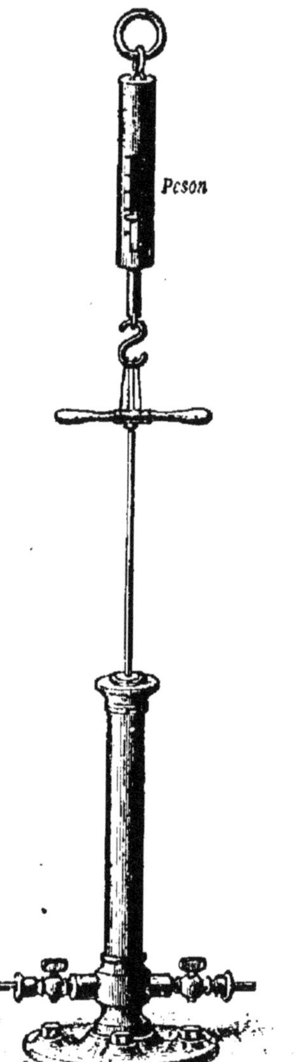

FIG. 124.
PREUVE DIRECTE DE L'EXISTENCE DE LA PRESSION ATMOSPHÉRIQUE.
Si la poussée de l'air ne s'exerce que sur la base supérieure du piston, il faut, pour le soulever, un effort beaucoup plus grand que quand ses deux bases sont en contact avec l'air extérieur.

206. **Crève-vessie.** — L'explication donnée au paragraphe précédent peut être confirmée par d'autres expériences.

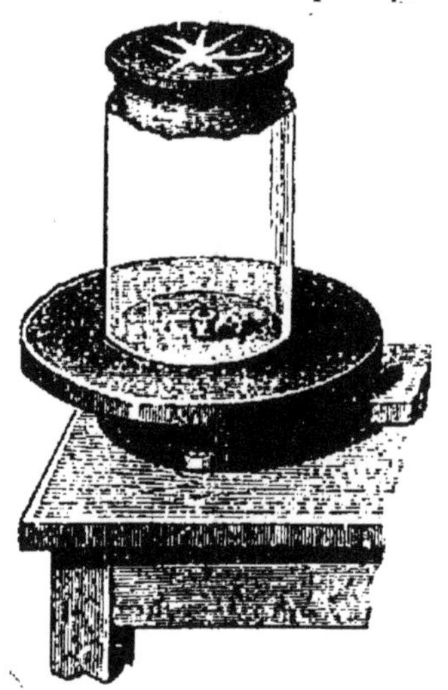

FIG. 125.
EXPÉRIENCE DU CRÈVE-VESSIE.
La membrane éclate sous l'effet de la pression atmosphérique extérieure, quand on fait le vide au-dessous d'elle.

Un vase sans fond (fig. 125) est fermé par un morceau de vessie de porc, préalablement humectée et serrée par une ficelle sur son bord supérieur. La membrane ne tarde pas à se dessécher et se trouve alors fortement tendue sur les bords du vase. L'appareil ainsi préparé, nous l'appliquons par son bord inférieur, bien rodé et garni de suif, sur un plateau de verre traversé par l'orifice d'une machine pneumatique (§ 244).

Si, dès lors, on fait jouer la machine pour raréfier l'air dans le vase au-dessous de la membrane, on voit cette dernière se creuser peu à peu et finalement éclater avec bruit sous la poussée que l'air ambiant exerce sur sa face supérieure.

207. **Hémisphères de Magdebourg.** — Deux hémisphères creux en métal peuvent s'appliquer exactement l'un contre l'autre (fig. 126) par leurs bords. Une bande de cuir graissé, placée entre eux, rend possible une fermeture hermétique.

L'un des hémisphères porte un tube à robinet, que l'on peut visser sur une machine à faire le vide (§ **244**).

Dès que le vide est un peu poussé à l'intérieur des hémisphères, on ne peut plus les séparer que par une traction très énergique. Cela tient à ce que les poussées normales reçues de l'extérieur par les deux hémisphères les appliquent fortement l'un contre l'autre.

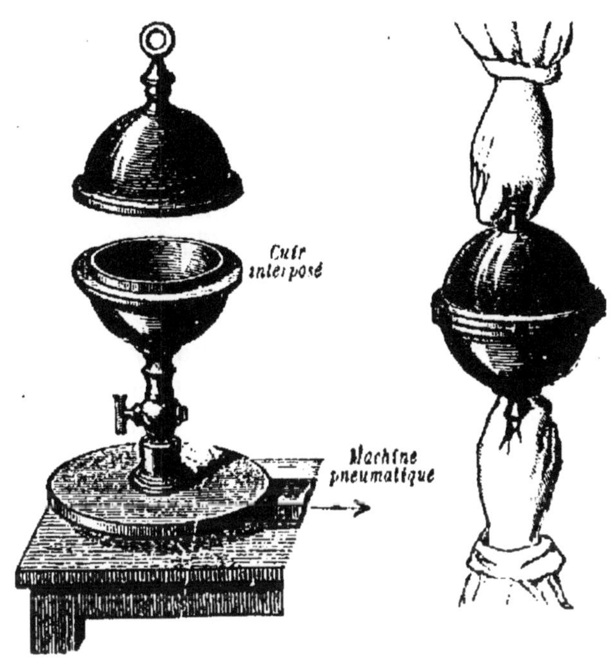

Fig. 126. — Hémisphères de Magdebourg.
Quand on fait le vide à l'intérieur des hémisphères, la pression extérieure les maintient fortement appliqués l'un contre l'autre.

Si, au contraire, on laisse rentrer l'air en ouvrant le robinet, les deux hémisphères se séparent sans difficulté. Les poussées intérieures de l'air compensent alors exactement les poussées extérieures.

208. **Liquides soulevés par l'effet de la pression atmosphérique.** — Un verre est rempli d'eau jusqu'aux bords (fig. 127). On le recouvre d'une feuille de bon papier que l'on applique exactement sur les bords du verre avec l'une des deux mains. On retourne le verre, en maintenant d'abord la

main appuyée sur la feuille de papier; puis, on la retire avec précaution. L'eau reste alors maintenue dans le verre, et la feuille appliquée contre ses bords.

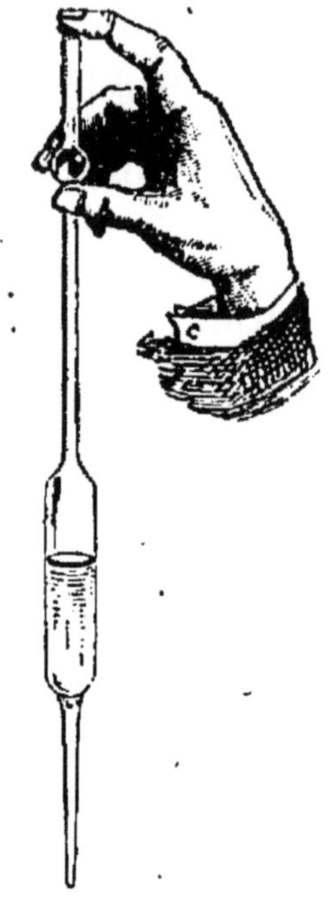

Fig. 128. — La pipette.
La pipette sert à puiser dans un récipient une petite quantité de liquide. Si elle est graduée, elle permet de prélever un volume déterminé du liquide.

La feuille de papier est poussée vers le haut par l'effet de la pression atmosphérique. Cet effet surpasse de beaucoup le poids de l'eau contenue dans le vase.

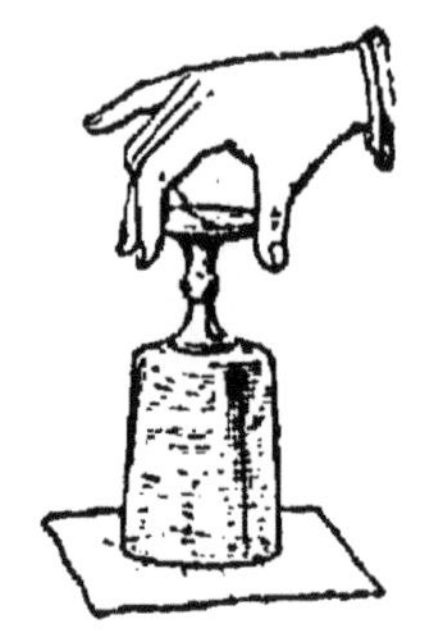

Fig. 127. — Liquide maintenu soulevé par la pression atmosphérique.
La pression atmosphérique maintient la feuille de papier appuyée contre les bords du verre et s'oppose par suite à l'écoulement du liquide.

209. **La pipette; le tâte-vin; le compte-gouttes.** — Tout le monde connaît la *pipette* (fig. 128) et le *tâte-vin* (fig. 129). Ce sont de petits tubes de verre ou de métal, ouverts aux deux bouts, et dont l'extrémité inférieure est effilée. Ils servent à transvaser de petites quantités de liquides.

Pour cela, on les plonge, ouverts aux deux bouts, dans un récipient contenant le liquide en question. On ferme l'extrémité supérieure avec le doigt, puis on retire l'appareil du récipient où il était plongé. ***L'appareil emporte alors une certaine quantité de liquide, que maintient soulevée la pression atmosphérique.***

Le *compte-gouttes* (fig. 130) des pharmaciens fonctionne à peu près de même. C'est une pipette de petites dimensions, dont la partie supérieure est surmontée par une sorte de doigt de gant en caoutchouc, que l'on presse légèrement entre deux doigts, quand l'extrémité inférieure de l'appareil est immergée dans le liquide à transvaser. L'appareil est d'un usage fréquent en pharmacie pour mesurer goutte à goutte de petites quantités de liquide.

Ces différents appareils (pipette, tâte-vin, compte-gouttes) doivent avoir leur extrémité inférieure effilée. S'il en était autrement, il serait impossible d'éviter qu'une goutte du liquide ne se détache, par son poids, en un point ou l'autre des bords de l'orifice. Une bulle d'air, plus légère, prendrait la place de l'eau écoulée et monterait à la partie supérieure de l'appareil. Le même effet, très rapidement renouvelé, provoquerait l'écoulement total du liquide.

FIG. 129. — LE TATE-VIN.
C'est une sorte de pipette, permettant de puiser, par la bonde, une petite quantité du vin contenu dans un tonneau.

210. **Le chalumeau; la seringue; les pompes.** — C'est encore par un effet de la pression atmosphérique que s'explique l'expérience bien connue du *chalumeau*.

Un tube étroit, ouvert à ses deux bouts, est, par l'une de ses extrémités, plongé dans l'eau, tandis que, par l'autre, on aspire avec la bouche l'air contenu dans le tube.

FIG. 130.
LE COMPTE-GOUTTES.
Permet de verser un liquide lentement, goutte à goutte. Les gouttes peuvent être comptées facilement.

La *seringue* (fig. 131) fonctionne à peu près de même. Un piston peut se mouvoir à l'intérieur d'un tuyau cylindrique. Un peu d'étoupe forme *tampon*, entre le piston et la paroi du tuyau. Supposons ce tuyau terminé par une partie effilée que nous plongeons dans une masse d'eau, le piston étant au bas de sa course. Il suffira de tirer le piston pour que l'eau monte dans le tuyau, derrière le piston et le remplisse totalement.

Nous retrouverons d'ailleurs la même explication, quand nous nous occuperons des pompes à liquides (§ **251**).

211. **Baromètre métallique de Vidi.** — L'expérience du § **205** ne comporte pas une grande précision. Les frottements du piston ont une importance qu'il serait difficile de négliger.

Reprenons le procédé qui nous a servi pour étudier les pressions qui s'exercent à l'intérieur des liquides. Imaginons toutefois que nous remplacions la membrane de caoutchouc de notre appareil (§ **169**) par une lame ***élastique*** (§ **4**) et résistante.

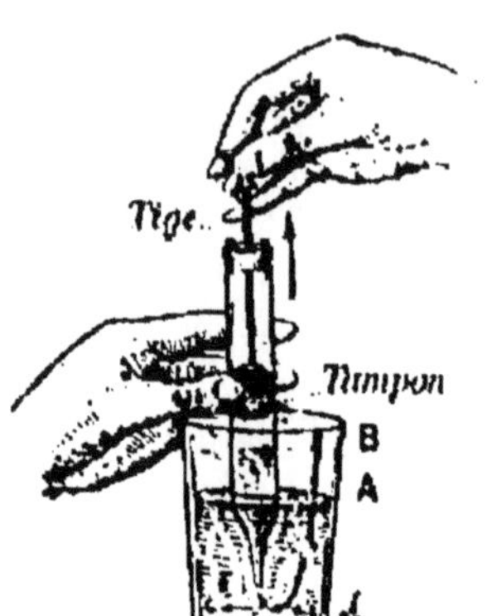

FIG. 131. — LA SERINGUE.
C'est la pression atmosphérique qui fait monter l'eau dans une seringue dont on soulève le piston, la partie effilée de l'appareil restant plongée à l'intérieur du liquide.

Nous aurons le ***baromètre de Vidi*** (fig. 132). Ce petit appareil, qui n'est guère plus gros qu'une montre, a pour partie essentielle une boîte plate en maillechort, à l'intérieur de laquelle on a fait le vide.

La base inférieure de la boîte est fixée sur le socle de l'instrument, la base supérieure présente des cannelures concentriques qui en augmentent beaucoup la flexibilité. Au centre de la base supérieure s'attache un puissant ressort antagoniste R (fig. 133) qui maintient les bases écartées.

Lorsque la pression atmosphérique augmente, le couvercle de la boîte s'abaisse. Lorsqu'elle diminue, il se relève sous l'action du ressort R (fig. 133). ***Pour une même valeur de la pression atmosphérique, il reprend une position invariable.***

Le déplacement de l'extrémité du ressort est ***amplifié*** par un système de petits leviers articulés. Pour simplifier, ces derniers ont été, sur la figure 133, remplacés par une poulie P.

Les déplacements du centre C de la boîte sont traduits par les déplacements d'une aiguille A sur un cadran.

La figure 132 représente l'appareil, dont le cadran a été enlevé pour rendre le dessin plus clair.

L'instrument est gradué par comparaison avec le baromètre à mercure que nous allons étudier un peu plus loin (§ **217**).

212. Description de l'expérience de Torricelli. — Prenons un tube de verre, fermé à un bout, de 1 mètre de long environ et d'un centimètre de diamètre (fig. 134). Remplissons-le de mercure. Fermons l'ouverture avec le doigt; retournons le tube et plongeons dans le mercure l'extrémité qui est fermée avec le doigt. Retirons le doigt. Le mercure descend dans le tube. Il laisse donc un vide derrière lui. Le niveau du liquide se maintient d'ailleurs à une ***hauteur verticale de 76 centimètres*** environ au-dessus de la surface libre dans la cuvette. Cette hauteur verticale reste constante, si on incline le tube (fig. 135).

Elle reste encore la même, si on reprend l'expérience avec des tubes de formes et de sections différentes.

215. **Théorie de l'expérience de Torricelli.** — Au-dessus du mercure, en A (fig. 136), dans le tube, ne se trouve aucune

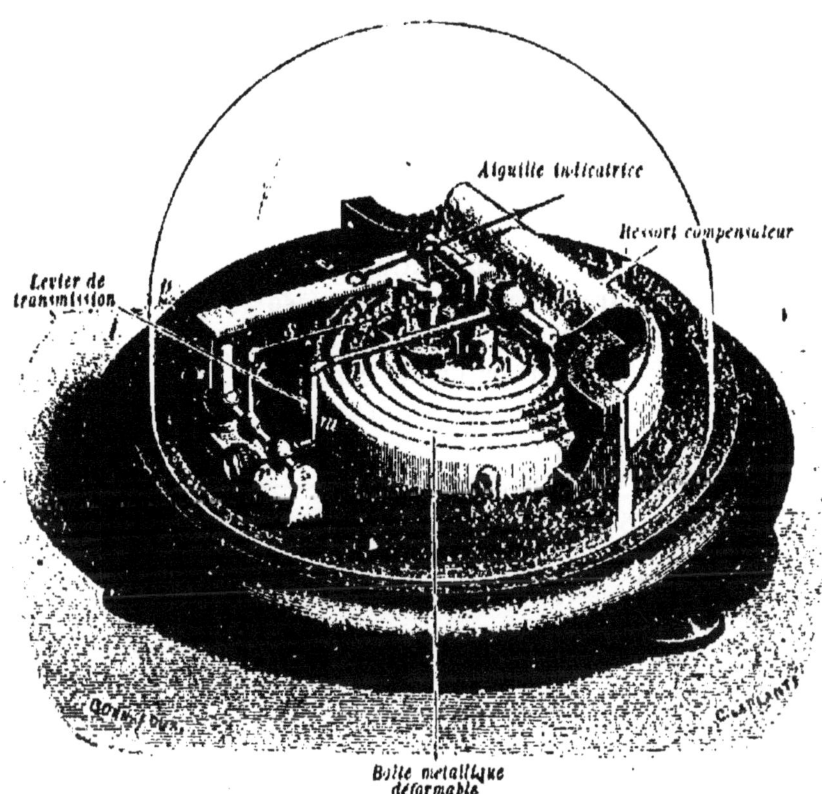

FIG. 132. — BAROMÈTRE MÉTALLIQUE DE VIDI (EN ÉLÉVATION).

Les déformations que les variations de la poussée atmosphérique impriment à la surface de la boîte vide M sont amplifiées par un système de leviers et se traduisent par les déplacements de l'aiguille indicatrice.

substance connue ; cet espace est *vide*. Il n'y règne évidemment aucune pression.

Au contraire, chaque centimètre carré de surface libre du mercure dans la cuvette supporte une pression, qui est précisément la ***pression atmosphérique***. Cette pression est la même en tous les points du plan horizontal (§ **172**) formé par la surface libre du mercure dans la cuvette.

A l'extérieur du tube, en B' (fig. 136), elle est exercée par l'atmosphère elle-même; soit *p*, sa valeur.

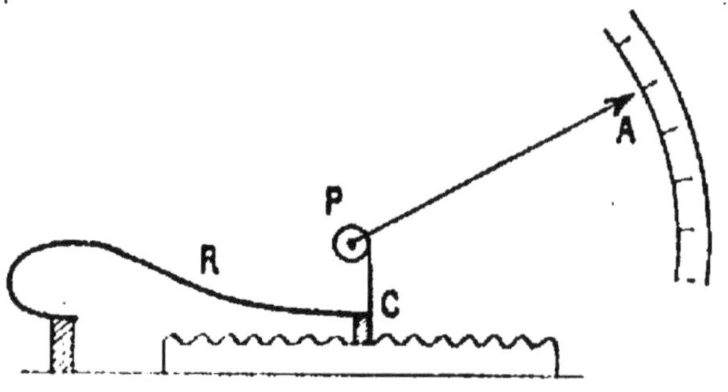

Fig. 133.
Disposition théorique du baromètre de Vidi.
Un système de leviers transmet et amplifie les mouvements du couvercle de la boîte.

A l'intérieur du tube, en B, elle est exercée par le mercure soulevé. Nous savons (§ 173) qu'elle est représentée par le poids d'une colonne de mercure d'un centimètre carré de section et de 76 centimètres de hauteur.

Or, un centimètre cube de mercure pèse 13^{gr},6; une colonne de mercure de 1 centimètre carré de base et de 76 centimètres de hauteur a un volume de 76 centimètres cubes, et par suite, un poids de

$$76 \times 13{,}6 = 1033 \text{ grammes.}$$

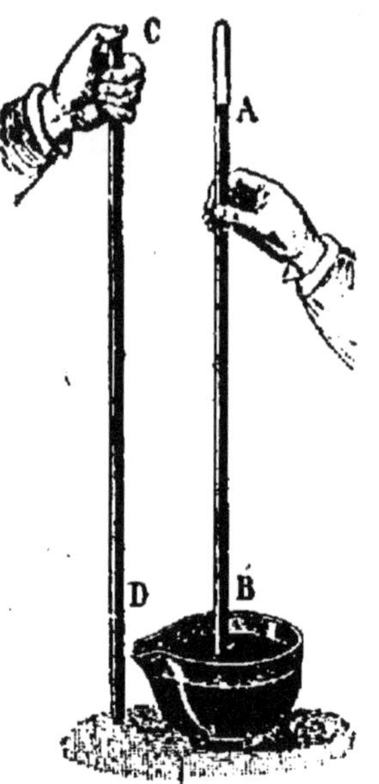

Fig. 134. — Expérience de Torricelli.
Quand on retourne sur la cuvette un long tube rempli de mercure, le niveau se maintient soulevé dans le tube à une certaine hauteur au-dessus de la cuvette.

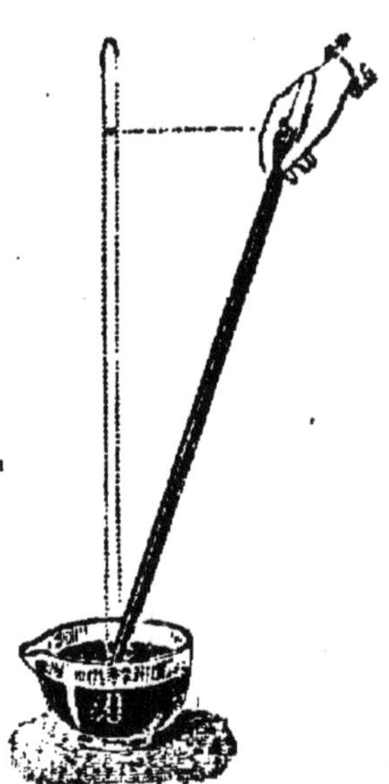

Fig. 135. — Invariabilité de la hauteur barométrique avec l'inclinaison du tube.
La hauteur *verticale* du mercure soulevé reste invariable, quelle que soit l'inclinaison du tube.

Conclusion. — ***La pression atmosphérique moyenne est de 1033 grammes par centimètre carré.***

214. Mesure précise de la pression atmosphérique. — Si l'on recommence l'expérience précédente, à plusieurs jours de distance, en des endroits situés à des altitudes différentes, on constate que la hauteur de mercure soulevé, h, ne reste pas rigoureusement la même.

Le calcul du paragraphe précédent peut être recommencé, à cela près que 76 doit être remplacé par le nombre h de centimètres, dont s'élève le mercure, dans chacune de ces expériences.

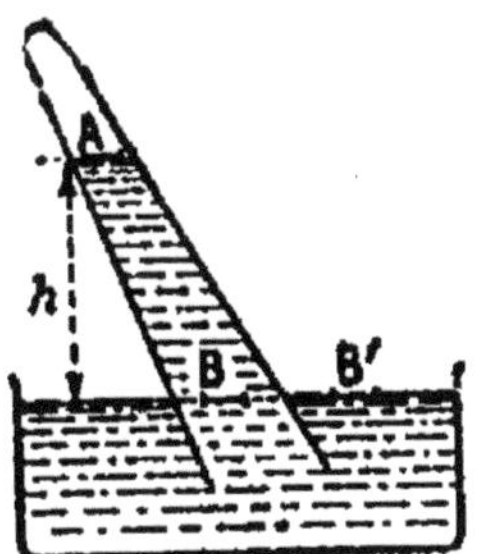

Fig. 136.
Théorie de l'expérience de Torricelli.
Elle résulte de l'application du théorème fondamental de l'hydrostatique aux deux points B et B' de la masse mercurielle.

On aura donc, pour valeur de la pression atmosphérique, p, estimée en grammes par centimètre carré :

$$p = h \times 13,6.$$

D'où nous tirons les conclusions suivantes :

1° ***La pression atmosphérique est proportionnelle à la hauteur verticale, h, de mercure soulevé dans le tube, au-dessus du niveau de la surface libre du mercure dans la cuvette;***

2° ***A chaque centimètre de hauteur de mercure soulevé correspond une pression de 13gr,6 par centimètre carré.***

215. **Expérience de Pascal, à Rouen.** — S'il est vrai que c'est la pression atmosphérique qui soulève le mercure à 76 centimètres de hauteur dans le tube de Torricelli, la même pression devra soulever un liquide 13,6 fois moins dense, tel que l'eau ou le vin, à une hauteur 13,6 fois plus grande ; c'est-à-dire à

$$76 \times 13,6 = 1033 \text{ centimètres} = 10^{\text{mètres}},33.$$

Pascal fit cette vérification dans une expérience restée célèbre sous le nom d'***expérience de Rouen.***

216. **Résumé.** — ***Des pressions s'exercent à l'intérieur de l'atmosphère, comme à l'intérieur des liquides.***

La pression atmosphérique se manifeste par les expériences de la pompe à gaz ou du crève-vessie ainsi que par l'élévation des liquides dans des appareils de formes variées.

L'expérience de Torricelli donne une mesure simple et précise de la pression atmosphérique.

Celle-ci est proportionnelle à la hauteur verticale de mercure soulevé. Cette hauteur n'est influencée en rien, ni par la forme, ni par la section, ni par l'inclinaison du tube employé.

CHAPITRE II

LE BAROMÈTRE

217. Baromètre à mercure. — L'appareil de Torricelli peut servir à mesurer la pression atmosphérique; c'est un ***baromètre.***

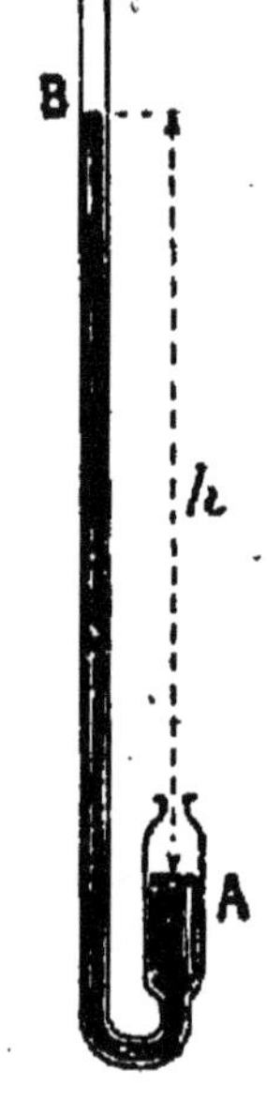

FIG. 137. BAROMÈTRE À SIPHON (FIGURE THÉORIQUE). On doit mesurer la hauteur *h* avec le plus grand soin.

On désigne sous le nom de baromètre tout appareil pouvant servir à mesurer la pression atmosphérique.

On a donné au baromètre à mercure les formes les plus diverses. L'une des plus employées est le ***Baromètre à siphon***, représenté par les figures 137 et 138.

Il est évident que la théorie de l'expérience de Torricelli s'applique ici sans modification.

L'appareil est muni d'une échelle verticale divisée en millimètres (fig. 138). L'écart des deux niveaux, en A et en B (fig. 137), fait connaître la hauteur *h*, dont il est question au § **214**.

218. Baromètres métalliques. — Les baromètres métalliques (§ **211**) sont gradués par comparaison avec les baromètres à mercure.

Ils ont sur les baromètres à mercure les avantages suivants :

1° ***Ils sont moins lourds et moins encombrants;***

2° ***Ils sont plus faciles à transporter.***

219. Baromètres enregistreurs. — Le baromètre métallique est facilement transformé en appareil ***enregistreur*** (fig. 139).

Une série de ***boîtes vides déformables***, analogues à celles du baromètre de Vidi (fig. 132) et pourvues de ressorts antagonistes intérieurs, sont vissées les unes sur les autres. Leurs flexions s'ajoutent. Des ***leviers de transmission*** font mouvoir une aiguille *a* dont l'extrémité est chargée d'encre.

Cette extrémité appuie doucement sur une feuille de papier.

enroulée sur un ***tambour tournant***, qui fait un tour en une semaine. Le mouvement est entretenu par un appareil d'horlogerie.

Les jours et les heures sont repérés par des lignes imprimées d'avance sur la feuille de papier. Un autre système de lignes (lignes horizontales) permet de connaître la valeur de la pression à chaque instant.

Le tracé obtenu pendant une semaine sur la feuille de papier permet de suivre très facilement les variations de la pression atmosphérique pendant cet intervalle de temps.

220. Prévision du temps. — Les principaux usages, auxquels sert le baromètre, sont :

1° ***La prévision du temps;***

2° ***La mesure des altitudes.***

Le Bureau central météorologique publie chaque jour les indications barométriques, qui sont faites en tous les points du globe et qui lui sont transmises par le télégraphe. Ces indications sont portées sur une carte ; puis on réunit, sur cette carte, par des lignes continues, les points du globe où la pression possède, au même instant, la même valeur. Ces lignes sont appelées ***lignes isobares*** (fig. 140).

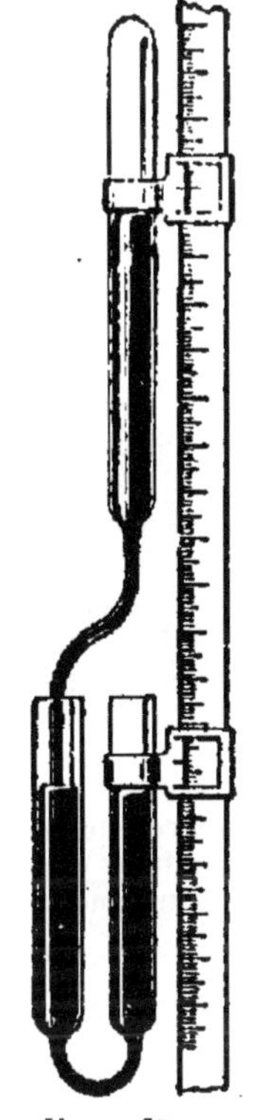

FIG. 138. BAROMÈTRE A SIPHON (FIGURE EN ÉLÉVATION).

La hauteur barométrique se lit sur l'échelle divisée; elle est égale à la distance verticale qui sépare les niveaux des surfaces mercurielles dans le tube et dans la cuvette.

Des ***bourrasques*** se produisent dans les régions de la carte, pour lesquelles la pression est plus petite qu'en toute autre région voisine. Ces régions sont appelées ***centres de basse pression***. Centres de basses pressions et bourrasques se déplacent généralement, dans nos régions, en allant de l'Ouest à l'Est. Le télégraphe permet d'indiquer d'avance les régions que la bourrasque atteindra le lendemain et les jours suivants.

Le temps probable peut être prévu quelques jours d'avance. Toute prévision, à plus longue échéance, est de pure fantaisie et ne mérite aucune créance.

221. Le baromètre est sensible aux variations d'altitude. — Nous avons vu (§ 172) que ***la pression à l'intérieur d'un liquide diminue à mesure que l'on s'élève davantage dans le liquide.*** Il doit en être de même à l'intérieur des gaz.

C'est ce qu'il est facile de vérifier. ***L'aiguille d'un baromètre de Vidi reste immobile quand on déplace l'appareil dans un plan horizontal. Elle indique des pressions de plus en plus faibles,***

FIG. 139. — BAROMÈTRE ENREGISTREUR DE RICHARD.
extrémité de l'aiguille a porte une pointe chargée d'encre ; elle trace sur le tambour tournant une ligne irrégulière qui traduit les déformations que les changements de pression extérieure impriment aux boîtes élastiques.

quand on s'élève successivement aux différents étages d'une même maison.

222. Expérience de Pascal, à la tour Saint-Jacques. — L'expérience de Torricelli, bien comprise, n'est qu'une application particulière des lois fondamentales de l'hydrostatique.

On sait qu'un litre de mercure pèse 13600 grammes environ et qu'un litre d'air pèse un peu moins de $1^{gr},3$. Le mercure pèse donc à peu près 10000 fois plus lourd que l'air.

Ceci posé, montons de 10 mètres dans l'atmosphère. Nous supprimons d'un côté une colonne de 10 mètres d'air au-dessus de la surface du mercure dans la cuvette; de l'autre côté, dans le tube à mercure, doit donc disparaître une colonne de mercure, de hauteur 10000 fois moindre, c'est-à-dire de 1 millimètre environ; Pascal vérifia ce résultat du calcul dans son expérience célèbre de la ***tour Saint Jacques.***

223. Mesure des altitudes par le baromètre. — ***Pour des altitudes inférieures à 500 mètres, la colonne mercurielle baisse environ de 1 millimètre, toutes les fois que l'on s'élève dans l'air d'une hauteur de $10^{m},50$.***

Le résultat précédent n'est qu'approché. L'air supporte, en effet, des pressions de plus en plus faibles, quand on s'élève davantage (§ 221). Par suite, il devient de moins en moins dense. ***Il faut donc s'élever de hauteurs de plus en plus grandes,***

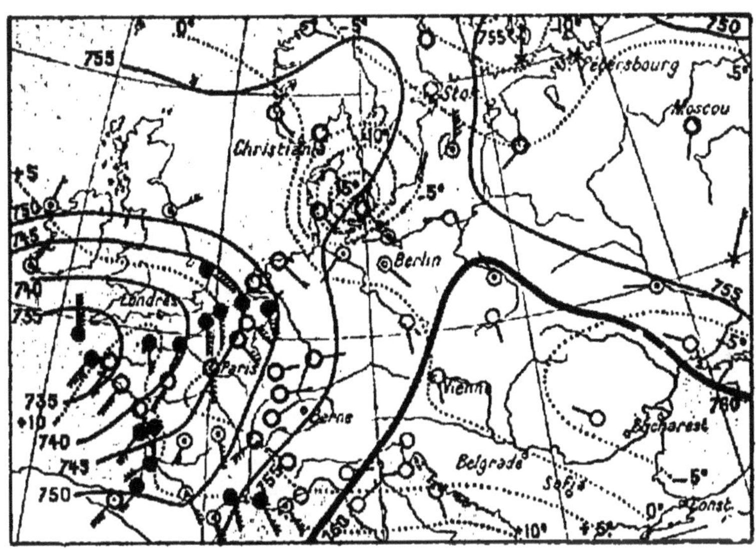

FIG. 140. — MARCHE D'UNE BOURRASQUE.

Les lignes *isobares* sont des courbes fermées. Elles enferment le centre des basses pressions où sévit la bourrasque. D'un moment à l'autre, ce centre des faibles pressions se déplace, généralement de l'Ouest à l'Est.

pour continuer à produire un même abaissement de 1 millimètre dans la colonne barométrique.

221. Résumé. - ***La pression atmosphérique se mesure à l'aide du tube de Torricelli, muni d'une règle verticale graduée. Cet appareil constitue le baromètre à mercure. On lui donne souvent la forme de baromètre à siphon.***

Les baromètres métalliques, plus facilement transportables, sont plus pratiques; on les gradue par comparaison avec le baromètre à mercure.

Le baromètre sert à la prévision du temps (brusque descente généralement, quand la pluie menace).

Le baromètre sert encore à la mesure des altitudes.

CHAPITRE III

MESURE DES PRESSIONS — MANOMÈTRES

225. Mesure d'une pression. Manomètre à piston. — On emploie souvent, en Physique, comme *unité de pression*, la *pression atmosphérique moyenne, correspondant à une hauteur de 76 centimètres de mercure.*

On emploie couramment dans l'industrie, comme *unité usuelle de pression, la pression exercée par une force de 1 kilogramme sur une surface de 1 centimètre carré.*

Ces deux unités diffèrent très peu l'une de l'autre (§ **213**) et

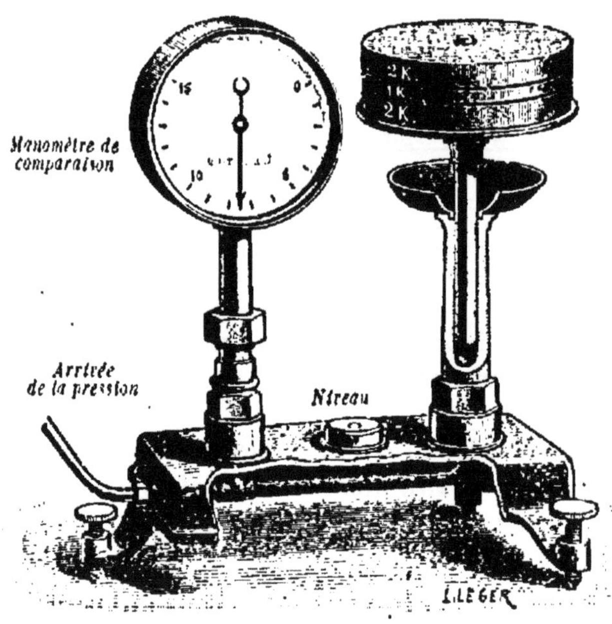

FIG. 141. — MANOMÈTRE A PISTON.
La pression se mesure en équilibrant par des poids connus la poussée exercée sur un piston de surface déterminée.

sont généralement confondues sous le nom de *pression d'une atmosphère.*

On appelle *manomètre* tout appareil permettant la mesure d'une pression.

La figure 141 représente un ***manomètre à piston.*** Il se compose essentiellement d'un cylindre vertical qui contient de l'huile et dans lequel s'engage un long piston que l'on peut charger de poids.

Le cylindre et le piston sont travaillés avec le plus grand soin, de manière qu'il n'y ait entre eux aucun frottement et que, cependant, sous les fortes pressions auxquelles l'appareil est soumis, l'huile ne file pas trop entre les deux surfaces.

Le cylindre communique par un tube métallique avec le récipient où l'on veut mesurer la pression. Celle-ci se transmet à l'huile et produit sur la base inférieure du piston une poussée verticale ascendante qui tend à soulever le piston.

L'opération consiste alors à charger le piston de poids convenables jusqu'à contrebalancer la poussée verticale qu'il subit.

Exemple. — Supposons que le piston ait 1,2 centimètre carré de section et qu'il pèse 4 kilogrammes. Supposons qu'on doive le charger de 5 kilogrammes pour le maintenir en équilibre. Il subit une poussée totale de (4 + 5) kilogrammes, soit 9 kilogrammes. La pression a pour valeur $\frac{9}{1,2} = 7,5$ kilogrammes par centimètre carré (fig. 141).

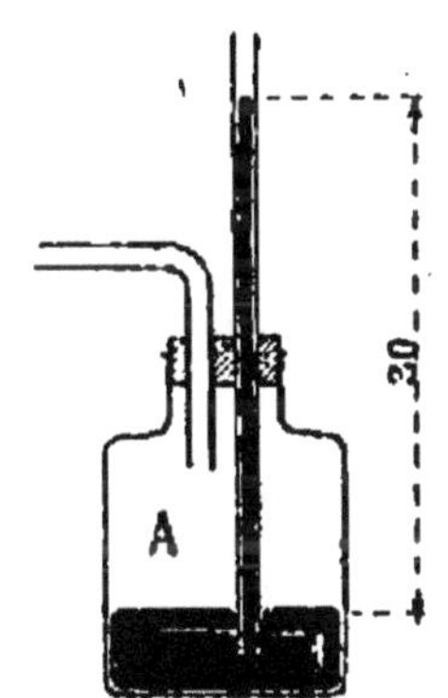

Fig. 142.
Manomètre a air libre pour pressions supérieures a la pression atmosphérique.
La pression atmosphérique étant supposée égale à 75 centimètres de mercure, la pression qui s'exerce à l'intérieur du flacon A est de 105 centimètres de mercure.

226. **Manomètres métalliques.** — Comme les baromètres métalliques (§ **211**), les manomètres métalliques reposent sur la propriété (§ **4**), que possèdent des lames métalliques suffisamment minces, de pouvoir ***se déformer*** sous l'influence des variations de pression, et de ***reprendre la même forme,*** quand la pression reprend la même valeur.

Cet appareil a déjà été étudié (§ **109**), à propos de la machine à vapeur.

Sa graduation est faite en kilogrammes par centimètre carré. — Pour cela, l'appareil est observé en même temps (fig. 141) qu'un manomètre à piston placé sur un même tuyau de conduite.

Ces appareils ont un double avantage : ils ne sont pas volumineux, ils ne sont pas fragiles.

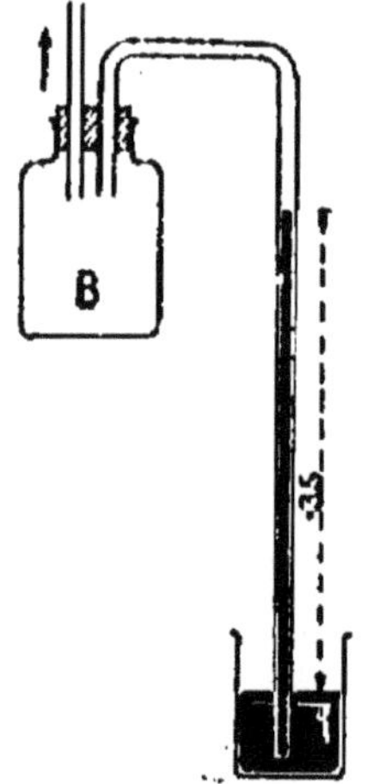

FIG. 143.
MANOMÈTRE A AIR LIBRE POUR PRESSIONS INFÉRIEURES A LA PRESSION ATMOSPHÉRIQUE.

La pression atmosphérique étant supposée égale à 75 centimètres de mercure, la pression qui s'exerce à l'intérieur du flacon B est de 40 centimètres de mercure.

227. **Manomètres à liquide.** — Rien de plus facile que d'improviser des *manomètres à mercure*, à l'aide de tubes de verre et de flacons convenablement disposés.

Les figures 142 et 143 donnent une idée suffisante de ces dispositifs.

Si la pression atmosphérique du jour est de 75 centimètres de mercure, il règne dans le flacon A (fig. 142) une pression de $75 + 30 = 105$ centimètres de mercure, et dans le flacon B (fig. 143) une pression de $75 - 35 = 40$ centimètres de mercure.

Le tube en U, plein d'eau, représenté en M, sur les figures 104 et 105, constitue un *manomètre à eau*. Cet appareil nous a précédemment servi pour l'étude de la distribution des pressions dans les liquides.

228. **Résumé.** — *Les mesures de pression se font à l'aide d'appareils appelés manomètres.*

Dans l'industrie, on emploie les manomètres à piston, ou encore les manomètres fondés sur l'élasticité des métaux.

Dans les laboratoires, sont employés, en outre, les manomètres à mercure ou à eau.

CHAPITRE IV

COMPRESSIBILITÉ DES GAZ

229. **Question à résoudre.** — Nous savons (§ 10) que les gaz sont compressibles : ***le volume d'un gaz dépend de la pression à laquelle on le soumet.***

Il dépend aussi de la température à laquelle il est porté. Actuellement, pour simplifier, nous supposerons la température du gaz invariable, et nous nous contenterons de rechercher comment le volume du gaz dépend de la pression qu'il supporte.

C'est ce qu'on appelle ***étudier la compressibilité du gaz.***

230. **Appareil simple pour l'étude de la compressibilité des gaz.** — Nous aurons à mesurer : 1° ***des volumes***; 2° ***des pressions.***

Un même appareil simple va suffire à ce double but.

Un tube cylindrique de verre AR (fig. 144) est fermé à sa partie supérieure par un robinet R. C'est dans ce tube que sera renfermé le gaz à étudier.

Un long tube de caoutchouc met le tube AR en communication avec une cuvette B, librement ouverte et contenant du mercure. Cette partie de l'appareil constitue, comme on le voit facilement, ***un manomètre à mercure*** (§ 227).

Si l'on fait monter la cuvette B, on augmente la pression supportée par le gaz contenu en AR. Inversement, si on la fait descendre, la pression supportée par le gaz diminue.

Le tube AR et la cuvette B sont placés le long d'une règle verticale, portant des divisions en centimètres.

231. **Exemple d'une expérience.** — I. Nous ouvrons le robinet R. Nous amenons le niveau de la cuvette en B (fig. 144, I), à 30 centimètres au-dessous du robinet R.

La pression en R est égale à la pression atmosphérique. Lisons le baromètre. Il marque 76 centimètres, par exemple. Fermons le robinet.

Nous pouvons, dans cette première expérience, prendre pour mesures :

1° Du volume v, le nombre 30;

2° De la pression p, le nombre 76.

Nous poserons $v = 30$; $p = 76$.

II. Soulevons la cuvette B. La pression du gaz augmente ; son volume diminue.

Cherchons à réduire à moitié le volume du gaz, dans le tube fermé (fig. 144, II). Lisons, à ce moment, la différence des niveaux

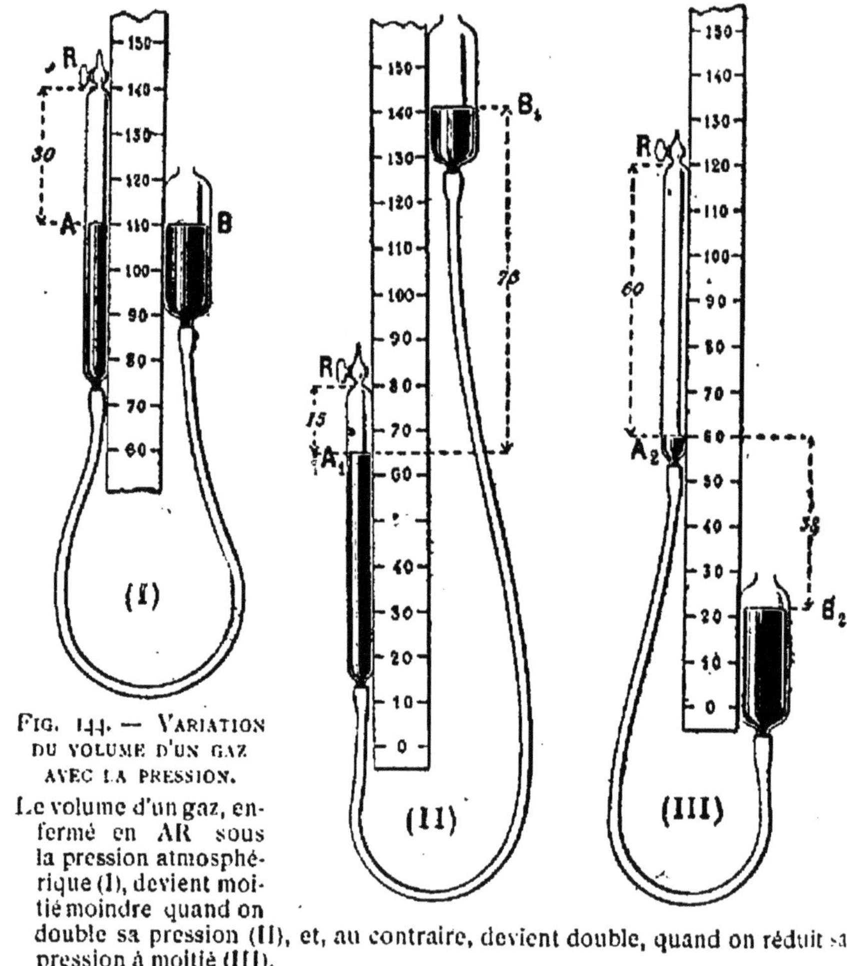

Fig. 144. — Variation du volume d'un gaz avec la pression.

Le volume d'un gaz, enfermé en AR sous la pression atmosphérique (I), devient moitié moindre quand on double sa pression (II), et, au contraire, devient double, quand on réduit sa pression à moitié (III).

A_1B_1 entre le mercure du tube à gaz et celui de la cuvette. Nous trouvons $A_1B_1 = 76$ centimètres.

Nous aurons donc, pour cette seconde expérience (en conservant les mêmes unités de mesure que pour la première) :

$$v' = 15; \quad p' = 76 + 76 = 152.$$

III. Comme troisième expérience, abaissons maintenant la cuvette. La pression du gaz diminue; son volume augmente.

Cherchons à amener ce volume à être le double du volume primitif; soit $v'' = 2 \times 30 = 60$ centimètres. Lisons la différence de niveaux A_2B_2 (fig. 144, III). On trouve $A_2B_2 = 38$ centimètres.

Nous aurons donc, pour cette troisième expérience, à poser :

$$v'' = 60;$$

et

$$p'' = 76 - 38 = 38.$$

232. **Conclusions.** — La seconde expérience, comparée à la première, nous montre que, ***pour réduire le volume d'un gaz à moitié, il a fallu doubler la pression.***

La troisième expérience, comparée à la première, nous montre que, ***pour doubler le volume d'un gaz, il a fallu réduire sa pression à moitié.***

On opérerait de même, pour augmenter ou pour réduire le volume d'un gaz dans le rapport de 1 à 3, ou dans un rapport quelconque.

On opérerait de même pour un gaz quelconque, autre que l'air. On trouverait les mêmes résultats. D'où cet énoncé :

233. **Loi de Mariotte.** — ***A une même température, le volume d'une même quantité de gaz est en raison inverse de la pression qu'elle supporte.***

Cet énoncé porte le nom de ***loi de Mariotte.***

On l'exprime algébriquemsnt par une relation très simple.

Nous avions plus haut :

$$v = 30 \text{ pour } p = 76,$$
$$v' = 15 \text{ pour } p' = 2 \times 76,$$
$$v'' = 60 \text{ pour } p'' = \frac{1}{2} \times 76.$$

On a donc évidemment :

$$v \times p = v' \times p' = v'' \times p''.$$

Il en est toujours de même, pourvu que la température reste invariable, ainsi que la quantité du gaz, sur lequel on opère

D'où ce second énoncé :

A une même température, l'expression numérique du produit du volume d'un gaz par sa pression reste invariable quand la quantité du gaz reste elle-même invariable.

$$p \times v = constante.$$

234. **Autre énoncé de la loi de Mariotte.** — Si le volume d'une même quantité d'un corps solide ou liquide pouvait être réduit de moitié, nous dirions que la densité (§ **192**) de ce solide ou de ce liquide serait devenue deux fois plus grande.

Rien ne s'oppose à ce que nous employions dans ce sens l'expression de ***densité***, quand il s'agit d'un gaz. Nous pouvons donc encore énoncer la loi de Mariotte en disant :

A une même température, la densité d'un gaz est proportionnelle à sa pression.

235. **Représentation graphique de la loi de Mariotte.** — Appliquons le procédé graphique (§ **32**) à la figuration de la loi de compressibilité des gaz.

Traçons deux axes rectangulaires (fig. 145) se coupant au point O, à partir duquel nous compterons nos longueurs.

Les longueurs, comptées sur l'axe horizontal ***Op***, représentent les pressions. On dit que ***les pressions sont portées en abscisses.***

Les longueurs, comptées sur l'axe vertical ***Ov***, représentent les volumes. On dit que ***les volumes du gaz sont portés en ordonnées.***

Ceci posé, si le point A_1 de la figure 145 ***est représentatif*** de la première expérience du § **231** indiquée en I, sur la figure 144, les points A_2 et A_3 sont représentatifs des deux expériences marquées en II et III sur la même figure. Imaginons qu'on ait multiplié les expériences; le nombre des points représentatifs augmente en même temps.

Il reste à tracer une ligne qui satisfasse aux deux conditions suivantes : 1° être aussi régulière que possible; 2° passer aussi près que possible des points représentatifs obtenus. La ligne $A_1A_2A_3$ de la figure 145 est l'expression graphique de la loi de Mariotte.

236. **Remarque générale relative à la loi de Mariotte.** — Des expériences précises ont montré que ***la loi de Mariotte n'est qu'une loi approchée.***

Très sensiblement exacte pour des gaz tels que l'air, l'oxygène, l'azote, quand la pression ne dépasse pas une vingtaine d'atmosphères, elle est déjà moins exacte pour le gaz carbonique; elle l'est encore moins pour le gaz sulfureux. ***Elle est d'autant moins exacte que le gaz est plus facile à liquéfier.***

Toutefois, si le gaz n'est pas liquéfiable à la temperature de l'expérience, et si la pression ne dépasse pas quelques

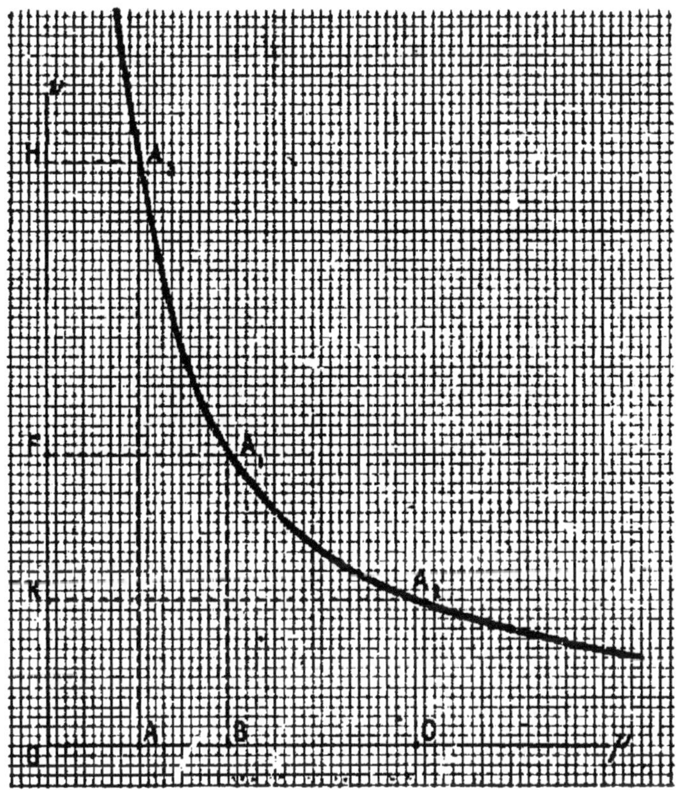

FIG. 145. — REPRÉSENTATION GRAPHIQUE DE LA LOI DE MARIOTTE.
Les pressions *p* sont portées en **abscisses**; les volumes *v* sont portés en **ordonnées**. Chaque expérience est représentée par un point tel que A_1, A_2, A_3,... etc.

atmosphères, la loi de Mariotte reste assez approchée de la réalité pour qu'on puisse l'appliquer, sans erreur notable, dans les calculs. C'est ce que nous ferons toujours.

257. **Résumé.** — *La loi de compressibilité des gaz peut s'énoncer ainsi : A une même température,* ***pour une même quantité de gaz****, le produit du volume par la pression correspondante est un nombre constant.*

Ou encore :

A une même température, la densité d'un gaz est proportionnelle à sa pression.

CHAPITRE V

NAVIGATION AÉRIENNE

238. Principe d'Archimède dans le cas des gaz. — Nous savons (§ **187**) que :

Tout corps solide, pris à l'intérieur d'un liquide, subit de la part de ce liquide une poussée verticale, dirigée vers le haut et égale au poids du liquide déplacé.

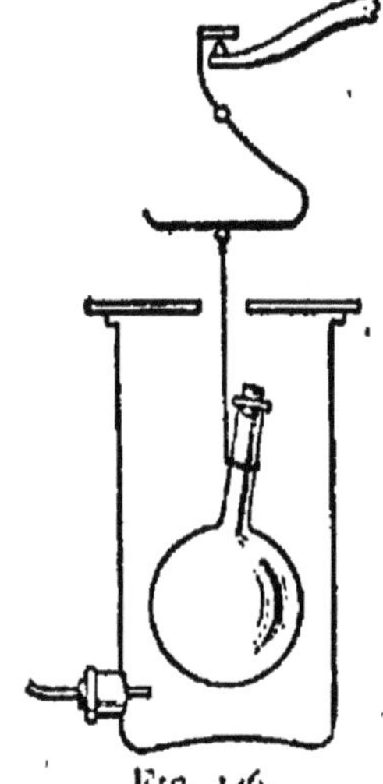

FIG. 146. VÉRIFICATION DU PRINCIPE D'ARCHIMÈDE POUR LES GAZ.

Le ballon, taré, quand le récipient extérieur est plein d'air, se soulève quand on remplit ce récipient de gaz carbonique.

Nous allons montrer qu'il en est de même à l'intérieur d'un gaz.

Un litre de gaz carbonique pèse environ 2 grammes dans les conditions ordinaires. Un litre d'air pèse environ $1^{gr},3$ dans les mêmes conditions.

Un ballon de 3 litres devra subir, dans le premier, une poussée verticale, dirigée vers le haut, égale à $3 \times 2^{gr} = 6$ grammes.

Dans le second, la poussée ne sera plus que de $3 \times 1^{gr},3 = 3^{gr},9$.

La première doit donc surpasser la seconde de 2 grammes environ.

C'est ce qu'on vérifie facilement de la manière suivante :

Au-dessous d'un des plateaux d'une balance, on suspend par un long fil un gros ballon de verre mince fermé par un bouchon. On fait plonger ce ballon dans un large récipient (fig. 146) dans lequel on amène un courant de gaz carbonique ; on voit tout aussitôt le fléau s'incliner du côté de la tare.

L'équilibre est rétabli, si du côté du ballon on place dans le plateau une surcharge très voisine de 2 grammes.

239. Principe des aérostats. — Supposons qu'un gaz, plus léger que l'air extérieur, ait été employé à gonfler une enveloppe, qui ait à la fois un très grand volume et un très petit poids.

Supposons qu'à cette enveloppe soit suspendue une nacelle chargée, et que tout l'ensemble (gaz, voyageurs, nacelle et appareils) pèse moins que l'air déplacé. Une force verticale poussera le tout vers le haut. C'est ce qu'on appelle la ***force ascensionnelle*** du ballon ou de l'aérostat.

La force ascensionnelle d'un aérostat est égale à la différence entre le poids de l'air déplacé, d'une part, et le poids total de l'aérostat, d'autre part.

240. **Détails relatifs aux aérostats.** — L'aérostat est gonflé d'un gaz plus léger que l'air extérieur, habituellement de gaz d'éclairage, et, assez souvent, d'hydrogène.

L'enveloppe d'un aérostat (fig. 147) est formée d'un tissu mince et imperméable. Elle est entourée d'un filet auquel des cordages rattachent la nacelle dans laquelle prendra place l'aéronaute avec ses instruments de voyage et d'observation.

Fig. 147. — Aérostat.
La force ascensionnelle de l'aérostat est égale à l'excès du poids de l'air déplacé sur le poids total de l'appareil.

Le ballon ne doit être que partiellement gonflé au départ. Il est du reste librement ouvert à la partie inférieure. Il se gonfle au fur et à mesure qu'il s'élève dans l'air, puisque la pression atmosphérique extérieure diminue (§ **221**).

On augmente la force ascensionnelle ***en jetant du lest***; ce que l'on fait, si ***l'on veut monter plus haut.***

Si, ***au contraire, on veut descendre, on ouvre une soupape*** placée à la partie supérieure du ballon; du gaz sort alors de l'aérostat et se trouve remplacé par de l'air plus lourd. Les aérostats, que nous venons d'étudier, prennent nécessairement la direction et la vitesse du vent au milieu duquel ils se trouvent.

Au contraire, les ***ballons dirigeables*** (fig. 148) sont actionnés par des moteurs M, N, que l'on cherche à rendre très puissants sous le poids le plus faible possible. Ces moteurs agissent sur des hélices H comparables à celles des navires proprement dits.

Des ***gouvernails*** G, G' permettent d'agir sur la direction prise

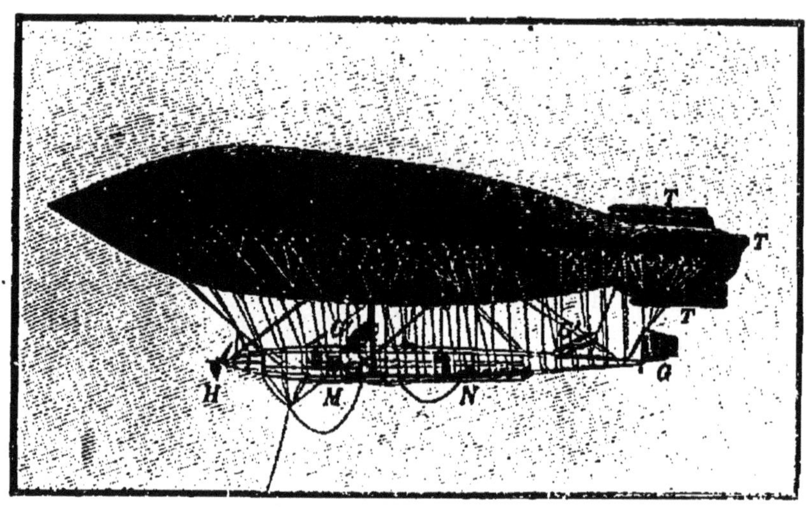

FIG. 148. — BALLON DIRIGEABLE.
Les ballons dirigeables sont actionnés par des moteurs que l'on cherche à rendre très puissants sous le poids le plus faible possible.

par l'appareil. Il faut toutefois, pour que le ballon puisse se diriger, que la vitesse du vent ne dépasse pas une certaine valeur limite.

241. Calcul d'une force ascensionnelle. — Si l'on gonfle un aérostat avec du gaz d'éclairage qui pèse environ 520 grammes par mètre cube, la différence par mètre cube entre le poids d'air déplacé et le poids du gaz sera de $1300 - 520 = 780$ grammes. Pour que le ballon puisse soulever un poids total de 1330 kilogrammes, son volume devra être de $\frac{1330}{0,78} = 1705$ mètres cubes.

La force ascensionnelle serait beaucoup plus grande pour un ballon de même volume qui aurait été gonflé d'hydrogène.

242. Aéroplanes. — Le principe des ballons n'est autre que le principe d'Archimède (§ **187**). Un ballon est nécessairement ***plus léger que l'air*** dont il tient la place.

Les aéroplanes, au contraire, sont toujours beaucoup ***plus lourds que l'air*** qu'ils déplacent. ***Ils ne peuvent se maintenir en***

suspension dans l'air, qu'autant qu'ils sont animés d'un mouvement propre, suffisamment rapide.

L'air extérieur oppose alors une résistance à leur mouvement. Cette résistance est d'autant plus considérable que le mouvement est plus rapide. Elle présente un effet doublement utile :

1° La résistance de l'air contre la voilure de l'appareil permet la ***sustentation*** de l'appareil dans l'air;

FIG. 149. — AÉROPLANE MONOPLAN.
L'appareil est maintenu en l'air par un seul plan de sustentation.

2° L'air offre un point d'appui aux organes de ***propulsion*** qui font progresser l'appareil. — Les organes de sustentation sont formés par de grandes surfaces planes, dont le nombre et la forme sont très variables : monoplans (fig. 149), biplans (fig. 150), etc.

FIG. 150. — AÉROPLANE BIPLAN.
L'appareil de sustentation est formé de deux plans parallèles superposés.

Les organes de propulsion sont formés par des hélices, analogues à celles des bateaux ordinaires ou, mieux encore, à celles des ballons dirigeables. Elles sont mises en mouvement par des moteurs à essence, analogues à ceux qu'on utilise pour les automobiles.

L'hélice, animée d'une très grande vitesse, vient battre l'air extérieur, contre lequel elle prend un point d'appui, tout comme l'hélice des bateaux à vapeur prend un point d'appui sur l'eau dans laquelle elle est plongée.

La sustentation des aéroplanes, et leur propulsion à travers l'air, s'expliquent exactement par les mêmes principes que le *vol des oiseaux*. Aussi donne-t-on le nom *d'aviation* à ce mode de navigation aérienne.

243. **Résumé.** — *Tout corps plongé dans un gaz subit une poussée verticale, dirigée vers le haut, égale au poids du gaz qu'il déplace.*

Les ballons, ou aérostats, peuvent se maintenir dans l'air, en vertu du principe précédent. Ils pèsent moins lourd que l'air qu'ils déplacent. La force ascensionnelle est la différence entre le poids de l'air déplacé et le poids de l'appareil.

Les ballons dirigeables sont mis en mouvement par une hélice qu'actionne un moteur à essence.

Les aéroplanes, plus lourds que l'air qu'ils déplacent, se maintiennent dans l'air par l'effet de la résistance que l'air oppose aux corps en mouvement.

CHAPITRE VI

POMPES A GAZ — TROMPES

244. Principe des pompes à gaz. — Imaginons un corps de pompe vertical (fig. 151 et 152), dans lequel puisse se mouvoir un piston plein, P, fermant hermétiquement. Le corps de pompe est muni, à sa partie inférieure, de deux tubes S et T, librement ouverts.

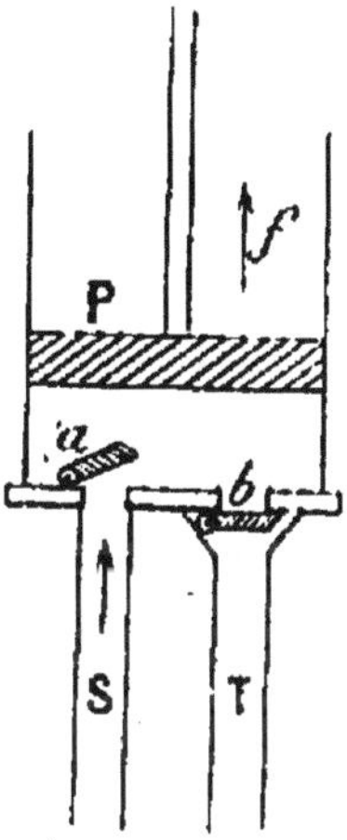

FIG. 151. FONCTIONNEMENT DE LA POMPE A GAZ. L'air rentre dans le corps de pompe par S, quand on soulève le piston.

Chacun de ces tubes est terminé dans le haut par une soupape; l'une d'elles, *a*, s'ouvre vers l'intérieur; l'autre, *b*, vers l'extérieur du corps de pompe.

Le piston étant au bas de sa course (fig. 151), tirons-le vers le haut. La pression atmosphérique (§ 205) maintient fermée la soupape *b* et ouvre la soupape *a*. De l'air passe donc du tube S dans le corps de pompe.

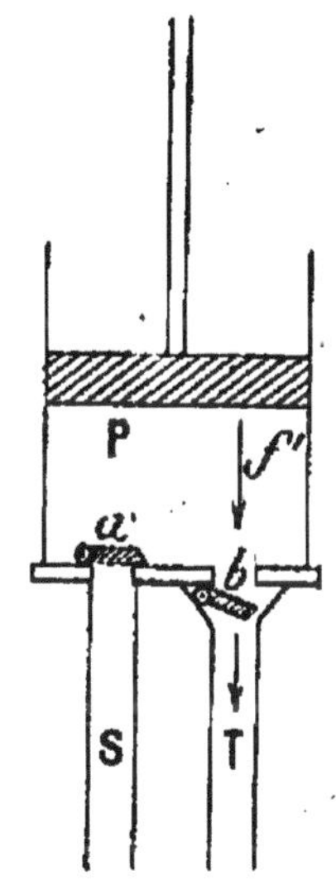

FIG. 152. FONCTIONNEMENT DE LA POMPE A GAZ. L'air est expulsé du corps de pompe par T, quand on abaisse le piston.

Faisons maintenant descendre le piston (fig. 152). La soupape *b* s'ouvre et *a* se ferme. De l'air passe du corps de pompe dans le tube T. Les mêmes opérations renouvelées reproduisent les mêmes effets. ***L'air ne peut circuler que de S vers T.***

Un récipient, relié au tube S, se videra d'air. On dit que la machine fonctionne comme ***machine pneumatique.***

Un récipient, relié au tube T, recevra de l'extérieur une masse d'air de plus en plus grande. On dit que la machine fonctionne comme ***machine de compression.***

La figure 153 représente la pompe à gaz, telle qu'elle est construite pour les laboratoires.

245. Pompe pour pneumatiques. — La pompe employée au gonflement des pneumatiques d'automobiles ou de bicyclettes, repose sur un principe analogue. La construction en est seulement un peu simplifiée.

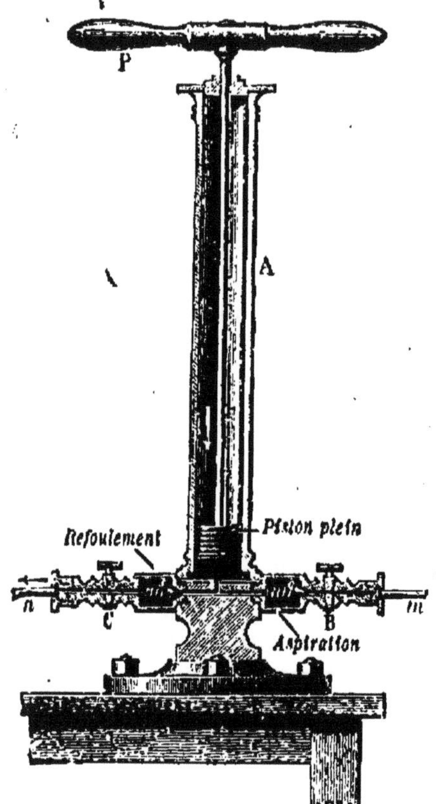

Fig. 153. — Pompe a gaz.
La machine peut servir indifféremment comme machine de compression ou comme machine pneumatique.

Le piston (fig. 154) est formé d'un simple disque d'acier portant, appliquée sur sa face inférieure, une rondelle de cuir gras et souple, plus large que la section du corps de pompe. Les bords de ce cuir sont repliés vers la partie inférieure du corps de pompe.

Abaissons le piston; l'air qu'il refoule en dessous de lui applique les bords du cuir contre la paroi du corps de pompe. L'air ne peut donc sortir; il est refoulé dans le pneumatique.

Soulevons le piston; l'air extérieur pénètre entre la paroi du corps de pompe et les bords du cuir. Celui-ci, poussé par l'air extérieur, s'infléchit vers l'intérieur du corps de pompe, comme ferait une soupape susceptible uniquement de s'ouvrir vers le bas.

246. Défauts des pompes à gaz. — Les pompes à gaz présentent principalement deux défauts :

1° Des *fuites* peuvent se produire autour du piston et des soupapes; elles s'exagèrent, d'ailleurs, au fur et à mesure que le fonctionnement de la machine pneumatique ou de la pompe de compression doit être poussé plus loin.

2° Le piston, quand il est au bas de sa course, ne vient pas s'appliquer exactement sur la base du corps de pompe. Le petit espace, ainsi laissé libre, s'appelle *espace nuisible*.

Son existence, à elle seule, suffirait à limiter les effets obtenus.

247. Trompe à eau. — Le vide peut encore être obtenu à l'aide d'appareils spéciaux appelés ***trompes.***

La trompe à eau consiste en une petite ampoule de verre (fig. 155), munie d'un tube d'aspiration, en B.

A l'intérieur de l'ampoule débouche un ***ajutage conique très étroit*** A, adapté sur une conduite d'eau. Si la pression dans la conduite est très élevée (15 à 20 mètres d'eau), il sort par l'ajutage un courant d'eau extrêmement rapide qui est reçu en D par ***un autre ajutage conique*** renversé C, dont l'orifice (fig. 155) est à peine plus large que celui de l'ajutage de sortie.

L'espace compris en D ***entre les deux orifices est donc parcouru par un courant d'eau animé d'une grande vitesse***; l'air ambiant est alors entraîné par l'eau et pénètre avec elle dans le canal d'échappement. Le courant liquide charrie donc dans ce canal des bulles de gaz qui, une fois prises par le courant, ne peuvent plus revenir en arrière et sont ainsi rejetées à l'extérieur.

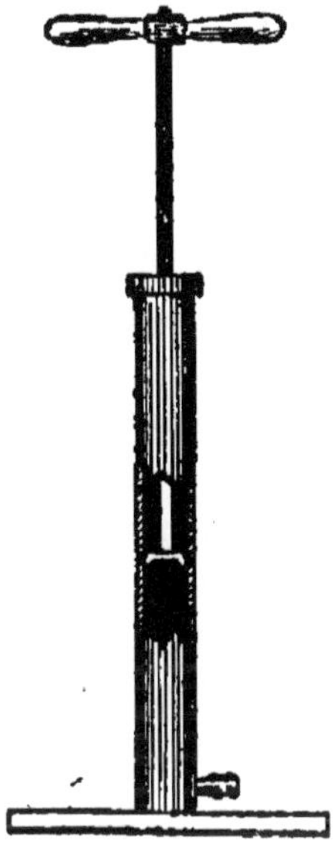

Fig. 154. — Pompe pour bicyclettes.
Le cuir qui borde le piston fonctionne comme une soupape susceptible de s'ouvrir uniquement vers l'intérieur du corps de pompe.

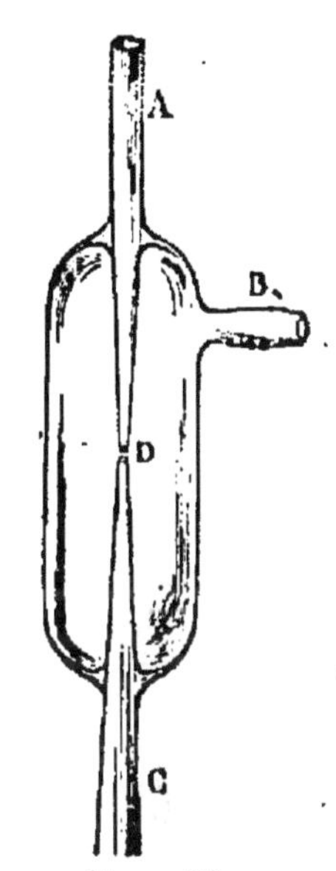

Fig. 155. Trompe a eau.
L'eau qui s'écoule de A en C, par l'orifice très étroit D, provoque en B un très vif appel d'air.

Le vide se fait ainsi progressivement dans l'ampoule, et, par conséquent, dans les récipients qui communiquent avec elle. Il est évident que ces appareils ne peuvent donner un vide complet; la raréfaction s'arrête quand la pression est réduite à un ou deux centimètres de mercure.

248. Applications de l'air raréfié. — Dans l'industrie, les pompes à aspirer l'air servent à faire le vide au-dessus des sirops de sucre. Ces derniers peuvent ainsi être concentrés à une température assez basse pour ne pas risquer d'être décomposés.

On doit faire le vide dans les ampoules des *lampes électriques* (fig. 208) à incandescence ; sans quoi, le filament de charbon ou de métal serait aussitôt brûlé par l'oxygène de l'air.

Dans les *ampoules à rayons X* (§ 408), qui servent à faire de la radiographie, le vide doit être encore plus parfait. La pression n'y dépasse pas quelques millièmes de millimètre de mercure.

249. Applications des gaz comprimés. — Les applications des gaz comprimés sont également fort nombreuses.

Les machines de compression permettent de faire occuper aux gaz un volume réduit, dans de forts récipients de fonte ou d'acier (fig. 156); c'est ainsi que l'oxygène et le gaz carbonique sont, dans le commerce, livrés en *tubes*.

FIG. 156.
TUBES A GAZ COMPRIMÉ.
L'industrie livre les gaz comprimés, ou liquéfiés, dans des récipients en acier, susceptibles de résister à des pressions élevées. Le tube est fermé par les vis V et v qui permettent de régler le dégagement gazeux.

Le *télégraphe pneumatique* se compose d'un canal souterrain dans lequel on fait avancer un piston creux, en lançant derrière lui de l'air comprimé. Les dépêches sont placées à l'intérieur du piston.

Chaque wagon d'un train de voyageurs est muni d'un *frein* commandé par l'air comprimé.

Les *horloges pneumatiques* reçoivent à distance, par l'intermédiaire de l'air comprimé, les signaux envoyés à chaque minute par une *horloge centrale*. Dans chaque horloge réceptrice un mécanisme est disposé de telle façon que chaque afflux d'air fasse avancer, d'une division sur le cadran, l'aiguille des minutes.

Les *cloches à plongeur*, en usage dans la construction des piles de pont, sont de grands cylindres, fermés à leur partie supérieure, ouverts à leur partie inférieure, et dans lesquels on refoule l'air de l'extérieur. Ces appareils permettent aux ouvriers de séjourner, sur un sol sec, dans l'air respirable, à de notables profondeurs au-dessous de la surface libre de l'eau.

250. **Résumé.** — *Les machines de compression et les machines pneumatiques reposent sur un même principe: l'appareil des figures 151, 152 et 153 peut servir indifféremment à ces deux usages.*

Les trompes à eau fonctionnent automatiquement, mais donnent un vide peu poussé.

La raréfaction des gaz est utilisée pour la concentration des liquides décomposables par la chaleur, pour la fabrication des lampes électriques, des tubes à rayons X, etc....

Les gaz comprimés ont reçu un très grand nombre d'applications (moteurs spéciaux, travaux hydrauliques, etc...).

CHAPITRE VII

POMPES A LIQUIDES — SIPHON

I. Pompes aspirantes.

251. **Description d'une pompe aspirante.** — La figure 157 représente une de ces machines.

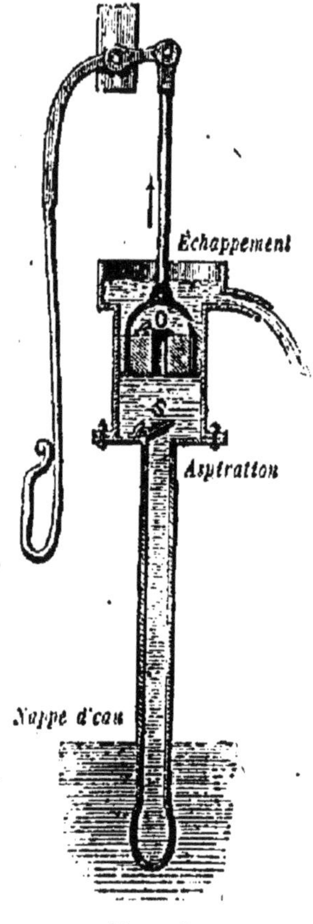

FIG. 157.
POMPE ASPIRANTE.
A chaque montée du piston, le corps de pompe se remplit d'eau, tandis qu'un volume égal du liquide s'écoule par le tube d'échappement.

Dans un corps de pompe vertical peut se déplacer un piston, muni d'une soupape O, s'ouvrant du bas vers le haut.

Le bas du corps de pompe est également muni d'une soupape S, s'ouvrant du bas vers le haut.

Cette soupape met le corps de pompe en communication avec un tuyau vertical, qui plonge dans la *nappe d'eau* et que l'on appelle *tuyau d'aspiration*.

252. **Fonctionnement de la pompe aspirante.** — La machine doit d'abord être *amorcée*.

Voici en quoi cela consiste :

1er *temps*. Soulevons le piston. Le vide se fait au-dessous de lui ; la pression atmosphérique maintient donc fermée la *soupape* O. — Au contraire, la pression du gaz contenu dans le tuyau d'aspiration ouvre la soupape S. — Par suite, la pression diminue dans le tuyau d'aspiration ; et la pression atmosphérique force l'eau à monter à une certaine hauteur dans le tuyau.

2e *temps*. Baissons le piston. Tout aussitôt, S se ferme ; l'air contenu dans le corps de pompe se comprime, et finit par ouvrir la soupape O. Cet air est donc expulsé. D'autre part, puisque S est restée fermée, l'eau s'est maintenue à la même hauteur, dans le tuyau d'aspiration, pendant tout le temps de la descente du piston.

Le piston est revenu au bas de sa course.

Nous sommes donc ramenés au même état qu'au commencement, sauf ces deux points : 1° une certaine quantité d'air a été expulsée du corps de pompe; 2° l'eau s'élève à une certaine hauteur dans le tuyau d'aspiration.

Un nouveau coup de piston chassera une nouvelle quantité d'air et fera monter l'eau à un niveau encore plus élevé.

Supposons que l'eau puisse ainsi monter jusque dans le corps de pompe ; c'est ce qui arrivera toujours, si, entre la base inférieure du corps de pompe et la surface libre de la nappe d'eau, la différence verticale des niveaux est notablement inférieure à 10m,33 (§ **215**).

La machine se trouve alors *amorcée*.

A partir de ce moment, chaque *descente* du piston fait ouvrir la soupape O et maintient fermée la soupape S. L'eau qui remplit le corps de pompe passe de la partie inférieure du piston à la partie supérieure. Rien ne s'écoule par le *tube d'échappement*.

Chaque *montée* du piston remplit d'eau le corps de pompe et fait sortir par le tube d'échappement un volume d'eau égal.

L'écoulement de l'eau est donc intermittent.

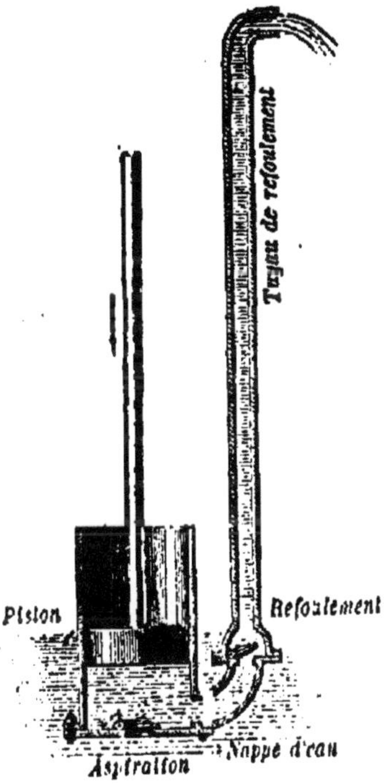

Fig. 158. — Pompe foulante.
A chaque montée du piston, le cylindre se remplit d'eau, qu'on refoule ensuite dans le canal latéral en appuyant fortement sur le piston.

2. Pompes foulantes.

255. Principe des pompes foulantes. — Ici, le piston est plein; le fond du corps de pompe est immergé dans la *nappe d'eau*; il est muni d'une soupape d'*aspiration* (fig. 158) qui s'ouvre de bas en haut.

A la partie inférieure du corps de pompe, débouche le *tuyau de refoulement.* L'ouverture de ce tuyau porte une soupape s'ouvrant vers le haut.

1er *temps.* Soulevons le piston ; le cylindre se remplit d'eau par la soupape d'aspiration.

2e *temps.* Baissons le piston ; l'eau est refoulée dans le canal latéral. — Elle peut monter d'autant plus haut que la poussée sur le piston est plus considérable.

La hauteur d'ascension du liquide n'est donc plus limitée comme dans la pompe aspirante (§ **252**).

254. **Applications des pompes à liquides.** — Les pompes servent à faire monter l'eau des puits ou des nappes souterraines à la surface du sol. — Elles sont utilisées à combattre les incendies, à remplir les réservoirs d'eau, qui servent à l'alimentation des villes. — On les emploie à rejeter au dehors l'eau qui, pénétrant dans un navire par une voie d'eau, ne tarderait pas à le faire couler à fond. — Elles sont d'un emploi continuel dans les galeries de mines qui souvent sont envahies par l'eau provenant des nappes souterraines voisines. La presse hydraulique (§ **184**), utilise la pompe foulante pour mettre en mouvement le gros piston compresseur.

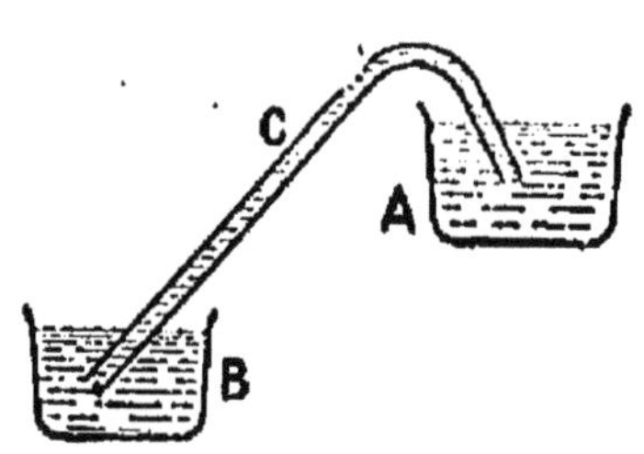

FIG. 159. — DISPOSITIF THÉORIQUE DU SIPHON.
Le liquide s'écoule à travers C du niveau le plus élevé A vers le plus bas B.

3. *Siphon.*

255. **Principe du siphon.** — Imaginons que deux vases A et B (fig. 159), placés dans l'air, contiennent un même liquide et soient reliés l'un à l'autre par un tube recourbé C, ***rempli du même liquide.***

Reportons-nous à ce que nous avons dit du principe des ***vases communicants*** (§ **177**).

Il ne peut y avoir équilibre, dans une masse* continue *de liquide, que si les diverses portions de surface libre du liquide sont toutes dans un même plan horizontal.

Si cette condition n'est pas réalisée, il y aura mouvement du liquide, dans un sens tel que le centre de gravité de la masse totale descende plus bas (§ **151**).

Il y aura donc écoulement, du niveau le plus élevé vers le niveau le plus bas.

Ce dispositif est utilisé, dans le cas du siphon, pour le transvasement des liquides.

Le *siphon* est un simple tube C (fig. 159) à branches inégales La branche courte plonge, en A, dans le liquide à transvaser. On recueille le liquide, en B, à l'extrémité de la grande branche.

256. **Amorcement du siphon.** — Tout ce qui précède suppose le siphon *amorcé*, c'est-à-dire rempli de liquide.

Le siphon ne pourrait être amorcé dans le vide; on ne pourrait pas non plus, dans l'air à la pression atmosphérique, amorcer un siphon avec du mercure, si la petite branche avait plus de 76 centimètres de hauteur.

La *pression extérieure* joue donc un rôle essentiel dans l'amorcement du siphon.

On peut, pour amorcer le siphon, employer le procédé suivant :

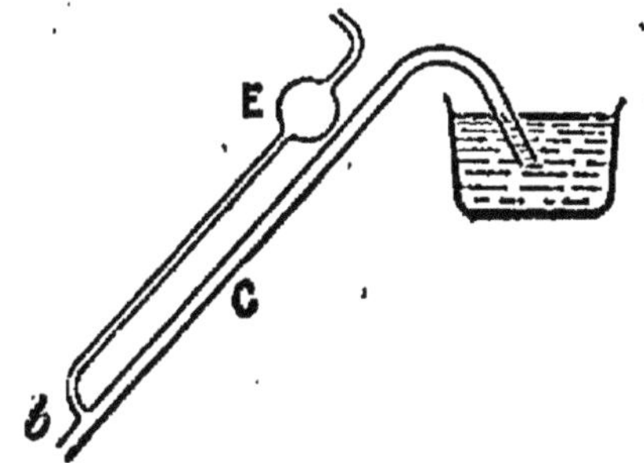

FIG. 160.
AMORCEMENT DU SIPHON.
On amorce le siphon en fermant l'extrémité *b* avec le doigt et en aspirant par le tube latéral jusqu'à ce que la branche C soit pleine de liquide.

La petite branche étant plongée dans le liquide (fig. 160), on ferme l'extrémité *b* de la grande avec le doigt, puis on aspire par un tube latéral, muni d'une boule de sûreté E et soudé près de *b*. Dès que le siphon est rempli, on retire le doigt et l'écoulement se produit.

257. **Résumé.** — *L'ascension du piston dans la pompe aspirante provoque l'ascension de l'eau dans le tuyau d'aspiration et de là dans le corps de pompe, si le tuyau d'aspiration n'est pas trop élevé.*

Quand la machine est amorcée, l'écoulement de l'eau est intermittent et ne se produit que pendant l'ascension du piston.

La hauteur du tuyau d'aspiration d'une pompe aspirante est limitée et pratiquement très inférieure à 10 mètres. Rien ne limite la hauteur du tuyau de refoulement dans les pompes foulantes.

Le siphon permet de transvaser un liquide d'un récipient dans un autre.

CINQUIÈME PARTIE

LA LUMIÈRE

(2e Année)

CHAPITRE I

PROPAGATION DE LA LUMIÈRE

258. **Distinction entre sources lumineuses et corps éclairés. Diffusion de la lumière.** — Une lampe électrique, une bougie sont des corps ***lumineux par eux-mêmes.***

Ils rendent visibles les objets placés dans leur voisinage. Ces derniers sont devenus ***lumineux*** par la lumière qu'ils ont reçue de la lampe ou de la bougie et qu'ils renvoient à leur tour dans toutes les directions. On dit que ces objets ***diffusent*** la lumière. Ils sont alors visibles par ***diffusion.***

Le soleil, les étoiles, les lampes, les appareils si divers que nous utilisons à notre éclairage, et, d'une façon générale, tous les corps dont la température dépasse 800°, sont des ***corps lumineux par eux-mêmes.***

La lune et les planètes, au contraire, sont ***visibles par diffusion.*** La partie de leur surface, qui est éclairée par le soleil, est inégalement visible à notre œil, à différentes époques; d'où le phénomène bien connu des ***phases de la lune.***

259. **Corps transparents; corps translucides; corps opaques.** — On appelle ***corps transparents*** ceux qui, comme l'air, l'eau, le verre, se laissent traverser par la lumière; à travers ces corps on peut apercevoir distinctement les objets éclairés ou lumineux.

On désigne sous le nom de ***corps translucides*** ceux qui s'éclairent sur le passage de la lumière, mais à travers lesquels il est impossible d'apercevoir nettement les objets lumineux eux-mêmes; telles sont une plaque mince de porcelaine, une lame de verre dépoli.

Les ***corps opaques*** sont ceux que la lumière ne traverse pas. Les métaux, le papier pris sous une épaisseur suffisante, sont opaques; mais ils deviennent translucides et même transparents, quand ils sont en feuilles extrêmement minces.

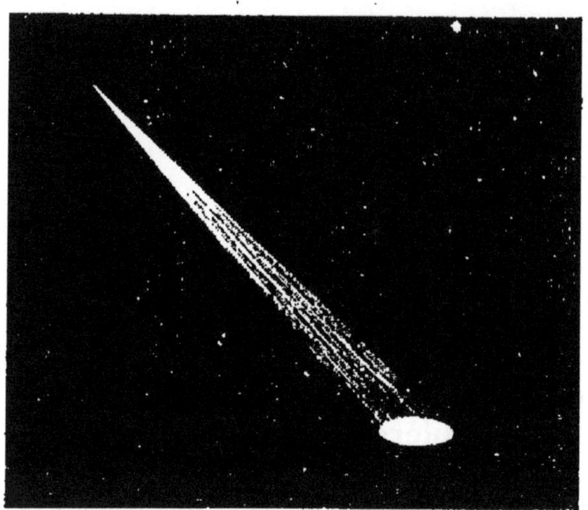

FIG. 161. — FAISCEAU LUMINEUX.
Ce faisceau lumineux rectiligne est rendu visible par les poussières qu'il éclaire sur son passage.

Au reste, il y a tous les degrés entre la transparence et l'opacité absolues.

200. Principe de la propagation rectiligne de la lumière. — Rappelons d'abord un fait d'observation familière.

Lorsque la lumière d'une lampe ou du soleil pénètre par le trou d'un volet dans une chambre obscure, elle y donne un faisceau ***rectiligne*** (fig. 161), qui dessine une tache très éclairée sur les murs ou le parquet.

Nous sommes ainsi conduits à dire : ***Dans l'air qui nous environne, la lumière se propage en ligne droite.***

Il en est de même à travers l'eau ou le verre.

Dans tous les milieux transparents homogènes, la lumière se propage en ligne droite.

Une ligne droite quelconque, suivant laquelle se propage la lumière, porte le nom de ***rayon lumineux.***

201. Application de la propagation rectiligne de la lumière. Ombre. Pénombre. — Le principe de la propagation rectiligne de la lumière va nous permettre d'expliquer facilement des phénomènes bien connus.

Lorsque, entre un écran PQ (fig. 162) et une source lumineuse S, on dispose un corps opaque M, on aperçoit une ***ombre*** sur l'écran. ***Si le foyer lumineux est extrêmement petit,*** cette ombre est nettement délimitée : on peut la construire géométriquement, comme l'indique la figure.

Dans le cas contraire, les contours de l'ombre s'estompent; on dit qu'il y a ***pénombre.*** En tous les points I de la région CH, DG (fig. 163) l'écran présente alors tous les intermédiaires possibles entre le plein éclairement et l'obscurité totale.

Le grand phénomène astronomique des ***éclipses de soleil*** et

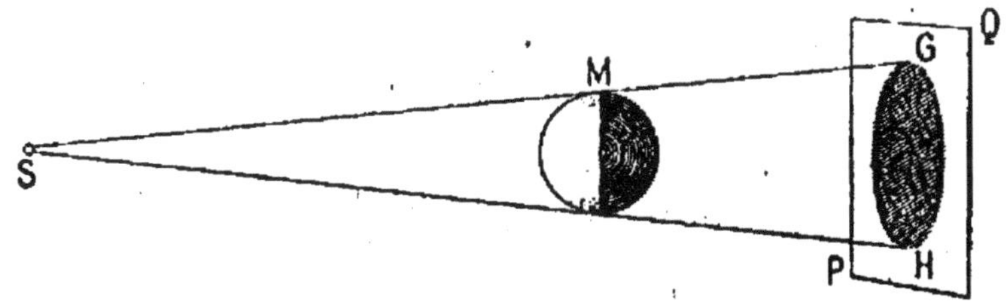

Fig. 162. — Ombre portée.
Quand la source lumineuse S est très petite, les contours GH de l'ombre portée par le corps opaque M sur un écran PQ sont très nets.

des ***éclipses de lune*** s'explique par des considérations du même genre.

262. Images données par les petites ouvertures. — Si l'on perce un trou très petit O, dans le volet d'une chambre

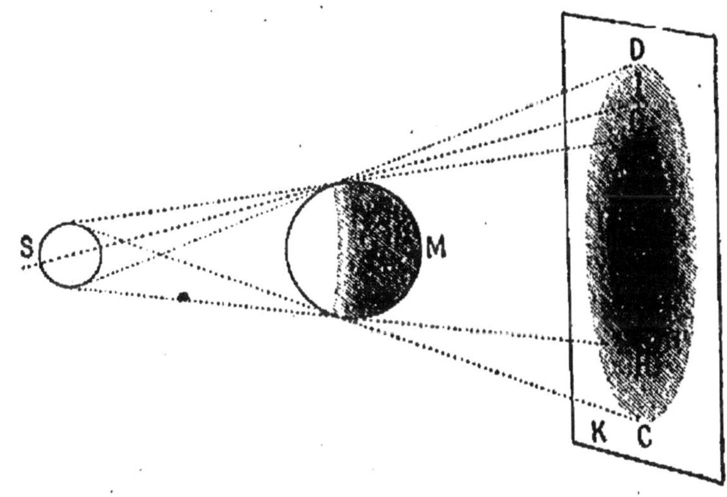

Fig. 163. — Ombre et pénombre.
Quand la source lumineuse S n'est pas extrêmement petite, l'ombre proprement dite GH est entourée d'une pénombre CH, DG qui va en se dégradant.

obscure (fig. 164), et si, à quelque distance, on place un écran blanc, on voit se peindre sur cet écran une image renversée des objets extérieurs.

Ce phénomène est une conséquence immédiate du principe de la propagation rectiligne de la lumière (§ 260).

Un point lumineux *a* envoie, en effet, dans la chambre obscure un faisceau de rayons. Celui-ci donne sur l'écran une petite tache lumineuse a_1, dont la forme est celle de l'ouverture O.

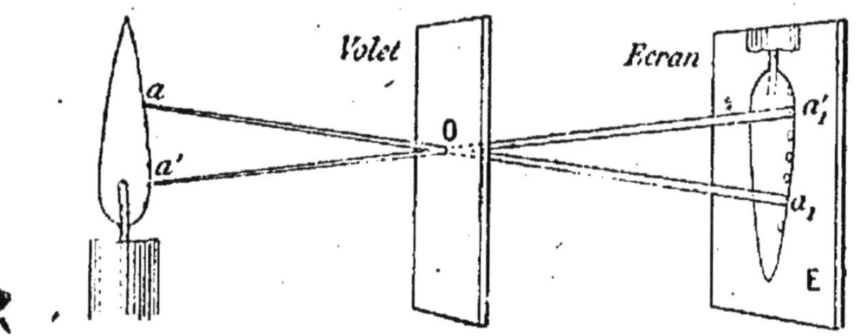

Fig. 164. — Images données par les petites ouvertures.
Quand on place un écran derrière un volet percé d'un trou, on voit se dessiner sur l'écran une image renversée des objets extérieurs.

Cette tache est plus ou moins éclairée, suivant que le point a est lui-même plus ou moins brillant. A un autre point a' de la flamme correspondra une autre tache lumineuse a'_1.

A chacun des points de l'objet lumineux correspondra donc une petite tache sur l'écran.

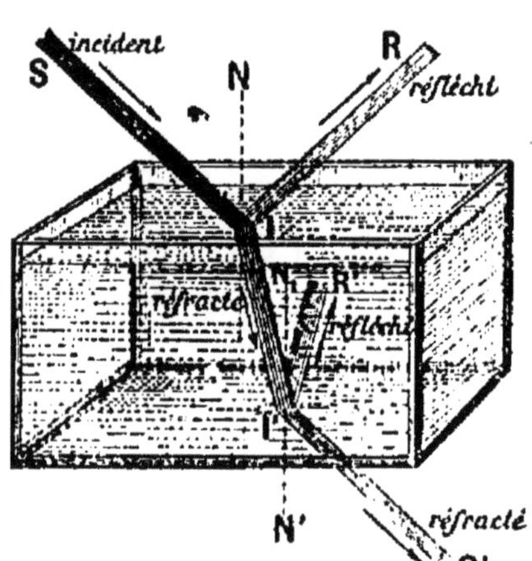

Fig. 165. — Réflexion et réfraction de la lumière.
Toutes les fois qu'un faisceau lumineux rencontre la surface régulière d'un corps transparent, une partie de la lumière pénètre dans celui-ci, tandis que l'autre se réfléchit à sa surface.

La flamme d'une bougie apparaîtra renversée, comme le montre la figure.

On peut sur ce principe fonder des appareils très simples, auxquels on a donné le nom de *chambres noires.*

265. **Vitesse de propagation de la lumière.** — Si rapide que nous paraisse la propagation de la lumière, elle n'est cependant pas instantanée.

Fizeau et Foucault ont mesuré la vitesse de propagation de la lumière par des procédés très délicats, dont la description ne saurait trouver place ici. Ils ont trouvé que : ***la lumière se propage dans l'air avec une vitesse qui s'écarte peu de 300 000 kilomètres par seconde. La vitesse de la lumière est la même dans le vide.***

264. **Réflexion et réfraction de la lumière.** — Cherchons ce qui se passe quand les rayons lumineux viennent à rencontrer la surface de séparation de deux milieux.

Installons dans une chambre obscure un petit aquarium (fig. 165) rempli d'eau. Un peu de fluorescéine, versé dans l'eau de la cuve, rendra lumineux le trajet suivi par les rayons de lumière à l'intérieur de la cuve.

Nous observons que la lumière incidente SI se partage en deux faisceaux.

L'un d'eux, II', pénètre dans la masse de l'eau.

L'autre, IR, est renvoyé dans l'air, sans pénétrer dans la masse de l'eau

Le premier, II', porte le nom de ***rayon réfracté*** : le second, IR, porte le nom de ***rayon réfléchi.***

Le rayon I'S', qui sort de la cuve par sa face inférieure, est un nouveau ***rayon réfracté;*** le rayon I'R' est un nouveau ***rayon réfléchi.***

Les appareils destinés à utiliser la lumière réfléchie portent le nom de ***miroirs.*** Leur surface doit être d'une régularité parfaite. Dans le chapitre suivant, nous étudierons les proprietés des ***miroirs plans.***

265. **Résumé.** — ***La lumière se propage en ligne droite dans tous les milieux homogènes.***

La lumière est arrêtée par certains corps, qu'on appelle des corps opaques.

Ceux-ci projettent derrière eux une ombre, que l'on peut facilement construire par des procédés géométriques.

Les petites ouvertures donnent des images renversées des objets lumineux extérieurs.

La lumière parcourt 300 000 kilomètres par seconde dans l'air et dans le vide.

Un rayon lumineux, qui rencontre la surface de séparation de deux milieux, donne naissance, en général, à un rayon réfracté et à un rayon réfléchi.

CHAPITRE II

RÉFLEXION DE LA LUMIÈRE — MIROIRS PLANS

266. **Dispositif expérimental pour étudier les lois de la réflexion.** — Cherchons les lois du phénomène de la réflexion.

Installons horizontalement un large demi-cercle, divisé en degrés (fig. 166); puis, suivant la ligne 0°-90°, disposons une glace de verre, mince et transparente, M, normalement au plan du demi-cercle.

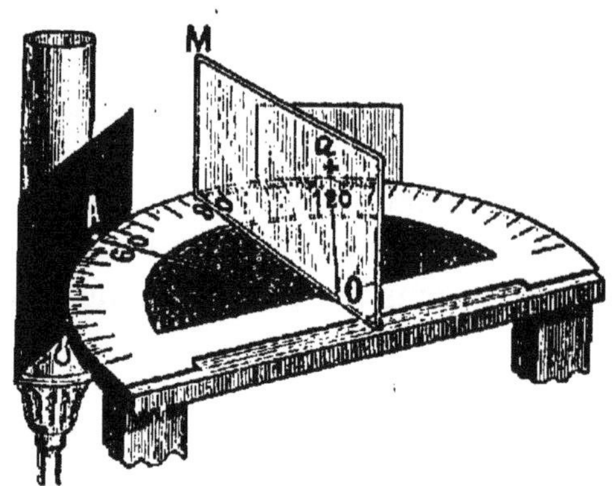

FIG. 166. — RÉFLEXION DE LA LUMIÈRE SUR UNE GLACE PLANE.

Après s'être réfléchis sur la glace M, les rayons issus du point A *semblent* provenir d'un point *a* symétrique de A par rapport à la glace plane M.

Masquons ensuite la flamme d'un bec de gaz ou d'une bougie par un écran de métal, percé d'un ***petit*** trou A.

Plaçons maintenant l'œil du côté de la lame de verre où se trouve la source lumineuse.

Nous apercevons un point lumineux *a* de l'autre côté de la glace. Ce point n'a évidemment aucune existence réelle; son apparition est due à une illusion d'optique.

Cherchons à préciser les conditions dans lesquelles intervient le miroir M (§ **264**), pour la production de ce phénomène.

267. **Direction dans laquelle apparaît l'image vue par réflexion.** — Supposons le petit trou A, placé au-dessus de la division 60° du cercle divisé. Au-dessus du même cercle, sur ses bords, déplaçons un petit écran de papier blanc, portant, en son centre, une petite croix, tracée à l'encre.

On peut vérifier d'abord que la petite croix est vue, à travers la lame, dans la même direction que si la lame était supprimée.

Après quelques tâtonnements, nous voyons, à travers la lame de verre, se superposer le point lumineux *a* et la petite croix.

A ce moment, la petite croix est juste au-dessus de la division 120°. Nous pouvons alors changer la direction de l'œil. — La coïncidence du point *a* et de la croix persiste.

268. **Position de l'image vue par réflexion.** — Ce n'est pas tout. — Laissons la petite croix en face de la division 120; mais rapprochons-la du centre du cercle. On pourra, en déplaçant l'œil, amener la séparation de la petite croix et de la tache lumineuse *a*.

De même, si, laissant la petite croix en regard de la division 120, on l'éloignait du centre du cercle divisé.

Concluons :

1° Le ***point a possède une position parfaitement déterminée.***

2° Le ***point A et le point a sont symétriquement placés par rapport à la surface réfléchissante.***

On devra se rappeler que l'on appelle ***symétriques*** l'un de l'autre, par rapport à un plan, deux points qui, situés sur une même perpendiculaire à ce plan, sont, de part et d'autre, à une même distance de ce plan.

269. **Définition de l'expression : Image virtuelle.** — Il est facile d'interpréter les résultats de l'expérience précédente.

Les rayons qui, venus de A (fig. 167), ont été réfléchis par la lame, l'ont été de telle façon qu'ils arrivent tous à l'œil, comme s'ils venaient du point *a*. On dit que le point *a* est l'***image*** du point A.

Cette image n'a d'ailleurs aucune existence réelle. Nous savons bien, en effet, par la pratique, que notre image dans un miroir, quoique ayant une position bien déterminée (§ **268**), n'a cependant aucune existence matérielle. On dit que le point *a* est une ***image virtuelle*** du point A.

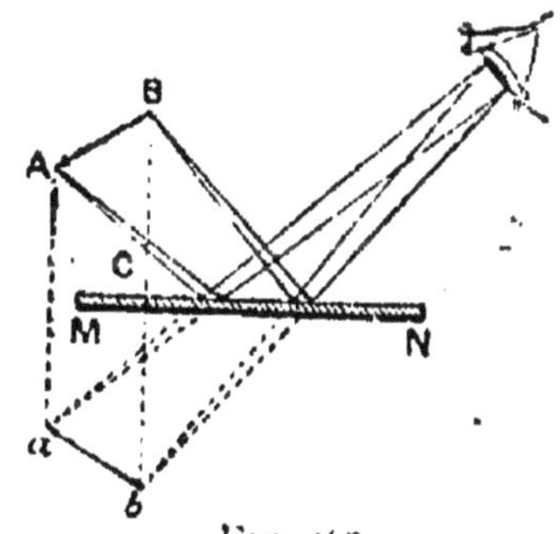

Fig. 167.
IMAGE VIRTUELLE D'UN OBJET.
L'image *ab* est symétrique de l'objet AB par rapport au miroir plan.

270. **Propriété des miroirs plans.** — Nous pouvons maintenant énoncer la loi suivante :

Un point lumineux réel, A, donne par réflexion sur un miroir plan, une image virtuelle a, qui est symétrique de A par rapport au miroir.

Si, maintenant, nous passons d'un point lumineux à un objet lumineux quelconque, nous voyons immédiatement que : ***Lorsqu'un objet lumineux*** AB (fig. 167) ***est placé devant un miroir plan, celui-ci en donne une image virtuelle*** *ab*, ***dont chaque point est le symétrique, par rapport au plan du miroir, d'un point correspondant de l'objet.***

271. Objet et image ne sont pas superposables. — En général, ***cette image n'est pas superposable à l'objet.***

Fig. 168. — L'image n'est pas superposable a l'objet.
Un texte imprimé et son image ne sont pas superposables l'un à l'autre.

Elle est, par rapport à l'objet, comme la main droite par rapport à la main gauche ; et l'on sait que le gant de la main droite ne peut pas être interchangé avec celui de la main gauche.

L'image, dans un miroir, d'un observateur occupé à écrire, paraîtra écrire de la main gauche.

Un texte imprimé, vu dans une glace, donnera une image toute différente qui, en général, ne lui sera pas superposable (fig. 168).

272. Lois de la réflexion. – On peut déduire des expériences précédentes un énoncé tout à fait général, qui s'applique non seulement à la réflexion sur un miroir plan, mais encore à la réflexion sur une surface de forme quelconque.

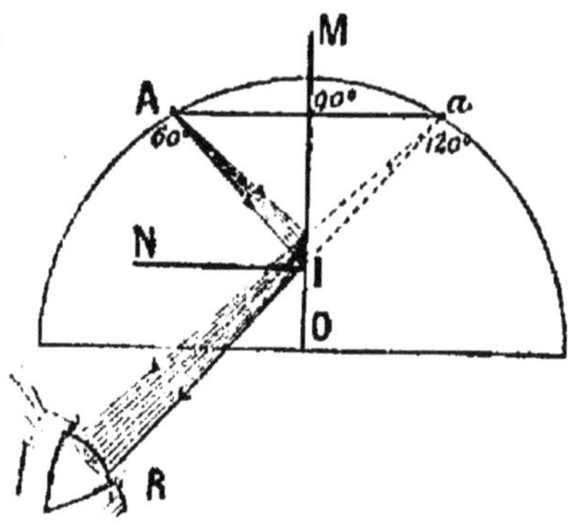

Fig. 169. — Marche des rayons dans la réflexion.
Les rayons réfléchis provenant de A donnent l'illusion d'un point lumineux qui se trouverait en *a*.

Considérons un rayon lumineux AI (fig. 169) frappant le miroir plan M au point d'incidence I. Menons en I la perpendiculaire, ou ***normale***, IN au miroir, et soit *a* le symétrique (**§ 268**) du point A par rapport au plan M. La direction du rayon réfléchi devant passer à la fois par *a* et par I, ce rayon se confond avec la droite IR dont le prolongement passe en *a*.

On voit que *le rayon incident* AI *et le rayon réfléchi* IR *sont situés de part et d'autre de la normale* IN, *se trouvent dans un même plan avec elle et font avec elle des angles égaux* AIN *et* RIN.

Appelons respectivement *angle d'incidence* et *angle de réflexion* les angles AIN et RIN que les rayons incident et réfléchi font avec la normale. Nous pourrons dire encore :

1° *Le rayon incident, la normale et le rayon réfléchi sont contenus dans un même plan que l'on nomme plan d'incidence ;*

2° *Les angles d'incidence et de réflexion sont égaux.*

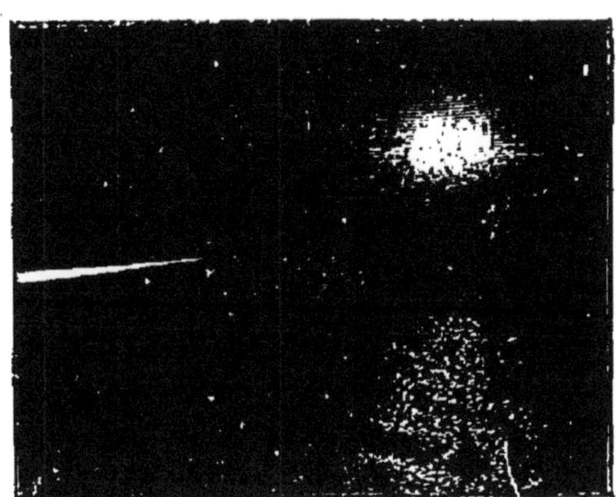

Fig. 170.
Projecteur de marine de guerre.
Le faisceau lumineux est envoyé par des miroirs dans une direction unique. Son intensité n'est pas sensiblement diminuée par la distance.

275. **Applications des miroirs.** — Les miroirs plans, les glaces servent à notre toilette ainsi qu'à la décoration des appartements.

Au théâtre, ils sont employés à produire des illusions d'optique, concourant aux effets de mise en scène les plus variés.

Les miroirs sphériques concaves sont employés comme *réflecteurs*, pour l'éclairage des voitures ou des phares. Ils forment les *projecteurs* utilisés dans la marine de guerre (fig. 170).

Un miroir sphérique concave constitue l'organe essentiel du *télescope*.

274. **Résumé.** — *Les miroirs plans donnent d'un objet lumineux une image virtuelle, symétrique de l'objet par rapport au miroir.*

Il en résulte les deux lois de la réflexion : 1° le rayon réfléchi est dans un même plan avec le rayon incident et la normale au miroir; 2° les angles d'incidence et de réflexion sont égaux.

Les miroirs ont reçu de nombreuses applications.

SIXIÈME PARTIE

LE SON

(2e Année)

CHAPITRE I

NATURE DU SON

275. **Exemple de mouvement oscillatoire.** — Prenons une longue ***lame élastique*** (§ 4) de métal. Fixons une de ses extrémités dans un étau (fig. 171).

Avec la main, écartons de sa position d'équilibre l'extrémité libre de cette lame; puis, abandonnons-la à elle-même.

Si la lame est suffisamment longue, ***nous la voyons*** effectuer une série de va-et-vient, de part et d'autre de la position qu'elle occupait, quand elle était au repos.

On dit que chacun de ces va-et-vient constitue une ***oscillation***.

On dit encore que la lame exécute un ***mouvement oscillatoire***.

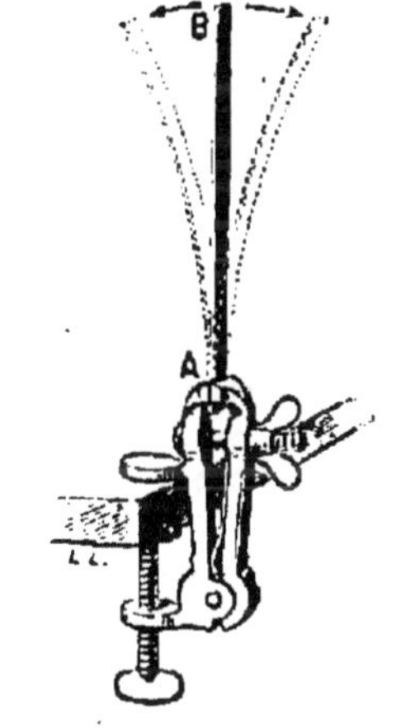

FIG. 171. — MOUVEMENT OSCILLATOIRE D'UNE LAME ÉLASTIQUE.

Une lame élastique, écartée de sa position d'équilibre, exécute une série de va-et-vient de part et d'autre de cette position d'équilibre.

276. **Son rendu par une lame vibrante.** — Raccourcissons la lame. Les oscillations deviennent de plus en plus rapides. Il arrive même un moment où l'on ne peut plus les compter à l'œil.

Quand les oscillations deviennent assez rapides, la lame fait entendre un son.

Amenons au contact de la lame un petit pendule, formé par une balle de sureau, suspendue à un fil très léger; il est aussitôt vivement projeté.

Touchons la lame avec la main. La balle de sureau, amenée à son contact, n'est plus projetée. Le son est supprimé.

La lame ne rend un son, que si elle est animée d'un mouvement vibratoire.

277. **Diapason.** — Le ***diapason*** (fig. 172) n'est en somme qu'une lame d'acier, courbée en forme de fourche, et faisant corps en son milieu avec une tige de même métal qui lui sert de support.

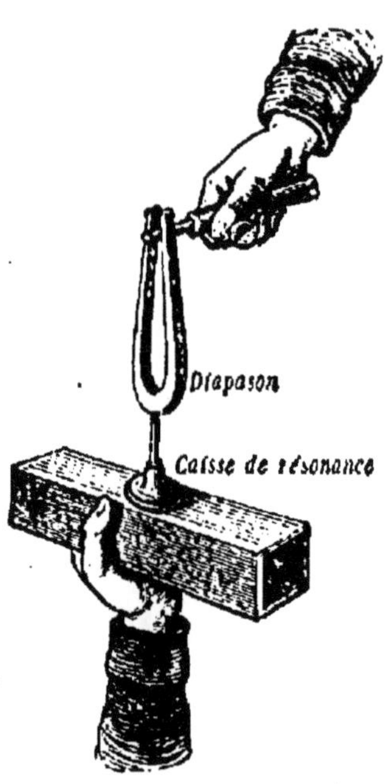

Fig. 172. — Diapason sur sa caisse de résonance.
Le diapason est une lame d'acier recourbée en forme de fourche. On fait vibrer le diapason, soit en le frottant avec un archet, soit en écartant vivement ses deux branches.

Faisons vibrer le diapason, soit en le frottant avec un archet, soit en écartant vivement ses deux branches l'une de l'autre.

Il rend alors un son, que l'on peut rendre très sensible, si l'instrument est monté sur une boîte de dimensions convenables, que l'on appelle sa ***boîte de résonance.***

Tant que le diapason rend un son, il est facile de constater qu'il exécute un mouvement oscillatoire.

1° Touchons légèrement du doigt l'extrémité de l'une des branches du diapason. Nous sentons très nettement un vif frémissement, qui ne se produit pas quand le diapason est muet;

2° Appuyons plus fortement le doigt sur le diapason. Le son cesse aussitôt, parce que le mouvement vibratoire est supprimé;

3° Armons l'une des branches du diapason d'une légère pointe de clinquant, que nous appuyons doucement sur une plaque de verre recouverte de noir de fumée.

Faisons vibrer le diapason, puis déplaçons-le rapidement dans une direction perpendiculaire à celle de ses vibrations. On obtiendra la courbe festonnée, de la figure 173.

278. **Cloche vibrante.** — Prenons une cloche de verre (fig. 174) ou un simple verre à boire. Le verre est une substance ***élastique*** (§ 4). Promenons doucement sur les bords de cet appareil un doigt légèrement humecté d'eau.

Un son intense prend naissance.

Une légère balle de sureau qui avait contact avec la cloche est vivement repoussée.

Touchons le corps vibrant avec la main. Le son cesse aussitôt; la balle de sureau retombe au repos.

279. **Corde vibrante.** — Prenons une longue corde qui soit faiblement tendue; saisissons-la en son milieu; écartons-la légèrement de sa position d'équilibre; puis, abandonnons-la à elle-

FIG. 173. — MOUVEMENT VIBRATOIRE DU DIAPASON INSCRIT SUR UNE PLAQUE DE VERRE ENFUMÉ.

La courbe festonnée, laissée par la pointe sur la plaque de verre enfumé, permet de suivre dans tous ses détails le mouvement vibratoire du diapason.

même. Elle exécute alors une série de mouvements de va-et-vient de part et d'autre de sa position primitive.

Ses oscillations sont assez lentes pour être suivies à l'œil; on peut même facilement les compter.

Augmentons progressivement la tension de la corde; ses oscillations deviennent de plus en plus rapides. Il est alors impossible de les compter à l'œil (fig. 175).

Si l'on continue à tendre la corde de plus en plus et à lui faire produire des oscillations, on ne tarde pas à entendre un son.

Si l'on touche du doigt une corde qui rend un son, on supprime à la fois le mouvement vibratoire de la corde et le son rendu par la corde.

On peut encore faire l'expérience de la façon suivante. Supposons une corde tendue horizontalement (fig. 176). Un petit chevalet C a été placé en son milieu. Si l'on excite avec l'archet l'une des deux moitiés de la corde, un cavalier de papier placé au point milieu de l'autre moitié de la corde est vivement projeté au loin.

Un grand nombre d'instruments de musique (fig. 177), sont des instruments à cordes (violon, guitare, piano, harpe, etc.).

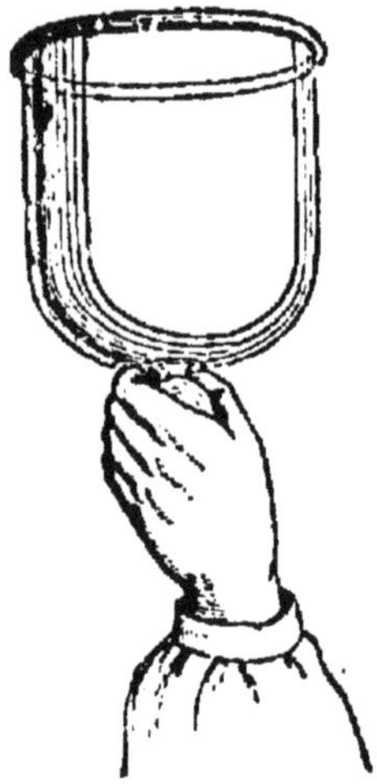

Fig. 175.
Corde vibrante.
Quand la corde vibre, elle offre l'aspect d'un fuseau renflé en son milieu.

280. Plaques sonores. — Prenons encore un autre exemple. Une plaque de laiton, de forme régulière (fig. 178), est maintenue en son point milieu. On la saupoudre légèrement de sable très fin; puis, on frotte ses bords avec un archet.

La plaque rend un son, les grains de sable sont vivement agités et dessinent à la surface de la plaque des courbes qui peuvent affecter les formes les plus variées. La nature du son change en même temps que la forme de ces courbes. Appuyons le doigt

Fig. 174.
Cloche vibrante.
Les vibrations de la cloche projettent vivement une petite balle en moelle de sureau placée à son intérieur.

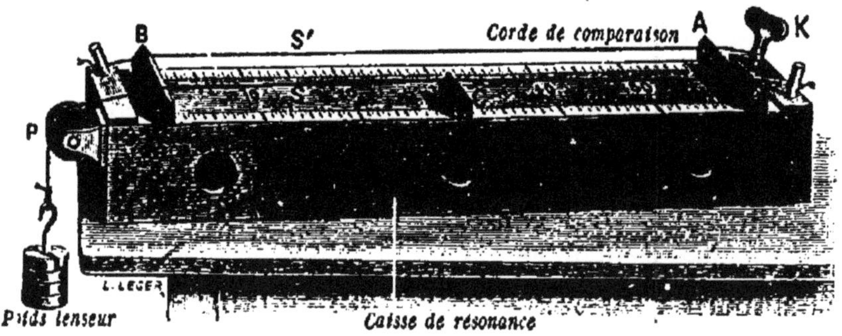

Fig. 176. — Sonomètre.
Le chevalet C étant au milieu d'une corde, un cavalier placé en S est désarçonné si l'on frotte avec un archet l'autre moitié de la corde.

fortement sur une partie de la plaque où les grains de sable sont vivement agités. Agitation et son prennent fin aussitôt.

281. Phonographe. — Le ***phonographe*** (fig. 179) permet

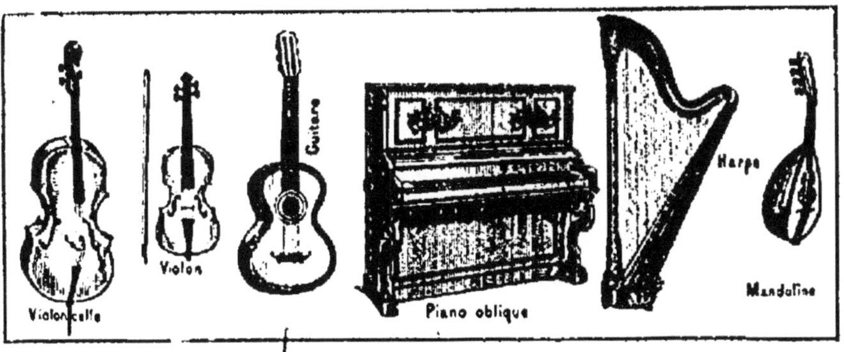

Fig. 177. — Instruments a cordes.
Les cordes produisent le son : la caisse de l'instrument le renforce.

d'inscrire les vibrations sonores les plus variées et de reproduire ensuite les sons qui les ont provoquées.

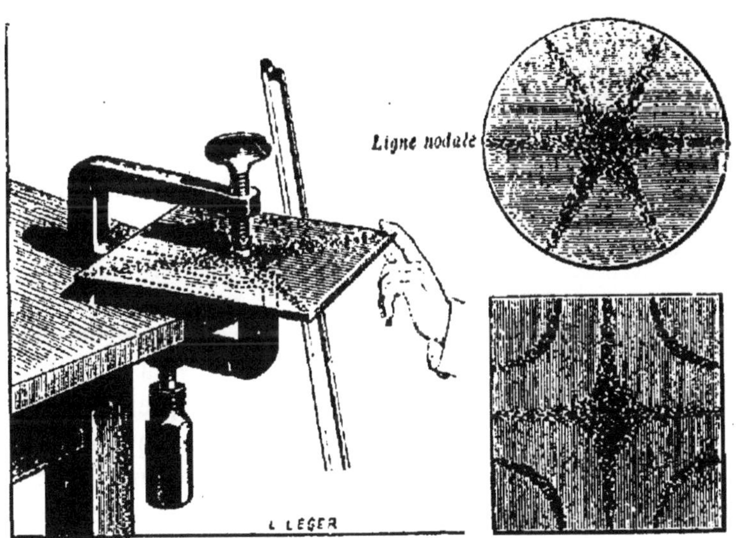

Fig. 178. — Plaques sonores.
Une plaque sonore est agitée de mouvements vibratoires très rapides, pendant tout le temps qu'elle rend un son. De petits grains de sable disposés sur la plaque sont vivement agités, tant que le son persiste. Ils dessinent des courbes, dont la forme change, quand la nature du son vient à changer.

L'inscription se fait, soit sur un ***cylindre de cire*** bien poli, soit sur un ***disque*** recouvert d'une matière plastique.

Cylindre ou disque sont animés d'un mouvement d'horlogerie.

L'appareil inscripteur est constitué par une membrane élastique qui porte en son centre une pointe dure (**saphir**) qui s'applique doucement sur le cylindre ou le disque.

Le cylindre ou le disque étant mis en mouvement par l'appareil d'horlogerie, un large pavillon conduit à la membrane élastique les vibrations que l'on veut enregistrer. Les mouvements vibratoires de la pointe se gravent dans la matière plastique.

Fig. 179. — Phonographe.
Le phonographe permet d'enregistrer et de reproduire les mouvements vibratoires les plus variés et les plus compliqués

Quand l'inscription est terminée et que l'on veut reproduire les sons inscrits, on ramène la pointe à son point de départ, et l'on met l'appareil d'horlogerie en mouvement. La pointe suit la même ligne en spirale qu'elle avait tracée la première fois; les creux et les pleins lui communiquent le mouvement vibratoire dont elle était animée pendant l'inscription. L'air de la boîte et du pavillon se met à vibrer et reproduit les sons enregistrés.

282. **Résumé.** — *Le son est dû à un mouvement vibratoire du corps sonore. Il n'y a jamais de son, sans que quelque partie du corps sonore ne soit le siège d'un mouvement vibratoire.*

Le mouvement vibratoire ne produit un effet sur l'oreille, que s'il est suffisamment rapide.

Le phonographe permet d'enregistrer et de reproduire le mouvement vibratoire engendré par un corps sonore.

CHAPITRE II

PROPAGATION DU SON

285. Le son ne se transmet pas dans le vide. — Il est facile de montrer que le son ne se propage pas dans le vide.

Installons sous la cloche de la machine pneumatique un timbre à sonnerie actionné par un mouvement d'horlogerie (fig. 180). Tant que la cloche est pleine d'air, nous entendons le bruit du timbre; mais, aussitôt que la raréfaction commence, ce bruit s'éteint peu à peu et cesse d'être perceptible lorsque la pression est suffisamment faible; il renaît, au contraire, quand on laisse peu à peu rentrer l'air ou tout autre gaz sous la cloche.

FIG. 180. — LE SON NE SE TRANSMET PAS DANS LE VIDE.

Le bruit d'un timbre, actionné par un mouvement d'horlogerie et placé sous la cloche de la machine pneumatique, s'éteint quand on fait le vide.

L'expérience réussirait mal si la sonnerie ne reposait pas sur un coussin d'ouate ou de caoutchouc qui empêche le mouvement vibratoire de se transmettre aux pièces de la machine pneumatique et, par suite, à l'air extérieur lui-même.

Le son se propage non seulement dans les milieux gazeux, mais aussi dans les liquides et dans les solides.

Un plongeur entend parfaitement le bruit de deux cailloux qu'il frappe l'un contre l'autre. En appuyant l'oreille à l'extrémité d'une longue poutre, on perçoit très nettement le bruit produit par une pointe d'épingle qu'on frotte à l'autre extrémité.

Nous dirons donc que :

Le son est produit par un mouvement vibratoire excité dans un corps élastique. — Ce mouvement vibratoire est transmis du corps sonore à l'oreille, par une suite non interrompue de milieux matériels élastiques.

284. **Propagation d'un ébranlement.** — Une expérience très simple va nous donner tout d'abord une première idée de la manière dont le son se propage.

Fixons à une de ses extrémités et maintenons fortement tendu un long tube de caoutchouc, que nous frappons d'un coup sec, à l'autre bout. Nous voyons une déformation se propager d'une extrémité à l'autre du tube de caoutchouc ; cette déformation conserve, tout en se propageant, une forme invariable.

On constate facilement que ***cette propagation se fait avec une vitesse constante.***

Il importe de remarquer que ***la propagation du mouvement vibratoire se fait sans transport du milieu vibrant.*** Tous les points du tube de caoutchouc reviennent, après le passage de l'ébranlement, à leur position primitive.

Dans un tuyau plein d'air, à l'extrémité duquel on produit un son, il se passe quelque chose de semblable. Chaque tranche d'air du tuyau subit momentanément de petits déplacements alternatifs, dans le sens même de la propagation du mouvement vibratoire et dans le sens opposé ; puis revient finalement à sa position première d'équilibre. On dit que le tuyau est traversé par des ***ondes sonores.***

285. **Mesure de la vitesse de la propagation du son dans l'air.** — Deux pièces de canon avaient été installées, l'une à Montmartre, l'autre à Montlhéry. Les observations avaient lieu, de nuit, par un temps calme. Les deux pièces étaient alternativement tirées de dix minutes en dix minutes ; et les observateurs d'une station notaient chaque fois le temps qui s'écoulait entre l'instant où ils apercevaient la lueur et celui où ils entendaient le bruit du coup de canon qui venait d'être tiré à l'autre station. On peut admettre que ce temps est précisément celui que le son met à parcourir les 29 kilomètres qui séparent Montmartre de Montlhéry, car la lumière, dont la vitesse est de 300 000 kilomètres à la seconde, franchit elle-même cette distance en un temps si court que, ***pratiquement,*** on voit la lueur de la détonation lointaine au moment même où celle-ci se produit.

La vitesse du son dans l'air, à 0°, est égale à 331 mètres par seconde. Elle est de 340 mètres, pour la température de 15°.

L'expérience a montré que :

Soit que la propagation s'effectue dans un tuyau rempli d'air, soit qu'elle s'effectue dans l'air indéfini, le son se propage avec la même vitesse.

286. **Vitesses de propagation du son dans divers milieux.** — On a mesuré également la vitesse de propagation du son dans d'autres milieux. On a trouvé :

Vitesse de propagation du son dans l'eau : 1435 mètres par seconde ; dans la fonte, 5000 mètres environ.

287. **Réflexion du son.** — Lorsqu'un système d'ondes sonores (§ **284**), émises par un point S, vient rencontrer un obstacle fixe (fig. 181) de forme plane E, on conçoit que chaque particule prenne, au contact de l'obstacle, un déplacement symétrique de celui dont elle aurait été animée, s'il n'y avait pas eu d'obstacle.

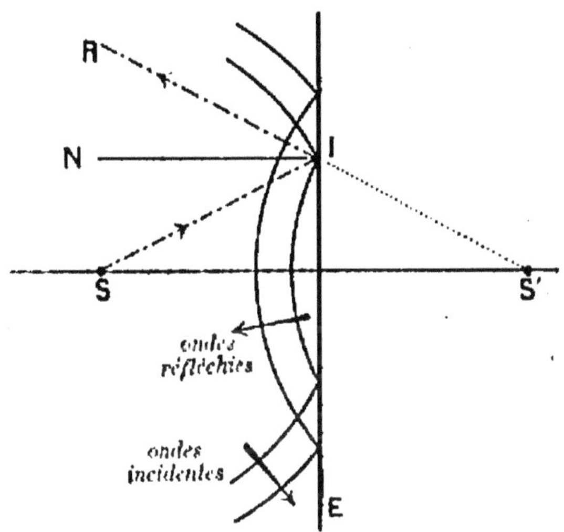

Fig. 181. — Réflexion du son sur un obstacle. Les ondes réfléchies semblent provenir d'un point S' qui est le symétrique du foyer sonore S par rapport à l'obstacle plan.

L'onde sphérique ***incidente***, de centre S, donne ainsi naissance à une nouvelle onde sphérique, dont le centre S' est symétrique (§ **268**) du point S. C'est l'***onde réfléchie***. A un rayon sonore ***incident*** SI correspond un rayon sonore ***réfléchi*** IR, semblant venir de S'.

Les rayons sonores suivent les mêmes lois de réflexion que les rayons lumineux (§ **272**).

288. **Écho.** — Lorsqu'on jette un cri devant un obstacle éloigné, un grand mur ou un rideau d'arbres, par exemple, on entend au bout d'un certain temps la répétition de ce cri ; c'est le phénomène bien connu de l'***écho***. Il tient à ce que les ondes sonores ***se réfléchissent*** contre l'obstacle.

L'expérience a montré que deux sons, qui arrivent à l'oreille moins de 1/10 de seconde l'un après l'autre, ne sont pas perçus distinctement. Il faut donc pour qu'il y ait un écho bien net, c'est-à-dire pour que le bruit de retour se distingue du bruit initial, que l'on soit placé à plus de 17 mètres de l'obstacle.

A une distance moindre, le son de retour prolonge simplement le son initial; il y a alors confusion entre les deux sons. Ces effets peuvent être des plus fâcheux dans une salle de spectacle ou de concert.

289. **Résumé.** — *Le son ne se propage pas dans le vide.*

Le son se propage dans les gaz; c'est par l'air qu'il nous parvient habituellement.

Il se propage mieux encore par les solides et par les liquides.

La vitesse du son dans l'air est de 340 mètres par seconde, à la température de 15°.

Elle est plus grande encore dans les liquides et dans les solides.

Lorsque le mouvement vibratoire, par lequel le son se transmet dans un milieu, vient à rencontrer un obstacle, il se **réfléchit.**

Il ne peut y avoir **écho** *distinct, que si l'observateur est au moins à 17 mètres de l'obstacle.*

SEPTIÈME PARTIE

ÉTUDE COMPLÉMENTAIRE DE LA CHALEUR

(3e Année)

CHAPITRE I

VAPEURS SATURANTES ET VAPEURS NON SATURANTES

290. **Évaporation dans l'air et dans le vide.** — Les vapeurs se forment plus ou moins rapidement dans l'air (§ **84**); ***elles se forment instantanément dans le vide.***

L'étude de l'évaporation dans le vide conduit à des lois très simples, que nous allons étudier.

291. **Formation des vapeurs dans le vide.** — Un tube M (fig. 182), de 80 centimètres de long et de 1cm,5 de diamètre intérieur, est terminé à la partie supérieure par un ballon d'un demi-litre, muni d'un robinet R (Voir § **296**).

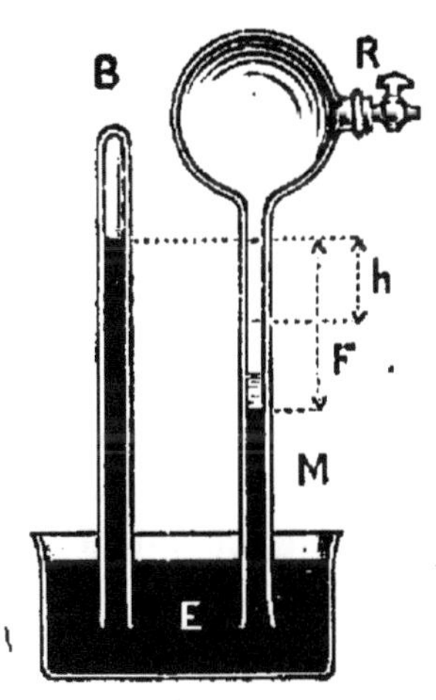

FIG. 182.
VAPORISATION D'UN LIQUIDE DANS LE VIDE.
A la température ordinaire, un liquide se vaporise, jusqu'à ce que la pression de sa vapeur ait acquis une certaine valeur ***F*** qu'elle ne dépasse pas.

L'extrémité E du tube, ouverte en forme d'entonnoir, plonge dans une cuve à mercure, à côté d'un baromètre B.

Avec une bonne machine pneumatique, faisons le vide dans le ballon; puis fermons le robinet R.

Le mercure monte alors dans le tube M, sensiblement au même niveau que dans le baromètre B.

A l'aide d'un petit dé en verre, introduisons quelques gouttes d'éther dans l'entonnoir E.

Cet éther gagne le sommet de la colonne mercurielle; on constate que le niveau du mercure baisse aussitôt, dans le tube M, d'une certaine hauteur *h*.

A la surface du mercure, dans le tube M, on n'aperçoit pas de trace de liquide transparent; donc, pas trace d'éther liquide.

Tout l'éther s'est donc vaporisé immédiatement dans le vide qui se trouvait à la partie supérieure du tube M.

La vapeur d'éther ainsi formée est rendue manifeste par la pression qu'elle exerce à la surface du mercure dans le tube M. Cette pression est équivalente à celle qu'exerce une colonne de mercure, de hauteur *h*.

292. **Vapeurs non saturantes.** — Recommençons l'expérience. Introduisons à nouveau de l'éther goutte à goutte dans le tube M.

On voit la pression augmenter peu à peu, à chaque nouvelle introduction du liquide volatil.

On constate en même temps qu'il n'y a pas de liquide transparent en excès, à la surface supérieure du mercure dans le tube M.

Chaque nouvelle introduction de liquide a donc donné de nouvelles quantités de vapeur et une nouvelle augmentation de pression.

Tant qu'il en est ainsi, on dit que la ***vapeur n'est pas saturante.***

293. **Vapeurs saturantes.** — Toutefois, il arrive un moment où, pour de nouvelles introductions d'éther, le niveau mercuriel ne baisse plus dans le tube M.

A partir de ce moment, l'éther introduit dans le tube M s'accumule simplement, à l'état liquide, au-dessus du mercure dans le tube M.

La vaporisation est donc limitée.

On dit alors que ***la vapeur est devenue saturante.***

294. **Lois des vapeurs non saturantes.** — Des expériences précédentes résulte l'énoncé suivant :

1° ***A une même température, la pression de la vapeur dans le vide peut prendre successivement toutes les valeurs, depuis la valeur*** 0 ***jusqu'à une certaine valeur maxima F.***

2° ***Cette valeur maxima F est atteinte, dès que la vapeur reste en contact permanent avec un excès du liquide générateur.***

295. **Lois des vapeurs saturantes.** — On pourrait reprendre l'expérience sur un ballon de volume différent.

Les résultats resteraient les mêmes. La vaporisation s'arrêterait, dès que la vapeur d'éther aurait acquis la même pression **F** que dans l'expérience précédente.

Concluons donc :

A une même température, la pression maxima de la vapeur est indépendante de l'espace offert à la vaporisation.

296. **Remarque.** — Si l'on ne dispose pas de l'appareil décrit au § **291**, on pourra cependant faire l'expérience avec un simple tube barométrique.

La seule différence consistera en ce que l'état de saturation sera très rapidement atteint par la vapeur et qu'il sera, par suite, plus difficile de constater les valeurs successives de la pression de la vapeur non saturante, telles que permettraient de les obtenir les expériences du § **291**.

297. **Résumé.** — *Sous une pression inférieure à une certaine valeur F, le corps volatil existe entièrement à l'état gazeux (cas des vapeurs non saturantes) ;*

Sous la pression F, le corps volatil peut exister à l'état de vapeur et à l'état de liquide, en proportions quelconques. Une augmentation de volume se traduit uniquement par une évaporation partielle du liquide. Une diminution de volume se traduit uniquement par une condensation partielle de la vapeur. La pression F reste invariable, tant que, à une même température, liquide et vapeur sont en présence l'un de l'autre ;

Sous une pression supérieure à F, le corps ne peut exister qu'à l'état liquide.

CHAPITRE II

VARIATION DE LA PRESSION MAXIMA D'UNE VAPEUR AVEC LA TEMPÉRATURE

298. **La pression maxima F augmente avec la température.** — Reprenons l'expérience du § **291** avec le tube barométrique qui nous a servi pour l'expérience de Torricelli (§ **212**).

Supposons qu'au-dessus du mercure il contienne à la fois du liquide et une certaine quantité de sa vapeur. Si nous venons à chauffer la partie du tube occupée par ce mélange, nous observons que le niveau du mercure s'abaisse immédiatement.

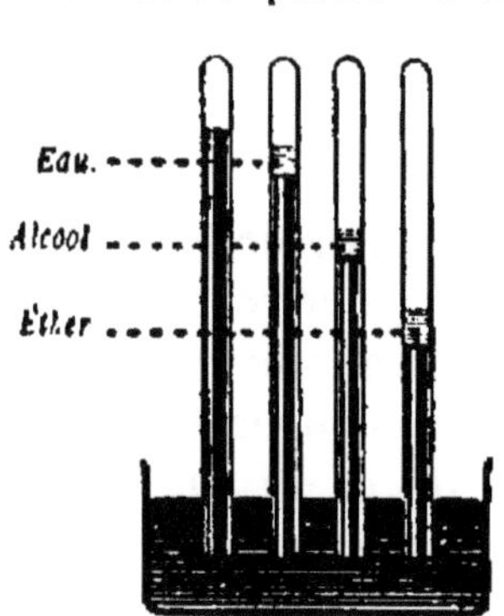

FIG. 183. — TENSION MAXIMA DES VAPEURS.

Chaque espèce de vapeur possède, pour une même température, une pression maxima particulière.

Nous concluons que :

La pression maxima F croît en même temps que la température.

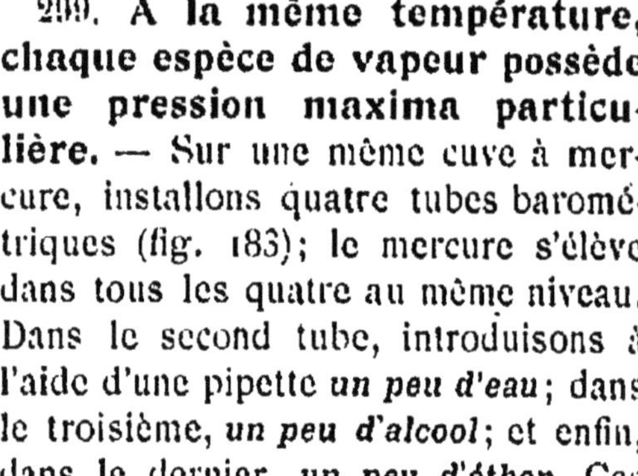

299. **A la même température, chaque espèce de vapeur possède une pression maxima particulière.** — Sur une même cuve à mercure, installons quatre tubes barométriques (fig. 183); le mercure s'élève dans tous les quatre au même niveau. Dans le second tube, introduisons à l'aide d'une pipette ***un peu d'eau***; dans le troisième, ***un peu d'alcool***; et enfin, dans le dernier, ***un peu d'éther***. Ces liquides se vaporisent; mais si, dans chaque cas, la quantité du liquide est suffisante, il en reste un excès à la surface du mercure; et la vapeur produite possède alors sa pression maxima. Celle-ci se mesurera en observant la dépression qu'aura éprouvée la colonne mercurielle dans chacun des tubes.

Si la température est de 20°, on trouve ainsi que la pression maxima de la vapeur d'eau équivaut à 17 millimètres de mercure; celle de l'alcool à 44, et celle de l'éther à 450.

Les divers liquides ont donc des pressions maxima de vapeur très différentes.

300. En quoi consiste le problème des pressions de vapeurs. — Chaque liquide exige donc une étude expérimentale spéciale.

D'autre part, pour chaque liquide, à chaque température, les phénomènes dépendent uniquement (§ **295**) de la valeur de la pression maxima *F*.

Enfin, cette pression maxima F dépend de la température et ne dépend que d'elle. Comment dépend-elle de la température?

Nous étudierons cette question dans le cas particulier de l'eau.

301. Mesure de la pression maxima de la vapeur d'eau jusqu'à 20 centimètres de mercure. — Sur une même cuvette sont montés deux tubes barométriques gradués (fig. 184). Dans l'un des deux tubes on introduit une petite quantité d'eau, suffisante pour saturer la chambre barométrique. La partie supérieure des deux tubes est entourée d'une caisse en tôle, fermée antérieurement par une glace et dans laquelle on place de l'eau qu'on chauffe avec un bec de gaz.

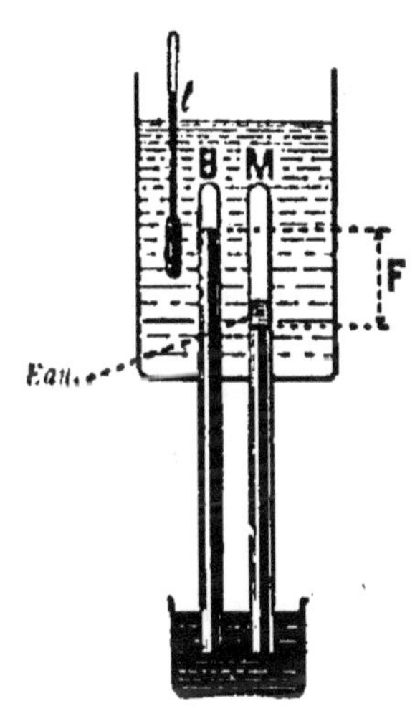

Fig. 184. — Pression maxima de la vapeur d'eau aux températures moyennes.

On la détermine en suivant la différence des colonnes mercurielles pour chaque température du bain.

On règle le chauffage de façon que la température de l'eau s'élève ***très lentement***. L'expérience consiste à noter, ***au même instant***, d'une part la température du bain et, d'autre part, la différence de niveau dans les deux tubes.

Cette différence fait connaître la pression maxima de la vapeur pour la température observée.

302. Expériences au-dessus de 20 centimètres de mercure. — A 60°, la pression maxima de la vapeur d'eau est environ de 15 centimètres de mercure; au delà, elle augmente rapidement avec la température; le dispositif que nous venons de décrire ne peut plus être utilisé.

Revenons maintenant, avec quelques nouveaux détails, et un peu plus de précision, sur ce que nous avons déjà dit précédemment (§ **103**) des diverses valeurs que l'on peut faire prendre à la pression de la vapeur d'eau contenue à l'intérieur d'une chaudière hermétiquement fermée. Nous pourrons maintenant conduire l'opération de la manière suivante. Une petite chaudière (fig. 185) a son couvercle muni d'un entonnoir à robinet R; un tube de cuivre, long et fin, relie l'intérieur de la chaudière à l'extrémité ouverte d'un manomètre métallique (§ **109**). Ouvrons le robinet R et soumettons l'eau de la chaudière à une ébullition prolongée.

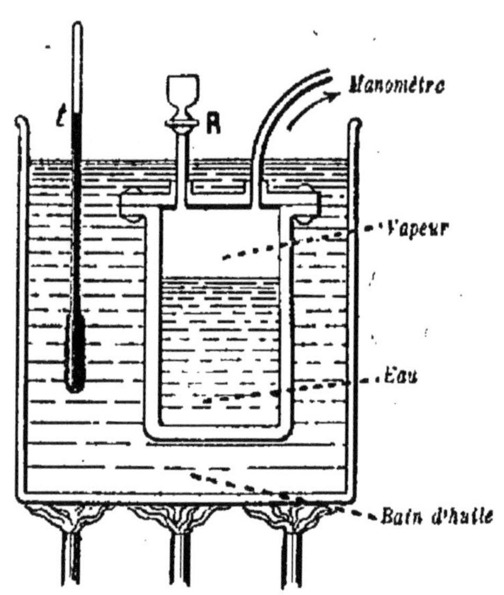

Fig. 185. — Mesure de la tension maxima de la vapeur d'eau dans une chaudière.

On la détermine en suivant les indications simultanées du thermomètre *t* et du manomètre métallique en relation avec l'intérieur de la chaudière.

Nous savons que, par ce procédé, nous chassons de la chaudière tout l'air qu'elle contenait primitivement. Elle ne contient donc plus que de l'eau liquide et de la vapeur d'eau. Installons maintenant la chaudière dans un bain d'huile et fermons le robinet R. Réglons le bec de gaz qui chauffe le bain, de façon que la température de la chaudière ne s'élève que très lentement. On notera, à chaque instant, ***la température*** sur le thermomètre et ***la pression*** de la vapeur sur le manomètre.

On peut ainsi vérifier, une fois de plus que :

La valeur de la pression observée (pression de vapeur saturante ou pression maxima) ne dépend que de la température au moment de l'expérience.

En particulier, quelles que soient les dimensions de la chaudière, quelle que soit la quantité de liquide primitivement contenue dans la chaudière, la pression de vapeur saturante reste la même, pour une même température.

305. **Température d'ébullition et pression extérieure.** — Un point surtout est digne de remarque, dans les expériences précédentes.

A la température de 100°, on trouve que la pression maxima de la vapeur d'eau est égale à une atmosphère.

C'est là un fait général.

Un liquide bout, dès qu'on le porte à une température telle que la pression maxima de sa vapeur, pour cette température, dépasse, si peu que ce soit, la pression extérieure qui s'exerce à la surface libre du liquide.

304. **Variation de la température d'ébullition avec la pression extérieure.** — Si le baromètre ne marque pas 76 centimètres, l'eau ne bout plus à 100°. Les mesures décrites ci-dessus montrent, en particulier, qu'au voisinage de la pression atmosphérique normale, une augmentation de pression de 27 millimètres de mercure entraîne une élévation de 1 degré pour la température d'ébullition de l'eau.

Ainsi, l'eau bouillirait à 101° sous une pression extérieure de 787 millimètres de mercure; elle bouillirait à 99°, sous une pression extérieure de $760 - 27 = 733$ millimètres de mercure.

Nous avons d'ailleurs longuement insisté déjà (§ **103**) sur l'élévation de la température d'ébullition que produit l'augmentation de charge sur la soupape de sûreté de la marmite de Papin ou des autoclaves.

305. **Expérience de Franklin.** — Les résultats précédents nous permettent de comprendre une intéressante expérience imaginée par Franklin.

Fig. 186. — Expérience de Franklin.
En versant de l'eau froide sur un ballon vide d'air et renfermant de l'eau chaude, on provoque une condensation partielle de la vapeur et, par suite, l'ébullition de l'eau chaude.

Dans un ballon de verre, on fait bouillir de l'eau de façon à en chasser complètement l'air (fig. 186); on le bouche alors, on l'éloigne aussitôt du foyer et on le retourne. L'ébullition s'arrête.

Mais si, à l'aide d'une éponge imbibée d'eau froide, on condense une partie de la vapeur qui se trouve dans le ballon, l'é bullition reprend très vivement. La température de l'eau est certainement bien inférieure à 100°; mais aussi, la pression à la surface libre de l'eau est très notablement inférieure à une atmosphère.

306. **Représentation graphique des résultats obtenus.** — C'est en réalité comme conclusion des expériences qui viennent d'être décrites (§ **302**), qu'a pu être construite la courbe des pressions de vapeur que représente la figure 47.

Les ordonnées de cette courbe représentent, pour chaque température, la ***valeur vraie*** de la pression maxima de la vapeur. Si, au contraire, nous nous reportons au § **103**, nous voyons que les poids dont nous chargions alors chaque centimètre carré de la soupape ne nous faisaient connaître que l'excès de cette pression sur la pression atmosphérique extérieure.

307. **Applications des propriétés des vapeurs.** — On devra tenir le plus grand compte des propriétés des vapeurs dans un très grand nombre d'applications.

Le sel marin est extrait des eaux de la mer, par évaporation de l'eau dans laquelle il se trouve dissous.

On hâtera le séchage du linge, soit en l'exposant aux rayons du soleil, soit en dispersant par un actif courant d'air les couches de vapeur saturantes qui se forment à sa surface.

Les phénomènes météorologiques dans lesquels intervient la vapeur d'eau sont très nombreux et très importants (verglas, givre, rosée, gelée blanche, nuages, brouillards, pluie, neige, etc.). Nous aurons l'occasion d'y revenir avec quelques détails (§ **309** et suivants).

La connaissance des valeurs que prend la force élastique maxima de la vapeur d'eau, est enfin de la première importance dans l'emploi des machines à vapeur (§§ **106** et suivants).

308. **Résumé.** — ***La tension maxima d'une vapeur dépend de la nature du liquide générateur.***

Pour un même liquide, elle ne dépend que de la température.

Elle augmente très rapidement, quand la température s'élève.

CHAPITRE III

VAPEUR D'EAU ATMOSPHÉRIQUE

309. **Présence de la vapeur d'eau dans l'atmosphère. —** ***L'atmosphère renferme toujours une plus ou moins grande quantité de vapeur d'eau.*** — Une bouteille, extraite d'une cave fraîche, se recouvre rapidement d'un dépôt de ***rosée.*** Une timbale d'argent, contenant de l'eau, et dans laquelle on projette de petits morceaux de glace, perd aussitôt son vif éclat, par l'effet de la mince couche de gouttelettes d'eau qui recouvre sa surface. Ces dépôts de rosée ne peuvent provenir que de l'air environnant; ***l'air contient donc de l'eau; et cette eau s'y trouve répandue partout, à l'état de vapeur.***

D'ailleurs, un grand nombre de phénomènes atmosphériques ont pour cause évidente la présence de la vapeur d'eau dans l'air. Tels sont, pour ne citer que les principaux, la pluie, la neige, la grêle, le brouillard, le dépôt de fleurs de glace sur les vitres pendant l'hiver.

310. **« L'air est plus ou moins humide »; que faut-il entendre par là? —** Cette eau, contenue dans l'air, à l'état de vapeur, s'y trouve d'ailleurs dans des proportions très variables, suivant l'époque et le lieu.

Certaines régions des Andes de l'Amérique du Sud ne reçoivent pas de pluies, durant des années entières, tandis qu'à Brest les journées sans pluies sont exceptionnelles.

En un même lieu, on voit de longues périodes de sécheresse succéder à des périodes d'humidité excessive.

L'air est donc plus ou moins humide. Précisons ce qu'il faut entendre par là. Par une belle matinée de printemps, la rosée est souvent abondante, le brouillard envahit les vallées, les horizons apparaissent voilés de brume. On dit alors communément que l'***air est humide.*** Mais, que le soleil monte, l'air devient transparent, la rosée a disparu des objets qu'elle recouvrait le matin même. On dit communément que l'***air sst sec.***

Il est évident, cependant, que l'air ne contient pas moins de vapeur d'eau dans le second cas que dans le premier.

Il importe donc de remarquer que les expressions : **air humide, air sec** *ne désignent pas nécessairement un air contenant une plus ou moins grande quantité de vapeur d'eau.*

311. **État hygrométrique.** — Une masse d'air *est très humide*, si elle renferme à peu près toute la vapeur d'eau qu'elle peut contenir *à la même température.*

Elle *est très sèche*, si elle ne renferme qu'une fraction très petite de la quantité de vapeur d'eau qu'elle pourrait contenir *à la même température.*

Ceci nous conduit à la définition de l'*état hygrométrique.*

On appelle état hygrométrique d'une masse d'air déterminée **le rapport** *du poids de vapeur d'eau qu'elle contient au poids maximum de vapeur qu'elle pourrait contenir, à la même température, si elle était saturée.*

Un exemple numérique nous fera mieux comprendre l'importance de cette définition.

A la température de 30°, l'air serait saturé de vapeur d'eau, s'il en contenait 32 grammes par mètre cube. Au contraire, à la température de 0° (pour laquelle la *tension maxima* de la vapeur d'eau est beaucoup plus faible), un mètre cube d'air ne peut renfermer plus de 4^{gr},86 de vapeur d'eau.

Par suite, de l'air, qui, à 30°, contiendrait 4 grammes de vapeur d'eau par *mètre cube*, posséderait un état hygrométrique égal à $\frac{4}{32} = \frac{1}{8}$. Il ne renfermerait que la huitième partie de la vapeur qu'il pourrait renfermer à la même température; ce serait un air *très sec.* Au contraire, de l'air, qui, à 0°, renfermerait également 4 grammes de vapeur d'eau par mètre cube, aurait un état hygrométrique égal à $\frac{4}{4,80}$, c'est-à dire très voisin de l'unité; ce serait de l'air *très humide.*

312. **Détermination du point de rosée. Hygromètre à condensation.** — Les *hygromètres à condensation* se composent d'un réservoir métallique dont la paroi, très polie, est en contact avec l'air. On provoque un *dépôt de rosée* sur cette paroi en refroidissant progressivement un liquide placé dans le récipient jusqu'à ce que les couches d'air voisines arrivent à saturation; on note alors la température t de ce liquide, au moment précis où la paroi du vase se ternit.

Parmi les appareils que l'on peut employer à la détermination précise du point de rosée, on peut citer celui que représente la figure 187.

Un petit prisme A en laiton doré, dans lequel est assujetti un thermomètre *t*, contient de l'éther dont on détermine l'évaporation progressive en y amenant par le tube C un courant d'air qui se dégage ensuite par le tube D. Les parois du prisme se refroidissent ainsi peu à peu, et leur température, maintenue uniforme par l'agitation continue de l'éther, est à tout instant la même que celle qu'indique le thermomètre *t*.

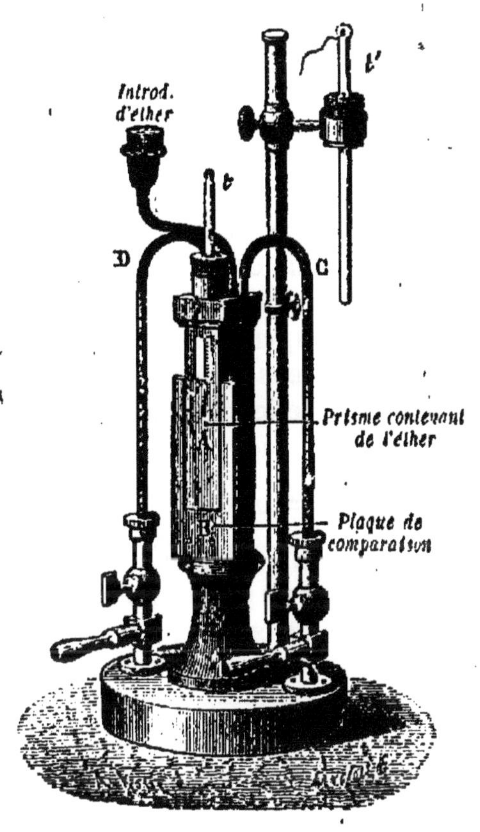

FIG. 187. — HYGROMÈTRE A CONDENSATION. On refroidit progressivement le prisme A en faisant évaporer l'éther qu'il contient à l'aide d'un courant d'air qui circule dans les tubes C, D. La température qui correspond à l'apparition d'un dépôt de rosée sur les parois du prisme est celle pour laquelle l'air extérieur est saturé.

Au contact de ces parois, les couches d'air se refroidissent à leur tour, deviennent saturées et laissent bientôt déposer, sur la surface polie du prisme, une buée qui la ternit et dont l'apparition est d'autant plus facile à saisir que l'aspect de cette surface ternie A contraste alors vivement avec celui d'une lame dorée B qui l'encadre *sans la toucher* et qui conserve tout son éclat.

La définition de l'état hygrométrique, que nous avons donnée au § **311**, peut d'ailleurs être remplacée par cette autre, équivalente :

L'état hygrométrique d'une masse d'air déterminée est égal au rapport de la tension actuelle de la vapeur d'eau dans cette masse d'air à la tension maxima de la vapeur d'eau, pour la même température.

Or, la tension actuelle de la vapeur d'eau dans l'air est

précisément égale à la pression maxima f de cette vapeur pour le point de rosée t. ***L'état hygrométrique*** de l'air pourra donc se calculer en prenant le rapport des pressions maxima, f et f', pour le point de rosée t et pour la température actuelle t' de l'air.

En vue des déterminations de l'état hygrométrique par les hygromètres à condensation, a été dressé le tableau qui se trouve au bas de cette page.

315. **Application numérique**. — Supposons que, la température de l'air étant de 18°, on ait observé que le point de rosée se trouve être 7°.

La tension actuelle de la vapeur d'eau est donc égale à la tension maxima de la vapeur d'eau pour 7°. D'après le tableau, cette tension doit avoir pour valeur $7^{mm},5$ environ.

Or, la température de l'air est de 18°. D'après le même tableau, la tension de la vapeur d'eau à cette température pourrait, si elle était saturante, atteindre la valeur $15^{mm},36$. On en déduit facilement que l'état hygrométrique cherché est égal à $\frac{7,5}{15,36} = 0,49$.

L'état hygrométrique, dans les conditions indiquées, est donc très voisin de 1/2. L'air contient la moitié de la vapeur qu'il pourrait contenir, s'il était saturé à la même température de 18°.

Tension maxima de la vapeur d'eau, de deux degrés en deux degrés, entre — 10° et + 34°.

TEMPÉRATURES	TENSIONS en millim. de mercure.	TEMPÉRATURES	TENSIONS en millim. de mercure.	TEMPÉRATURES	TENSIONS en millim. de mercure.
— 10°	2,00	— 6°	7,00	— 22°	19,66
8°	2,49	8°	8,02	24°	22,18
6°	2,88	10°	9,16	26°	24,99
4°	3,37	12°	10,46	28°	28,10
2°	3,94	14°	11,91	30°	31,55
0°	4,60	16°	13,54	32°	35,36
2°	5,30	18°	15,36	34°	39,57
4°	6,10	20°	17,39		

314. **Résumé.** — *L'air est plus ou moins humide, non pas s'il renferme une plus ou moins grande quantité de vapeur d'eau, mais si la vapeur d'eau qu'il renferme est plus ou moins facilement condensable par abaissement de la température.*

L'état hygrométrique d'une masse d'air est donné par le rapport du poids de vapeur d'eau qu'elle contient au poids maximum de vapeur qu'elle pourrait contenir, à la même température, si elle était saturée.

L'hygromètre à condensation fait connaître l'état hygrométrique, grâce à la détermination de deux températures (température de la masse d'air donnée; température de son point de rosée).

CHAPITRE IV

MÉTÉORES AQUEUX

315. **Rosée.** — Le chapitre précédent nous donne l'explication du phénomène bien connu de la *rosée.*

Après une nuit *calme* et *claire*, un peu avant le lever du soleil, on observe fréquemment, sur les objets placés au *voisinage du sol,* un dépôt de fines gouttelettes d'eau. Ce dépôt ne se montre pas sur les feuilles des arbres élevés de quelques mètres.

La rosée ne peut pas provenir d'une chute d'eau, qui aurait eu lieu pendant la nuit; car : 1° les objets élevés, tels que les feuilles d'arbres, n'en sont pas recouverts; 2° la rosée ne se produit que pendant les nuits claires, c'est-à-dire quand le ciel est dépourvu de nuages qui, seuls, pourraient donner de la pluie.

L'explication est la suivante : pendant la nuit, et surtout pendant une nuit claire, le sol rayonne (§ **114**) sa chaleur vers le ciel et se refroidit peu à peu. Les couches d'air qui sont à son contact immédiat peuvent se refroidir à leur tour, suffisamment pour que la vapeur d'eau qu'elles contiennent devienne saturante (§ **293**); elles abandonnent alors ces fines gouttelettes d'eau qui apparaissent à la surface des objets.

Cette explication, si simple, rend parfaitement compte de toutes les particularités présentées par le phénomène de la rosée.

316. **Gelée blanche.** — Si le refroidissement du sol par rayonnement est très intense, et s'il continue après le dépôt de rosée sur le sol, la température de celui-ci pourra descendre au-dessous de zéro; les gouttelettes d'eau se congèlent alors et donnent ce qu'on appelle la *gelée blanche.*

317. **Brouillards, Givre, Nuages.** — Lorsque, pour une cause quelconque, une grande masse d'air humide se refroidit au-dessous de sa température de saturation, la vapeur d'eau s'y condense. Elle donne alors des amas de fines gouttelettes liquides ou de petits cristaux de glace, qui, soumis à la résistance de l'air (§ **144**), peuvent rester en suspension dans l'atmosphère et constituent ce qu'on appelle les *nuages* ou les *brouillards.*

On donne le nom de ***brouillards*** à des couches plus ou moins épaisses de fines gouttelettes d'eau, en suspension dans l'air, qui se forment au voisinage du sol. Les brouillards se dissipent généralement, quand le sol se réchauffe après le lever du soleil.

FIG. 188. — CIRRUS.
Nuages très déliés et très élevés, formés de petits cristaux de glace. Ils présagent, d'ordinaire, la fin d'une période de beau temps.

S'il arrive, au contraire, que les gouttelettes d'eau, en suspension dans un brouillard, viennent à prendre contact avec des objets dont la température est inférieure à 0°, elles donnent un léger dépôt de glace, que l'on désigne sous le nom de ***givre***.

FIG. 189. — CUMULUS.
Gros nuages blancs et arrondis, constitués par de fines gouttelettes d'eau.

Les ***nuages*** proprement dits occupent toujours les régions supérieures de l'atmosphère. Ils peuvent être dus à plusieurs causes, dont la principale est probablement la suivante. Lorsque, par suite des courants qui règnent dans l'atmosphère, une colonne d'air humide s'élève, sa pression diminue graduellement; une détente en résulte, qui est toujours accompagnée d'un refroidissement. Ce refroidissement peut être suffisant pour entraîner la condensation de la vapeur d'eau sous forme de menus cristaux de glace ou de gouttelettes liquides.

Les nuages affectent des formes extrêmement variables. On a donné à quelques-unes d'entre elles des noms particuliers, tels que : cirrus, cumulus, stratus, nimbus (fig. 188 et suiv.).

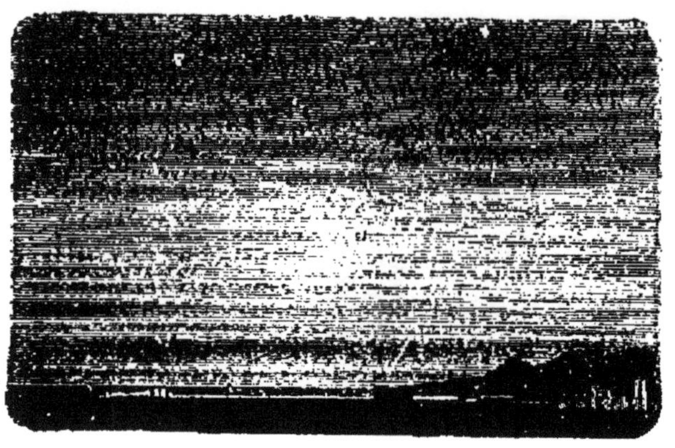

Fig. 190. — Stratus.
Bandes horizontales qui apparaissent ordinairement au coucher du soleil.

518. **Pluie, Grésil.** — Les corpuscules aqueux, qui forment un nuage, sont toujours animés d'un mouvement de chute vers le sol.

Deux cas peuvent se présenter :

1° Si les couches d'air, situées en dessous du nuage, sont très éloignées de leur saturation, les corpuscules s'évaporent pendant leur chute et n'atteignent pas le sol : le nuage tend à se dissiper et à disparaître.

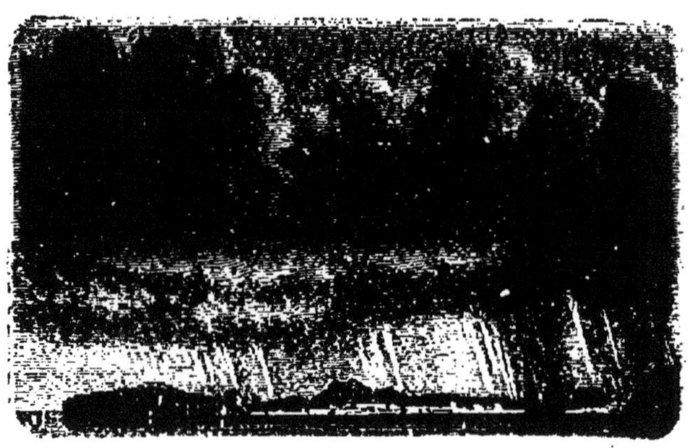

Fig. 191. — Nimbus.
Nuages gris, épais et très bas, qui se résolven ordinairement en pluie.

2° Si, au contraire, les mêmes couches d'air sont très humides, les petites masses liquides ou solides condensent, à leur surface, en tombant, de nouvelles quantités de vapeur. Leur poids augmente au fur et à mesure ; elles tombent de plus en plus vite, étant de moins en moins retenues par la résistance de l'air. Elles arrivent jusqu'au sol.

Si la vapeur d'eau s'est condensée en gouttelettes liquides, c'est le phénomène de la *pluie*.

On mesure les quantités de pluie qui tombent en un lieu, pendant un intervalle de temps déterminé, à l'aide de vases spéciaux appelés *pluviomètres* (fig. 192).

Il arrive quelquefois que les gouttelettes de pluie, déjà formées, se trouvent tout à coup fortement refroidies par leur passage à travers des couches d'air dont la température est inférieure à 0°.

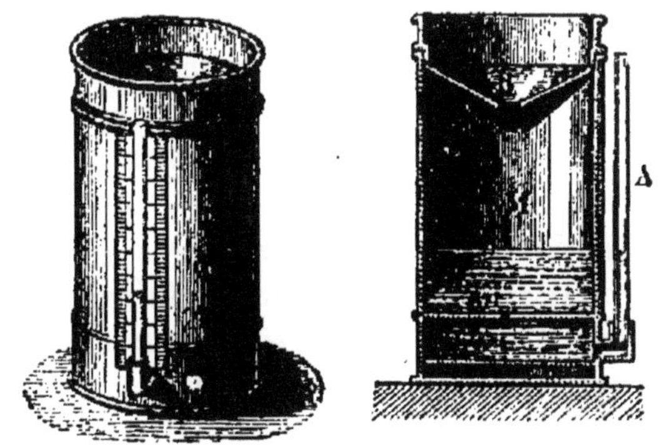

FIG. 192. — PLUVIOMÈTRE.
L'eau, recueillie de B, dans le vase M, est à l'abri de l'évaporation. Un tube latéral gradué A donne la hauteur d'eau tombée.

Les gouttelettes se congèlent avant d'arriver sur le sol, et forment le *grésil*.

319. **Neige.** — Si la vapeur d'eau se condense en menues aiguilles cristallines (fig. 35), sans passer par l'état intermédiaire de gouttelettes liquides, il se produit le phénomène de la *neige*. Ce dernier cas ne peut d'ailleurs se produire que pour une température, au plus égale à 0°.

Examinés au microscope, les cristaux de neige sont constitués par de fines aiguilles de glace (fig. 35), groupées de manière à offrir l'aspect d'étoiles à six branches plus ou moins compliquées.

320. **Grêle.** — *La grêle ne survient que par les temps d'orage*, quand l'air est violemment agité. Les grêlons, qui atteignent parfois plusieurs centimètres de diamètre, sont constitués par un noyau blanc opaque, entouré d'une enveloppe de glace transparente et très dure.

La chute de la grêle est ordinairement accompagnée d'éclairs et de tonnerre. Les circonstances qui accompagnent la formation de la grêle sont encore mal connues, et l'explication complète du phénomène laisse beaucoup à désirer.

321. **Verglas; Surfusion.** — Il arrive parfois que les gouttelettes de pluie, tout en étant à plus basse température que la glace fondante (0°), ne se congèlent cependant qu'après avoir rencontré le sol.

On dit que ces gouttelettes de pluie sont à l'état de *surfusion* (§ 48).

Quand elles se congèlent, il y a formation de *verglas*. Une couche régulière de glace se développe alors sur le sol, qui devient très glissant. Les branches d'arbre peuvent rompre sous le poids de la glace qui les recouvre.

322. **Résumé.** — *Quand la vapeur d'eau atmosphérique se condense au contact du sol, refroidi par le rayonnement nocturne, on observe les phénomènes de* **la rosée** *ou de* **la gelée blanche**, *suivant la température du sol.*

La condensation de la vapeur d'eau au sein même de l'atmosphère, donnent **les brouillards**, **le givre**, **les nuages**.

Condensée en quantités assez grandes pour retomber rapidement sur le sol, elle donne, suivant les cas, **la pluie** *(gouttelettes d'eau),* **le grésil** *(gouttelettes d'eau congelées) ou* **la neige** *(vapeur d'eau condensée en petits cristaux). Si l'eau ne se congèle qu'après avoir pris contact avec le sol, elle donne* **le verglas**.

La **grêle** *ne se forme que pendant les orages.*

HUITIÈME PARTIE

MAGNÉTISME

(3e Année)

CHAPITRE I

PROPRIÉTÉS GÉNÉRALES DES AIMANTS

323. **Aimants naturels.** — Certains échantillons d'un oxyde de fer naturel, Fe^3O^4, jouissent de la propriété d'attirer le fer.

On leur donne le nom de ***pierres d'aimant*** ou ***d'aimants naturels***.

On appelle ***magnétisme*** la cause, quelle qu'elle soit, à laquelle est due cette propriété.

FIG. 193. — PIERRE D'AIMANT NATUREL
La limaille de fer s'y attache en houppes irrégulières.

Plongeons une de ces pierres d'aimant dans la limaille de fer (fig. 193). Celle-ci s'y attache en certains points, en formant des houppes plus ou moins irrégulières.

324. **Aimants artificiels.** — Si l'on utilise une région déterminée de l'une de ces pierres d'aimant pour frotter, toujours dans le même sens, une lame de couteau, une aiguille à tricoter, une plume d'acier, ces différents objets acquièrent à leur tour la propriété magnétique.

FIG. 194. — BARREAU AIMANTÉ.
Quand on plonge un barreau d'acier aimanté dans la limaille de fer, celle-ci s'attache en houppes aux extrémités du barreau.

Ils sont devenus des ***aimants artificiels***.

Les aimants artificiels sont seuls employés.

On donne souvent aux aimants la forme de longs barreaux cylindriques ou prismatiques (fig. 194), ou encore celle de losanges très allongés : ce sont alors des ***aiguilles aimantées*** (fig. 195). La forme d'aimant en fer à cheval est également très usitée. On en voit un exemple sur la figure 229.

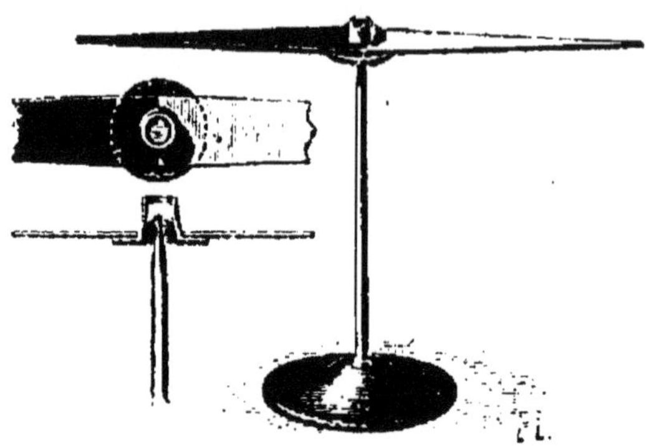

195. — Aiguille aimantée montée sur pivot. est une plaque d'acier taillée en forme de losange très allongé; sur la moitié nord on a conservé la couche bleue d'oxyde qui s'est formée pendant la trempe.

325. **Pôles des aimants.** — Quand on plonge un barreau aimanté dans la limaille de fer, celle-ci s'attache presque uniquement aux deux bouts où elle forme de grosses houppes.

On donne le nom de *pôles* aux extrémités du barreau, où la propriété magnétique semble ainsi localisée.

Suspendons horizontalement une petite aiguille aimantée, en la plaçant sur un pivot vertical. On la voit, après quelques oscillations, se fixer dans une direction invariable qui, en un même lieu, est la même pour tous les aimants, et qui, dans nos régions, est à peu près (§ **337**) orientée du Sud au Nord.

Quand on écarte l'aiguille de cette direction, elle y revient d'elle-même; et l'on observe que c'est toujours la même extrémité qui se tourne vers le Nord.

On appelle ***pôle nord*** d'un aimant l'extrémité qui se tourne vers le Nord et ***pôle sud*** celle qui se tourne vers le Sud.

326. **Actions réciproques des aimants.** — Quand on approche un barreau aimanté d'une aiguille aimantée suspendue horizontalement, on constate que le pôle nord du barreau attire le pôle sud de l'aiguille et repousse, au contraire, son pôle nord.

Les deux pôles d'un aimant sont doués de propriétés nettement opposées.

Les pôles de même nom se repoussent et les pôles de noms contraires s'attirent.

327. **Résumé.** — ***Un aimant possède deux pôles, doués de propriétés analogues, mais de sens contraires.***

Deux pôles de même nom se repoussent; deux pôles de noms contraires s'attirent.

CHAPITRE II

CHAMPS MAGNÉTIQUES AIMANTATION PAR INFLUENCE

328. **Champs magnétiques en général.** — Toutes les fois qu'une aiguille aimantée est sollicitée à s'orienter dans une direction déterminée, nous dirons qu'elle se trouve dans un ***champ magnétique.***

Le fait que l'aiguille aimantée se dirige sous l'action de la Terre (§ **325**) nous indique que le voisinage de la Terre est un champ magnétique. C'est ce que nous appellerons le ***champ magnétique terrestre.***

Le fait que l'aiguille aimantée est déviée par l'approche d'un aimant (§ **326**) nous indique que, dans le voisinage de celui-ci, s'étend également un champ magnétique. C'est ce que nous appellerons le ***champ magnétique de l'aimant.***

Nous verrons encore, dans la suite, que les courants électriques produisent autour d'eux (§ **343**) des champs magnétiques. Nous étudierons alors ***les champs magnétiques créés par les courants.***

Le champ magnétique possède, en chaque point, une intensité plus ou moins grande. Cette intensité, très faible à grande distance d'un aimant, augmente de plus en plus, au fur et à mesure que l'on s'en approche davantage. Superposer, en position, direction et sens, deux aimants identiques, c'est doubler, en chaque point, l'intensité du champ magnétique résultant. ***L'intensité de champ magnétique est une grandeur mesurable.***

329. **Direction d'un champ magnétique définie par une petite aiguille aimantée.** — Introduisons dans un champ magnétique quelconque une ***toute petite*** aiguille aimantée suspendue en son centre par un fil de cocon; l'aiguille s'oriente.

Nous appellerons ***direction du champ la ligne suivant laquelle se place l'axe de la petite aiguille,*** quand elle est au repos dans le champ.

Cette ligne est toujours supposée menée dans la direction indiquée par la pointe nord de l'aiguille.

330. Expérience du spectre magnétique. — Prenons un barreau aimanté; plaçons-le horizontalement (fig. 196), puis recouvrons-le d'une feuille de carton ou d'une plaque de verre que nous saupoudrons d'une légère couche de limaille de fer.

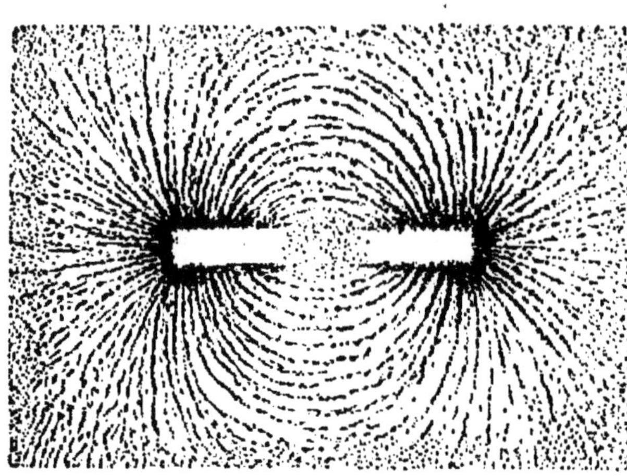

Fig. 196. — Spectre magnétique.
Lorsqu'on saupoudre de limaille de fer une feuille de carton recouvrant un aimant, on voit les grains de limaille se disposer en files suivant les lignes de force du champ de l'aimant.

En frappant de légers coups sur la plaque, pour augmenter la mobilité des particules de la limaille, on les voit se disposer en files régulières.

On a ce qu'on appelle un ***spectre magnétique***. Nous considérerons toujours les lignes tracées par la limaille comme partant de la moitié nord de l'aimant; elles aboutissent alors en sa moitié sud. On les désigne sous le nom de ***lignes de force magnétique***.

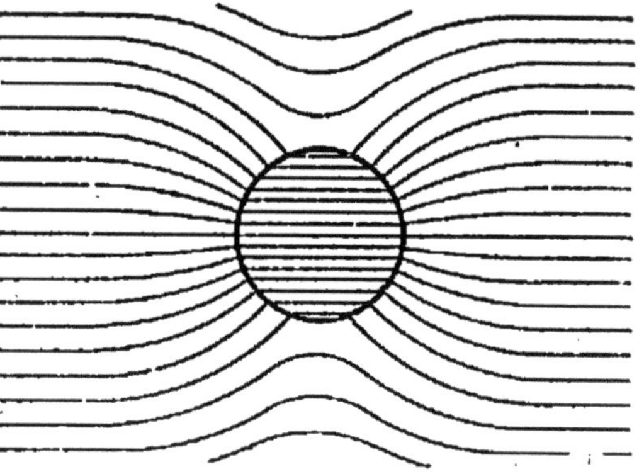

Fig. 197. — Perméabilité magnétique.
Les lignes de force se resserrent pour passer à l'intérieur de la boule de fer doux.

Ce phénomène très important s'explique de la façon suivante : les particules de limaille s'aimantent, quand on les place dans un champ magnétique; chacune d'elles s'oriente de telle façon que la ligne de ses pôles prenne même direction et même sens que le champ magnétique (§ 329).

Cette expérience nous montre encore que *les forces magnétiques s'exercent à travers le verre ou le carton*. Il n'en serait pas de même à travers le fer.

L'observation du spectre présente une grande importance dans la pratique. Elle nous renseigne, en effet, immédiatement sur la direction, le sens et l'intensité du champ magnétique :

L'intensité du champ magnétique est plus grande dans les régions où les lignes de force sont plus resserrées, plus faible dans les régions où elles sont plus écartées.

331. Aimantation du fer doux par les aimants. — Considérons un champ magnétique dont les lignes de force sont toutes parallèles entre elles. Plongeons-y une boule de fer doux. La figure 197 montre le nouvel aspect du champ magnétique. Les lignes de force passent maintenant plus resserrées, plus nombreuses, à travers la boule de fer doux, qu'elles ne passaient primitivement, dans la même région, à travers l'air interposé.

On dit que le fer doux possède une grande *perméabilité magnétique*.

Dans la moitié de la boule, où pénètrent les lignes de force, s'est formé un pôle magnétique sud. Dans la moitié d'où elles sortent, s'est formé un pôle magnétique nord. *La boule est aimantée par influence.*

FIG. 198. — AIMANTATION DU FER DOUX PAR INFLUENCE.

Un aimant, plongé au milieu de petits fragments de fer doux, les maintient aimantés par influence, tant qu'ils restent dans son voisinage.

Dès qu'on retire le fer doux du champ magnétique, les choses reviennent au premier état; le fer doux se désaimante. Son aimantation n'était que *temporaire*.

Nous sommes maintenant en mesure de comprendre ce qui se passe, quand on plonge l'une ou l'autre extrémité d'un barreau aimanté dans une boîte remplie de clous ou de petits fragments cylindriques de fer doux (fig. 198). Quand nous retirons le barreau de la boîte, il entraîne avec lui toute une longue grappe de morceaux de fer, qui sont rattachés les uns aux autres (parce qu'ils sont momentanément aimantés par influence), mais qui se désaimantent subitement et se détachent rapidement les uns des autres, dès qu'on cherche à séparer l'un d'eux de l'aimant qui soutient l'ensemble.

332. **Aimantation de l'acier par les aimants.** — Les phénomènes sont tout autres, dans le cas de l'acier.

Nous avons déjà vu (§ **324**), en effet, qu'il suffit de frotter avec un aimant une lame de couteau, une lime, une aiguille à tricoter, pour que ces objets *(en acier)* acquièrent une *aimantation permanente.*

333. **Résumé.** — *L'expérience du spectre magnétique permet une étude facile du champ magnétique.*

Un morceau de fer doux, placé dans un champ magnétique, s'aimante par influence. Son aimantation est temporaire.

L'aimantation de l'acier est permanente.

CHAPITRE III

DÉCLINAISON MAGNÉTIQUE — BOUSSOLES

334. Action purement directrice de la Terre sur un aimant. — L'expérience nous apprend que ***le poids d'un barreau est le même, avant et après l'aimantation***. L'aimantation ne fait donc pas apparaître de force qui tende à imprimer au barreau un déplacement dans le sens vertical.

Si, d'autre part, on suspend un aimant à un fil flexible (fig. 199), on constate que l'aimant s'oriente dans une direction déterminée; mais ***le fil lui-même se place exactement dans la verticale*** comme le ferait un fil à plomb ordinaire : il résulte de là que l'action de la Terre ne se traduit par aucune translation horizontale.

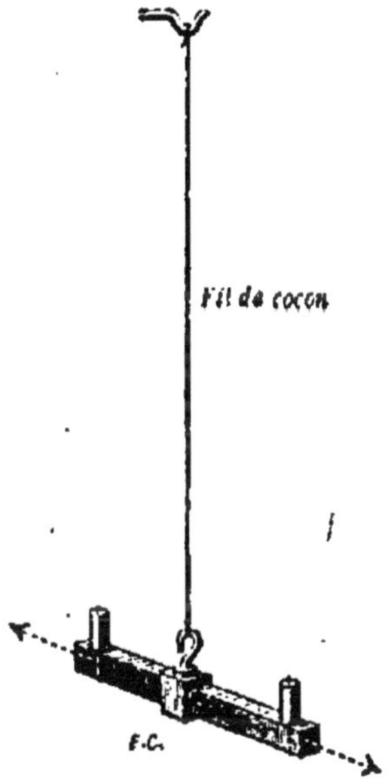

On en conclut que l'aimant n'est soumis de la part de la Terre à aucune action de translation.

Il est soumis uniquement à des actions directrices, qui tendent à le faire tourner sur place et à l'orienter dans une direction déterminée.

FIG. 199.
ACTION DIRECTRICE DE LA TERRE SUR UN AIMANT.
L'aimant s'oriente sous l'action de la Terre; le fil reste vertical.

335. Méridienne magnétique. — Une ***aiguille*** aimantée, ***longue et fine***, montée sur un pivot vertical (fig. 195), s'oriente toujours, avons-nous dit (§ **325**), dans une direction qui est ***sensiblement*** celle du Sud au Nord.

Cette direction horizontale *sn*, prise par l'aiguille aimantée, est importante à connaître; on dit que c'est celle de la ***méridienne magnétique*** (fig. 200), au lieu où se fait l'observation.

336. Méridienne géographique. — On sait qu'on appelle ***méridienne géographique*** d'un lieu la direction horizontale SN (fig. 220), qui, en ce lieu, va du Sud vers le Nord.

C'est la direction de l'ombre portée, sur le sol, par le soleil éclairant à midi une tige verticale.

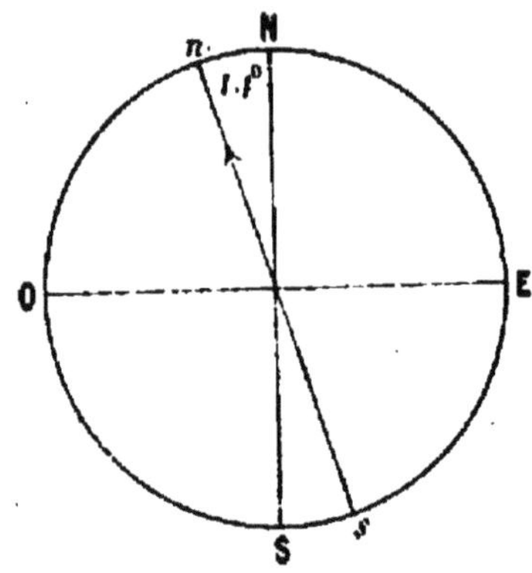

Fig. 200.
Méridienne magnétique.
Elle est orientée, à Paris, suivant la droite *sn*, qui fait avec la méridienne géographique SN, vers l'Ouest, un angle voisin de 14°.

337. Déclinaison magnétique. — Les deux méridiennes (magnétique et géographique) font entre elles un certain angle, que l'on appelle la ***déclinaison magnétique*** du lieu considéré (fig. 200).

On dit que la déclinaison est orientale ou occidentale, suivant que l'aiguille aimantée est dirigée à l'Est ou à l'Ouest de la méridienne géographique.

Actuellement, la déclinaison, à Paris, est occidentale et égale à 13°44'.

Elle a pour valeurs extrêmes, en France : 17° à Brest, 11° à Nice; pour valeur moyenne, 14°.

Elle varie lentement en un même lieu d'une année à l'autre; elle est actuellement (1916) très lentement décroissante en France.

338. Boussole de déclinaison. — La boussole est un appareil extrêmement simple qui permet, quand on connaît la déclinaison magnétique en un lieu, de repérer exactement la direction du Nord, sans avoir besoin de recourir à une observation astronomique, toujours compliquée et quelquefois même impossible.

Le modèle de boussole le plus fréquemment employé (fig. 201) se compose d'une longue aiguille aimantée, munie d'une chape en agate, et montée sur un pivot implanté au centre d'un cercle de cuivre rouge divisé en degrés. Les extrémités d'un des diamètres de ce cercle portent respectivement les lettres S et N; et c'est à partir de N que commence, de côté et d'autre, la graduation du cercle.

Le cercle et l'aiguille sont placés dans une boite, qui est fermée à la partie supérieure par une plaque de verre et que l'on peut installer sur un pied à genouillère.

Un petit niveau à bulle, fixé sur cette boite, permet de rendre parfaitement horizontal le cercle divisé. Enfin, sur l'un des côtés de la boîte est fixé un viseur dont l'axe est parallèle au diamètre SN.

Pour repérer exactement la direction du Nord, il suffira (si, par exemple, on se trouve à Paris, où la déclinaison est occi-

FIG. 201. — BOUSSOLE DE DÉCLINAISON.
Lorsque l'aiguille aimantée marque sur le cercle divisé la valeur de la déclinaison, le diamètre SN est exactement dirigé vers le Nord.

dentale et égale à 14° environ) de tourner la boussole de façon que la pointe bleue de l'aiguille s'arrête devant la division 14°, qui se trouve à gauche de la lettre N. Le diamètre SN, et aussi l'axe du viseur, se trouveront alors exactement dirigés vers le Nord.

La ***boussole marine*** ou ***compas, dont on se sert pour guider la marche des navires,*** repose sur le même principe que l'appareil précédent.

339. **Résumé.** — ***L'action de la Terre sur un aimant est purement directrice.***

La déclinaison est l'angle de la méridienne magnétique et de la méridienne géographique.

Cet angle est mesuré à l'aide d'appareils appelés boussoles de déclinaison.

Les boussoles rendent les plus grands services aux navigateurs.

NEUVIÈME PARTIE

ÉLECTRICITÉ

(3e Année)

CHAPITRE I

LA PILE ÉLECTRIQUE

340. **Élément de pile de Volta.** — Dans un vase plein d'eau acidulée par de l'acide sulfurique, plongeons deux lames : l'une de zinc, l'autre de cuivre (fig. 202).

Nous aurons ainsi constitué ce qu'on appelle un ***élément de pile.***

L'élément de pile que nous venons de décrire a été imaginé par Volta.

Les deux lames de zinc et de cuivre sont les deux ***pôles*** de la pile. A chacune d'elles est soudé un fil de cuivre.

FIG. 202. — UN ÉLÉMENT DE PILE DE VOLTA. Une lame de zinc et une lame de cuivre sont plongées dans une masse d'eau acidulée. Les deux lames sont reliées par un fil de cuivre.

Si l'on amène au contact les extrémités de ces deux fils, des phénomènes nouveaux apparaissent : 1° dans le fil lui-même ; 2° dans le liquide de la pile.

Ces phénomènes seront, sous le nom de ***courant électrique,*** étudiés dans les chapitres suivants.

341. **Piles en série.** — Ces phénomènes seront d'ailleurs d'autant plus intenses que l'on emploiera un plus grand nombre d'éléments de piles, convenablement disposés.

Généralement, les éléments de piles sont groupés de la façon suivante. La lame de zinc de l'un est reliée directement à la lame de cuivre du suivant; et ainsi de suite (fig. 203).

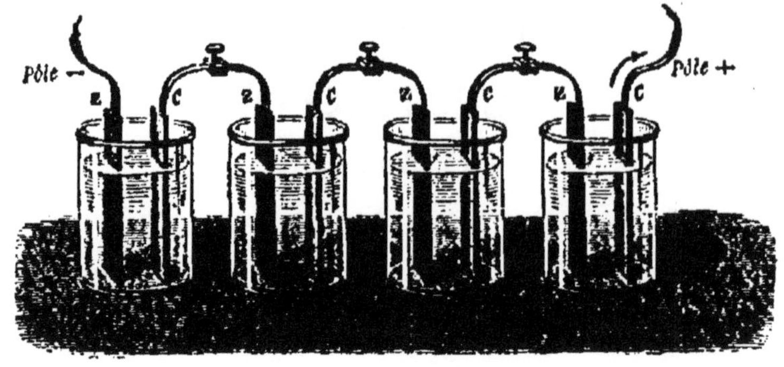

FIG. 203. — UNE SÉRIE D'ÉLÉMENTS DE PILES.
La lame de zinc Z de chacun des éléments intermédiaires est reliée à la lame de cuivre C d'un élément voisin. Les deux lames extrêmes sont les deux pôles de la série.

On dit alors que les éléments de piles ont été groupés en ***tension***. Leur ensemble constitue une ***série d'éléments***.

342. Diverses sortes de piles. — La pile de Volta a le grave inconvénient de donner des effets qui diminuent rapidement d'intensité avec le temps. On dit que ***la pile de Volta se polarise***, On doit chercher à éviter la polarisation.

La polarisation de la pile est due à la production de petites bulles d'hydrogène sur la lame de cuivre, pendant le fonctionnement de la pile. On a cherché, par différents moyens, à détruire l'hydrogène, au moment même de son apparition dans la pile.

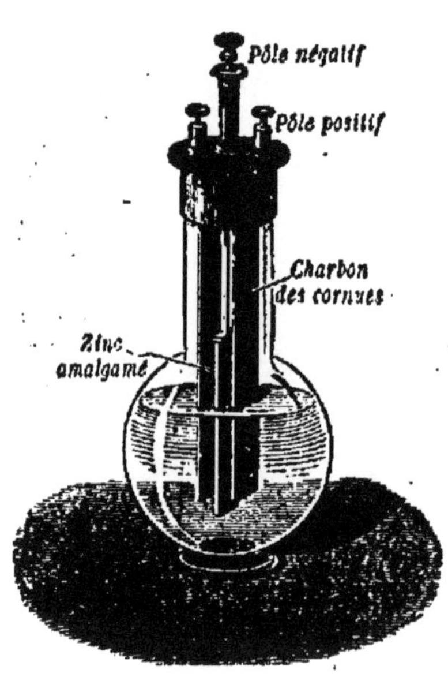

FIG. 204.
PILE AU BICHROMATE DE POTASSE.
Le liquide est une solution de bichromate de potasse, additionnée d'acide sulfurique. Ce mélange est oxydant, et, par conséquent, dépolarisant.

La ***pile au bichromate*** (fig. 204) renferme une solution de bichromate de potasse, additionnée d'acide sulfurique. Dans ce liquide plongent une lame de zinc et une double lame de charbon. Le bichromate de potasse, ***très*** *oxydant*, est un dépolarisant. Il transforme en eau, H^2O, l'hydrogène H qui devrait se dégager sur les lames de charbon de la pile. ***La pile ne se polarise plus.***

La ***pile Leclanché*** (fig. 205), la ***pile Bunsen*** (fig. 206), la ***pile Daniell*** (fig. 207) sont des piles qui, elles aussi, ne se polarisent que fort peu. Les figures indiquées et les légendes qui leur sont jointes donnent, de chacune de ces piles, une idée suffisante.

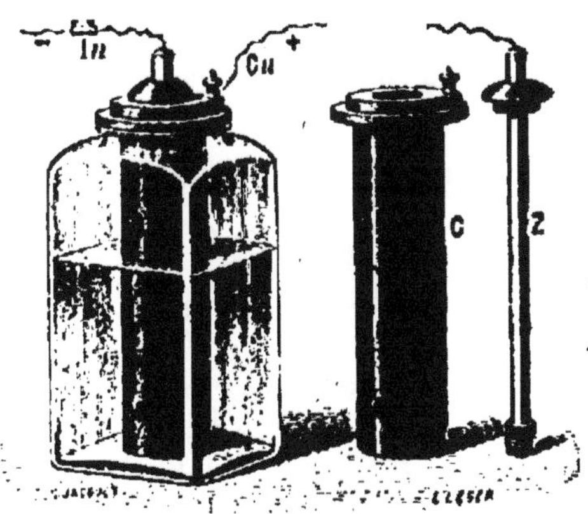

FIG. 205. — PILE LECLANCHÉ.
Le liquide est une solution de sel ammoniac. Le pôle positif (cylindre de charbon des cornues) est entouré d'un aggloméré de bioxyde de manganèse, lequel est oxydant et, par conséquent, dépolarisant.

345. Première manifestation du courant électrique. — Disposons sur la table d'expérience une aiguille aimantée semblable à celle de la figure 195.

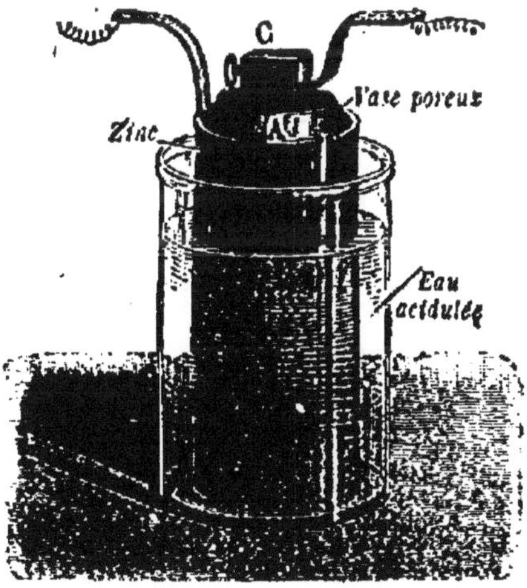

Laissons-lui prendre la direction que lui donne le champ magnétique terrestre.

Au-dessus d'elle, à très petite distance et parallèlement à sa direction, tendons un fil de cuivre, dont les deux extrémités pourront être mises en communication avec les deux pôles d'une pile ou les deux extrémités d'une série de piles. Dès que les communications auront été établies, nous constaterons que :

L'aiguille aimantée est déviée.

Cette expérience capitale est due à Œrsted.

Le fil est donc devenu le siège de phénomènes particuliers.

FIG. 206. — PILE BUNSEN.
Le dépolarisant est constitué par de l'acide azotique contenu dans le vase poreux A. Dans ce vase plonge le pôle positif C, formé par un bâton de charbon des cornues.

On dit que :

Le circuit est parcouru par un courant électrique.

L'expérience précédente prouve, en même temps, que :

Dans le voisinage d'un courant électrique, règne un champ magnétique (§ **328**).

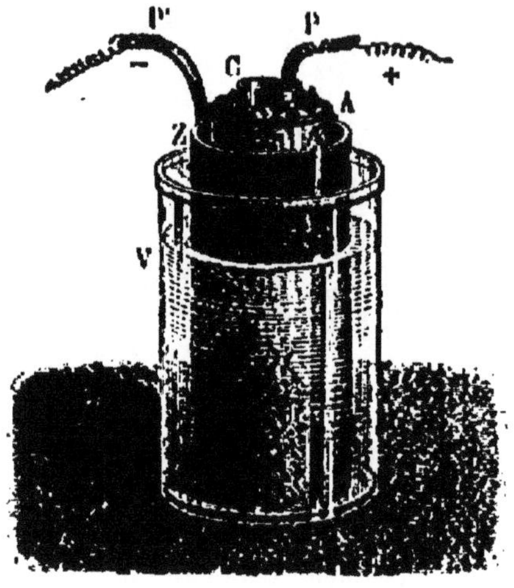

FIG. 207. — PILE DANIELL.
Le dépolarisant est constitué par une solution de sulfate de cuivre contenue dans le vase poreux A. Dans cette solution plonge une lame de cuivre C, faisant office de pôle positif.

Enfin, le fil et l'aiguille aimantée restant en place, interchangeons les communications que nous avions établies entre les deux extrémités du fil et les deux pôles de la pile. Nous constatons que :

La déviation de l'aiguille aimantée change de sens.

Un même fil peut donc être traversé par un courant électrique de deux façons différentes.

Les deux pôles de la pile n'ont pas des propriétés identiques. Il importe de les distinguer l'un de l'autre.

Le pôle, formé par la lame de zinc d'un élément de pile, porte le nom de ***pôle négatif*** de la pile. L'autre pôle porte le nom de ***pôle positif.***

Celle des deux extrémités d'une série de piles (§ **341**), qui est constituée par une lame de zinc, porte également le nom de pôle négatif de la série.

344. Résumé. — ***Une lame de zinc et une lame de cuivre, plongeant dans de l'eau acidulée, constituent l'élément de pile de Volta.***

Si on réunit les deux pôles de la pile par un fil métallique, celui-ci devient le siège d'un courant électrique. En particulier, ce fil exerce alors une action sur une aiguille aimantée voisine.

Les effets du courant produit par la pile de Volta s'affaiblissent rapidement. On dit que la pile se polarise.

La pile au bichromate, la pile Leclanché, la pile Bunsen, la pile Daniell renferment des substances dépolarisantes. Leurs effets sont beaucoup plus durables que ceux de la pile Volta.

CHAPITRE II

LE COURANT ÉLECTRIQUE

345. Le courant électrique se manifeste par des phénomènes magnétiques, calorifiques et chimiques. — 1° Nous venons de voir (§ **343**) qu'un fil métallique, dont les deux extrémités sont reliées aux deux pôles d'une pile, crée autour de lui un champ magnétique (§ **328**).

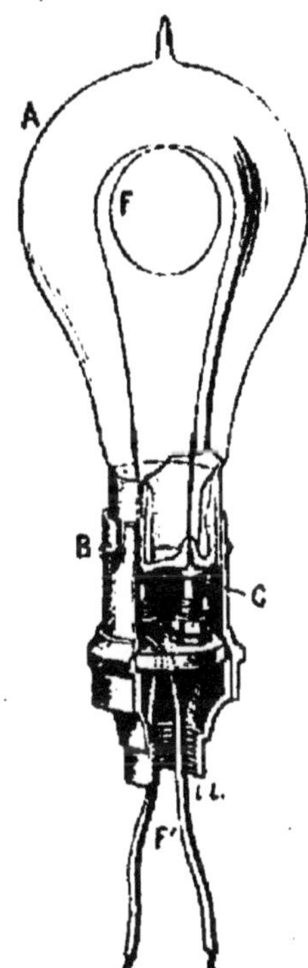

Fig. 208. LAMPE ÉLECTRIQUE A INCANDESCENCE.

Un filament de charbon ou de métal, placé dans le vide, est porté à l'incandescence par le passage du courant.

2° ***Le fil s'échauffe.*** Cet échauffement est surtout manifeste quand le fil F est très fin (fig. 208). Un exemple bien connu est celui des lampes à incandescence (§ **371**).

3° Retirons la lampe du circuit précédent; amenons les deux bouts du fil, devenus libres, dans une masse d'eau acidulée. L'appareil, désigné sous le nom de ***voltamètre***, est représenté par la figure 209. Sur les deux extrémités du fil, on voit se produire un vif dégagement de bulles gazeuses.

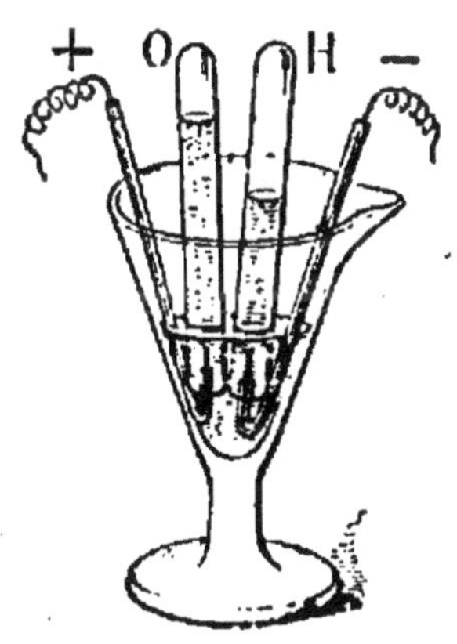

Fig. 209. — VOLTAMÈTRE.

Les deux fils conducteurs amènent le courant dans la masse du liquide qui se trouve peu à peu décomposé.

Recueillons ces gaz séparément dans deux petites éprouvettes. L'un d'eux brûle avec une flamme pâle, c'est l'***hydrogène***, H; l'autre peut rallumer une allumette éteinte, présentant encore quelques points en ignition: c'est l'***oxygène***, O. ***Le premier est en volume double du second***;

et cela, à quelque instant que l'expérience prenne fin. Ces deux gaz proviennent de la décomposition de l'eau. ***Le courant électrique s'est manifesté par des phénomènes chimiques.***

Un courant électrique peut donc se manifester par des phénomènes magnétiques, calorifiques et chimiques.

346. **Notion d'intensité de courant.** — Si nous déplaçons l'aiguille aimantée du § **343**, en la maintenant toujours à la même distance du courant, la déviation observée conserve une valeur invariable. De même, si nous plaçons plusieurs voltamètres en différents points du même circuit, les quantités d'hydrogène dégagées pendant le même temps dans chacun d'eux sont les mêmes.

On dit que ***le courant possède une même intensité dans toute l'étendue du circuit.***

347. **Sens du courant.** — Nous avons déjà vu (§ **343**) que, si l'on intervertit les communications entre les deux extrémités du fil et les deux pôles de l'électromoteur, on constate que la déviation de l'aiguille aimantée change de sens. On constate de même que l'hydrogène se dégage maintenant où se dégageait précédemment l'oxygène; et *vice versa*. ***Les effets du courant sont restés les mêmes***; ***mais ils ont changé de sens.*** Un même fil peut être traversé par un courant électrique de deux façons différentes. On peut donc parler du ***sens du courant électrique.***

On convient de dire que le sens du courant est celui que, dans l'eau acidulée du voltamètre, il faudrait suivre pour passer de l'électrode où se dégage l'oxygène à celle où se dégage l'hydrogène.

Par abréviation, on peut dire encore que, dans les décompositions chimiques, ***l'hydrogène descend le courant.***

348. **Corps isolants, corps conducteurs, électrolytes.** — Toutes les substances connues peuvent, au point de vue du courant électrique, se grouper en trois catégories :

a) Certains corps ne laissent jamais passer le courant. On dit que ce sont des ***isolants.*** Le verre, la résine, le caoutchouc, le soufre, la soie, la paraffine, la gutta-percha sont des ***isolants.***

b) D'autres corps laissent passer le courant, sans subir aucune modification permanente : tels sont tous les métaux; tel est encore le charbon des cornues. On dit que ces corps sont des ***corps conducteurs.***

c) D'autres corps laissent passer le courant, mais subissent une décomposition chimique; par exemple, l'eau acidulée contenue dans le voltamètre du paragraphe 345. On dit que ce sont des ***électrolytes.***

Nous pouvons donc dire qu'***un courant électrique ne peut se produire que dans un circuit fermé, à la condition expresse que ce circuit ne renferme que des conducteurs ou des électrolytes.***

349. **Ce qu'on entend par un électromoteur.** — Aucun des phénomènes décrits plus haut ne continuerait à se produire, si dans le circuit fermé on n'avait pas disposé d'abord une ***série de piles*** (§ 341), une ***batterie d'accumulateurs*** ou une ***machine dynamo*** (§ 400).

On dit que ***les accumulateurs, les piles, les dynamos sont des électromoteurs.***

350. **De l'énergie dans les courants électriques.** — Il importe donc de ne jamais perdre de vue que :

Il n'y a pas de courant électrique sans électromoteur.

D'autre part, ***un électromoteur ne peut fournir de courant qu'à la condition d'être le siège d'une certaine dépense d'énergie.***

C'est ce qui résulte des simples remarques qui suivent :

La pile, en effet, s'use par cela même qu'elle donne du courant; il faut, au bout d'un certain temps, remplacer les zincs qui ont été rongés et renouveler le liquide qui les entoure.

Les dynamos (fig. 223) ***cessent de donner un courant, dès qu'on cesse de les faire tourner.***

D'une façon générale, on peut dire que ***le courant électrique ne s'obtient pas sans qu'on ait dépensé une certaine quantité d'énergie.*** Les piles consomment de l'énergie chimique; les usines électriques empruntent l'énergie des chutes d'eau ou des machines à vapeur. Si l'on se sert d'accumulateurs, ceux-ci ne fonctionnent que pendant un temps limité : ***ils se déchargent par leur propre fonctionnement.*** On doit les recharger de temps à autre, et, pour cela, faire une nouvelle dépense d'énergie.

Le courant, une fois produit, se manifeste à son tour par de l'énergie qu'il met à notre disposition, soit pour notre éclairage, soit pour les moteurs de nos ateliers ou de nos appareils de transport.

En un mot, ***le courant électrique est un agent de transformation de l'énergie***; c'est incontestablement le plus maniable et le plus économique de tous les agents de transformation de l'énergie; mais il ne faut pas oublier qu'***il ne crée pas l'énergie et qu'il ne peut jamais en fournir plus qu'on en a dépensé pour le mettre en jeu.***

351. Comparaison des phénomènes électriques avec les phénomènes hydrauliques. — *a*) Nous avons dit (§ **348**) que ***le courant électrique ne peut circuler que dans un circuit fermé.***

b) Nous savons que ***le courant possède la même intensité*** (§ **346**) ***en tous les points de ce circuit fermé.***

c) Nous savons encore qu'***il y a lieu de considérer un sens*** (§ **347**) ***pour le courant électrique.***

d) Enfin, nous venons de voir (§ **350**) qu'***un électromoteur ne peut fournir de courant qu'à la condition de dépenser une certaine quantité d'énergie.***

Comparons ces résultats à ceux que donnent certains appareils hydrauliques.

La figure 210 représente une de ces petites turbines qui, sur les automobiles, servent à entretenir une circulation continue d'eau froide autour du moteur dont on évite ainsi le trop grand échauffement. Cette turbine est animée par un volant extérieur M. Elle est intercalée sur une conduite d'eau C, fermée sur elle-même. Il est manifeste que :

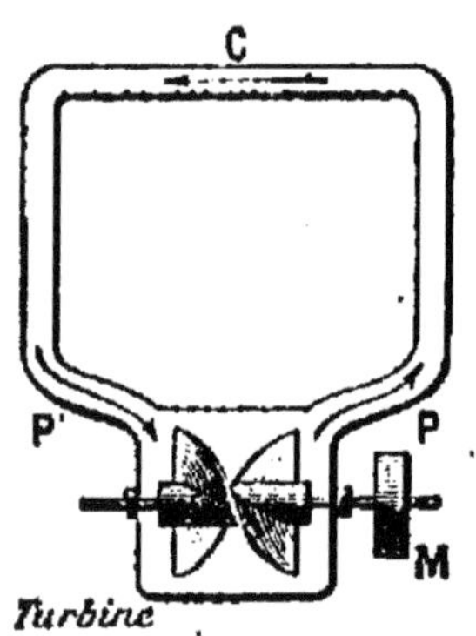

FIG. 210. — ANALOGIE D'UNE TURBINE ET D'UN ÉLECTROMOTEUR.
La rotation de la turbine provoque la circulation de l'eau dans la conduite fermée PCP'.

a) L'eau circule ici dans un circuit fermé PCP';

b) La quantité d'eau qui passe est la même en tous les points du circuit;

c) La circulation de l'eau se fait dans un certain sens, elle pourrait avoir lieu dans le sens opposé;

d) Cette circulation de l'eau nécessite l'intervention d'un appareil moteur. Celui-ci consomme de l'énergie empruntée à l'extérieur; enfin, ses deux orifices P et P' sont doués de propriétés nettement opposées.

L'analogie des phénomènes présentés par un courant électrique ou par une circulation d'eau entretenue dans un circuit fermé est donc de toute évidence.

L'expression de ***courant électrique*** se trouve pleinement justifiée par cette comparaison.

352. Notion de débit. Intensité du courant. — Quand il s'agit d'une circulation d'eau à travers un tuyau, on a surtout à considérer la quantité d'eau transportée par seconde; c'est ce qu'on appelle le ***débit.***

On réserve le nom d'***intensité*** au débit du courant électrique.

Nous voyons l'eau circuler; nous ne voyons pas le courant; mais nous sommes tout naturellement conduits à dire que ***deux courants ont même intensité, quand ils agissent de la même façon sur une aiguille aimantée, placée à la même distance.***

Nous savons déjà que ces deux courants échaufferaient de la même façon un même fil conducteur et qu'ils feraient dégager pendant le même temps la même quantité d'hydrogène dans un voltamètre à eau acidulée.

Il est donc facile de reconnaître si deux courants ont ou n'ont pas la même intensité. Retenons seulement, comme étant d'une application plus facile, l'action du courant sur l'aiguille aimantée.

Supposons que nous disposions de ***deux courants de même intensité,*** circulant séparément dans des fils conducteurs recouverts d'une enveloppe isolante. ***Superposons les deux fils et faisons-les agir simultanément,*** et dans le même sens, sur une même aiguille aimantée. Notons la déviation de l'aiguille. Tout courant qui, à lui seul, placé dans la même position que les deux premiers, exercera la même action sur l'aiguille aimantée, sera considéré comme possédant une ***intensité double*** de celle que possédait chacun des deux premiers courants.

L'intensité d'un courant est donc une grandeur mesurable.

L'unité d'intensité, généralement utilisée dans la pratique, a reçu le nom d'***ampère***[1]. La définition précise de l'ampère sera donnée au paragraphe **382**.

353. **Ampèremètres. Galvanomètres.** — Certains appareils peuvent être construits sur les principes précédents et gradués de façon à donner, par simple lecture, la valeur en ampères de l'intensité des courants que l'on fait passer à leur intérieur. Ce sont les ***ampèremètres*** (fig. 211).

Extérieurement, un ampèremètre se présente sous la forme d'une boîte cylindrique plate dont le couvercle porte un cadran devant lequel peut se déplacer une aiguille mobile. Sur les côtés de la boîte sont deux bornes par lesquelles on intercale l'appareil dans le circuit où passe le courant étudié AA'. ***On dit que l'ampèremètre est disposé en série.*** L'aiguille de l'ampèremètre marque alors sur le cadran la valeur de l'intensité du courant, évaluée en ampères.

1. Ce nom a été choisi en mémoire du physicien français ***Ampère*** (1775-1836) qui s'est immortalisé par la découverte des lois de l'électromagnétisme.

Il arrive souvent que des appareils de même genre que les précédents ne sont pas gradués en ampères. On les désigne alors sous le nom de ***galvanomètres***.

Pour donner une idée de l'ordre de grandeur des phénomènes, nous mentionnerons simplement que :

1° L'intensité du courant est voisine de 1/2 ampère dans les lampes électriques à incandescence de 16 bougies;

2° Un courant d'un ampère, passant dans un voltamètre à eau acidulée, produirait en une heure un dégagement de 416 centimètres cubes d'hydrogène, mesurés à la température de 0° et sous la pression de 76 centimètres de mercure.

Fig. 211. — Un Ampèremètre.
L'ampèremètre doit être traversé de A en A' par le courant étudié; on dit qu'*il est placé en série*.

354. Quantité d'électricité. Le coulomb. — On dit qu'***un courant d'un ampère transporte par seconde une quantité d'électricité égale à un coulomb.***

Cette manière de parler définit donc une nouvelle unité : ***le coulomb***[1].

Le coulomb est l'unité de quantité d'électricité.

Un courant de I ampères fait passer pendant t secondes une quantité d'électricité q, donnée en coulombs par l'égalité :

$$q_{(\text{coul.})} = I_{(\text{amp.})} \times t_{(\text{sec.})}$$

355. Résumé. — ***L'intensité d'un courant est comparable au débit de l'eau dans une canalisation hydraulique.***

L'unité d'intensité s'appelle l'ampère.

L'unité de quantité électrique s'appelle le coulomb. C'est la quantité d'électricité transportée en une seconde par un courant d'un ampère.

1. Ce nom a été choisi en l'honneur de l'illustre physicien français *Coulomb* (1736-1806), auquel est due la connaissance des lois fondamentales de l'électricité statique et du magnétisme.

CHAPITRE III

DIFFÉRENCE DE POTENTIEL. — LOI D'OHM

356. Puissance hydraulique et puissance électrique. — Les appareils analogues à la turbine de la figure 210 ne sont pas tous susceptibles de produire les mêmes effets pendant le même temps. On constate que ces effets sont d'autant plus marqués que le débit de l'eau à travers l'appareil est plus intense et que la différence des pressions aux deux orifices P et P' est plus grande. On exprime ces faits en disant que ***la puissance mécanique*** de notre turbine hydraulique est proportionnelle au débit de l'eau et à la différence des pressions en ses deux orifices P et P'.

Il en est de même de la puissance mécanique que peut fournir un courant électrique pour entretenir le mouvement d'un tramway ou faire fonctionner les machines d'une usine.

La puissance disponible dans une canalisation électrique dépend de deux facteurs, dont l'un nous est déjà connu sous le nom d'intensité du courant (§ **352**) et dont l'autre est l'analogue de la différence de pression en différents points d'une canalisation d'eau.

Nous donnerons provisoirement à ce second facteur le nom de ***différence de potentiel***. Proposons-nous, par des expériences simples et directes, de mettre son existence en évidence.

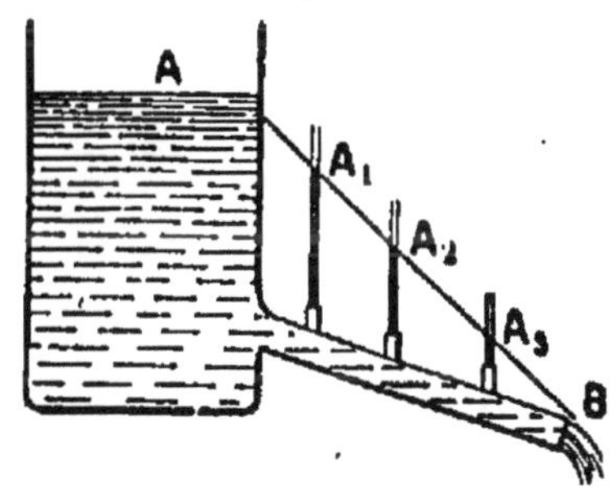

Fig. 212. — Perte de charge dans l'écoulement de l'eau.

La hauteur, à laquelle l'eau s'élève dans les tubes de verre successifs, A_1, A_2, A_3, ..., portés par un même tuyau, va en diminuant dans le sens même du courant de l'eau à l'intérieur du tuyau.

357. Variation de charge le long d'un tuyau. — Reprenons encore une fois notre comparaison hydraulique. Supposons qu'à la base d'un récipient A (fig. 212) soit adapté un large tuyau dont l'extrémité s'ouvre librement en B; supposons, en outre, que tout le long de ce tuyau soient implantés de petits tubes de verre verticaux, ouverts aux deux bouts.

Admettons, encore, que le récipient A contienne de l'eau et que le niveau de celle-ci y soit maintenu ***invariable.***

Si nous fermons momentanément l'extrémité B du tuyau, l'eau s'établit dans les tubes de verre au même niveau que dans le récipient lui-même. Mais, si nous ouvrons l'orifice B, le tuyau relié au récipient devient le siège d'un courant d'eau, dont le débit est nécessairement ***constant***, puisque le niveau est maintenu invariable en A. Nous voyons en même temps l'eau descendre dans les tubes de verre, en A_1, A_2, A_3, ***pour s'arrêter dans chacun d'eux à une hauteur fixe.***

Appelons ***charge,*** en un point du tuyau d'écoulement B, la hauteur verticale à laquelle l'eau s'élève en ce point dans chaque tube de verre, au-dessus de l'orifice B.

On reconnaît immédiatement que ***la charge aux divers points du tuyau diminue dans le sens même du courant*** ; c'est ce qu'indique clairement la figure.

558. **Différence de potentiel le long d'un conducteur traversé par un courant.** — Essayons de montrer qu'il se produit quelque chose de tout à fait semblable dans un conducteur parcouru par un courant électrique d'intensité invariable.

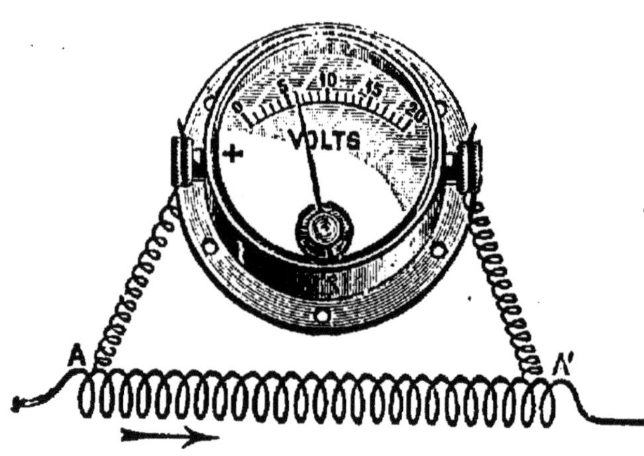

FIG. 213. — UN VOLTMÈTRE.

Les deux bornes de l'appareil sont mises en communication par des fils métalliques avec les deux points A et A' entre lesquels on désire connaître la différence de potentiel. On dit que *le voltmètre est mis en dérivation* entre ces deux points.

Dans ce but, nous employons un ***ampèremètre*** (§ 353), et un nouvel appareil appelé ***voltmètre***[1] dont il nous suffira actuellement de dire deux mots.

Le ***voltmètre*** (fig. 213) a la même configuration extérieure que l'ampèremètre. Il repose d'ailleurs sur un

1. ***Volt; voltmètre.*** Ces noms ont été choisis en l'honneur du physicien italien ***Volta*** (1746-1827), qui s'est immortalisé par la découverte de la pile électrique (§ 340).

principe absolument semblable. On le met en expérience de la façon suivante (fig. 214) :

Sur un fil métallique homogène, réunissant les pôles d'une série de piles, est placé notre ampèremètre, en CD. Deux points, A et B, de ce circuit sont reliés par des fils métalliques aux deux bornes du voltmètre. On dit que ***le voltmètre est placé en dérivation*** entre les deux points A et B.

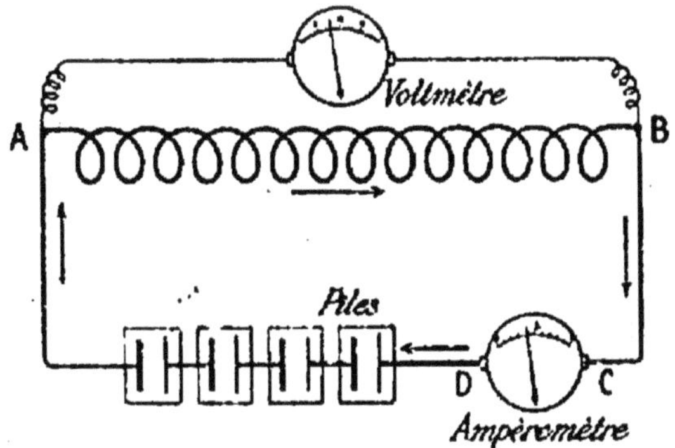

Fig. 214. — Mesure pratique du voltage et de l'ampérage. Loi d'Ohm.

L'ampèremètre, traversé par le courant, fait connaître son intensité I ; le voltmètre, placé en dérivation sur les points A et B, fait connaître la différence de potentiel E entre ces deux points.

359. Expérience fondamentale. — Ceci posé, nous lisons sur le voltmètre une certaine indication numérique. Nous conviendrons, provisoirement et pour simplifier le langage, de dire qu'elle nous fait connaître en ***volts*** la mesure de la différence des potentiels entre les points A et B.

Il nous reste à justifier cette manière de dire. Pour cela, faisons varier les points A et B auxquels est relié le voltmètre ; mais conservons entre eux la même distance ; l'indication du voltmètre reste fixe, de même que, tout à l'heure, la différence de charge ou de pression restait la même entre les points A_1 et A_2 (fig. 212) d'une part, les points A_2 et A_3, d'autre part.

Laissons le point A fixe ; éloignons-en de plus en plus le point B ; le nombre de volts, lu sur le cadran du voltmètre, augmente de même que tout à l'heure, la différence de charge allait régulièrement en augmentant, quand on passait progressivement de A_2 en A_3, puis en B.

Enfin, nous pouvons constater que ce que nous sommes convenus d'appeler la différence de potentiel entre A et B est égal à la somme des différences analogues que nous aurions successivement obtenues si nous avions fait deux lectures : la première entre le point A et un point quelconque situé entre A et B ; la seconde, entre ce même point et le point B.

D'ailleurs, pendant toutes nos expériences, l'indication de l'ampèremètre n'a pas varié.

Une conclusion s'impose, que nous allons énoncer :

Le voltmètre se trouve donc être, par son mode d'emploi, un appareil disposé de façon à mettre en évidence et à mesurer, entre deux points d'un circuit traversé par un courant, une sorte particulière de grandeur que nous avons appelée différence de potentiel, et qui est, en tout point, comparable à la différence de charge qui s'établit entre deux points quelconques d'une canalisation traversée par un courant d'eau.

360. **Énoncé de la loi d'Ohm.** — Nous venons d'acquérir la notion de ***différence de potentiel***; nous avons appris, en même temps, à mesurer cette nouvelle sorte de grandeur.

Il nous reste à mettre en évidence le rôle capital que la différence de potentiel joue dans les phénomènes présentés par les courants.

Le dispositif, utilisé au paragraphe précédent, convient particulièrement bien à cette nouvelle recherche.

Notons le nombre de volts E, donné par le voltmètre comme étant la différence de potentiel entre les points A et B.

Notons également le nombre d'ampères I donné par l'ampèremètre.

Conservons le fil conducteur AB; mais changeons l'électromoteur. Par exemple, supprimons un ou deux des éléments de pile de la série; le voltmètre donne une nouvelle indication E'; l'ampèremètre, une nouvelle indication I'.

La comparaison des nombres obtenus donne immédiatement :

$$\frac{E}{I} = \frac{E'}{I'}.$$

Nous sommes ainsi directement conduits à énoncer la loi fondamentale qui porte le nom d'Ohm, son inventeur :

La différence de potentiel E, qui règne entre les extrémités d'un conducteur invariable* AB *parcouru par un courant d'intensité I, est proportionnelle à cette intensité.

361. **Forces électromotrices. Données numériques.** — Chaque électromoteur est caractérisé par la valeur particulière que présenterait la différence de potentiel entre ses deux pôles, ***si on les réunissait par un fil infiniment long et fin.***

Cette différence de potentiel, estimée en volts, porte le nom de

force électromotrice de l'électromoteur considéré. La notation abrégée ***f. é. m.*** doit se lire « force électromotrice ».

Donnons, à titre d'exemple, les résultats obtenus avec un certain nombre d'électromoteurs usuels :

Pile Volta (fig. 202)	*f. é. m.*	1^v
— Daniell (fig. 207)		1^v
— Leclanché (fig. 205)		$1^v,6$
— Bunsen (fig. 206)		$1^v,8$
Un accumulateur récemment chargé . .		2^v

Une série de 50 accumulateurs, que l'on vient de charger, marque au voltmètre une *f. é. m.* de 100 volts.

Placé aux bornes d'une lampe à incandescence ordinaire, en activité, un voltmètre marque 110 volts.

Les différences de potentiel d'une centaine de volts ne présentent aucun danger.

Elles sont, au contraire, très dangereuses et peuvent devenir foudroyantes, quand elles atteignent et dépassent un millier de volts.

362. **Résumé.** — ***Les effets que peut produire un courant sont comparables à ceux que peut produire une chute d'eau.***

Au débit de la chute correspond l'intensité du courant.

A une différence de charge ou à une hauteur de chute, pour une circulation d'eau, correspond, pour le courant, la variation de potentiel le long du circuit.

Cette différence de potentiel peut être mise en évidence et mesurée à l'aide d'un dispositif spécial (voltmètre en dérivation).

Le volt est l'unité de différence de potentiel.

La chute de potentiel, le long d'un conducteur déterminé, est proportionnelle à l'intensité du courant que l'on fait passer dans ce conducteur (loi d'Ohm).

CHAPITRE IV

RÉSISTANCE ÉLECTRIQUE DES CONDUCTEURS

363. **Nouvel énoncé de la loi d'Ohm.** — La loi d'Ohm, dont nous avons donné l'énoncé au § **360**, peut encore s'énoncer de la façon suivante :

Pour un conducteur déterminé, traversé par un courant, il existe un rapport constant, R, entre le nombre E donné par le voltmètre et le nombre I, donné par l'ampèremètre.

Nous avons donc, par définition :

$$\frac{E}{I} = R.$$

364. **Notion de résistance électrique.** — Ce rapport constant R mesure une grandeur spéciale que l'on appelle la ***résistance électrique*** du conducteur.

Cette grandeur, comme nous allons le voir, dépend à la fois de la nature et des dimensions du conducteur lui-même. Elle change, en général, si l'on vient à changer le conducteur.

365. **Unité de résistance. L'Ohm.** — Comme toute grandeur, la résistance électrique a son unité particulière que les électriciens ont appelée *ohm*[1], et qu'ils représentent par le symbole ω[2].

L'ohm est la résistance électrique d'un conducteur qui, parcouru par un courant de 1 ampère, présente entre ses extrémités une différence de potentiel de 1 volt.

L'ohm est pratiquement représenté par la résistance électrique, à 0°, d'une colonne de mercure de 1 millimètre carré de section et de 106 centimètres de longueur.

1. Ce nom est celui du physicien allemand Ohm (1787-1854) qui, s'inspirant des idées théoriques du mathématicien français Fourier et utilisant les expériences de mesure du physicien français Pouillet, a été conduit à formuler, pour la première fois, la loi énoncée plus haut (§ 360).

2. Prononcez oméga.

D'après ce qui précède, si l'on évalue :
en ***ohms***, la résistance R d'un conducteur ;
en ***ampères***, l'intensité I du courant qui le traverse ;
en ***volts***, la différence de niveau électrique E, qui règne alors entre ses extrémités,
la loi d'Ohm se trouve exprimée par la formule :

$$E^{\text{volts}} = R^{\text{ohms}} \times I^{\text{ampères}}.$$

366. **Les conducteurs opposent une véritable résistance au passage du courant électrique.** — Il importe de bien se pénétrer du sens précis qu'il faut donner à l'expression de « résistance électrique ».

On voit immédiatement que ce nom de ***résistance*** a été choisi pour faire image.

Reprenons, en effet, notre comparaison hydraulique (§ **351**).

Si, pour obtenir, à travers deux tuyaux différents, ***un même débit***, il nous fallait faire agir des différences de charges (§ **357**) inégales, nous dirions évidemment que ces deux tuyaux opposent à la circulation de l'eau des ***résistances*** inégales. Nous considérerions comme étant de plus grande résistance celui des deux qui exigerait la charge la plus grande. De même, si, la charge étant la même pour les deux tuyaux, le débit était plus petit à travers l'un des tuyaux qu'à travers l'autre, nous dirions encore que sa résistance au passage de l'eau est plus grande.

Nous faisons exactement de même pour le courant électrique ; et nous pouvons pressentir que ***la résistance électrique d'un conducteur***, comme celle d'un tuyau hydraulique, ***sera d'autant plus grande que ce conducteur sera lui-même plus long et plus étroit.***

367. **Expression générale de la résistance d'un conducteur de forme cylindrique.** — L'expérience, en effet, montre que la résistance R d'un conducteur :

1° ***Dépend de sa nature ;***

2° ***Est proportionnelle à sa longueur, L ;***

3° ***Est en raison inverse de sa section, S.***

On peut dire que ces trois énoncés, joints à celui du § **360**, constituent ***la loi d'Ohm.***

Ces résultats peuvent se résumer dans une formule unique :

$$R = m \cdot \frac{L}{S}.$$

Dans cette formule, m est un coefficient spécifique, qui caractérise la nature du conducteur et qu'on nomme sa ***résistivité.***

Si l'on compte L en centimètres, et S en centimètres carrés, le coefficient m, dans le cas du cuivre, est égal à 1,6 millionième.

On devra donc, dans les formules, faire, s'il s'agit du cuivre, $m = 0{,}0000016$.

On voit que la valeur numérique de ce coefficient s'obtiendra, pour chaque substance, en divisant par 10000 les nombres qui figurent au tableau ci-contre.

CORPS DE FORME CYLINDRIQUE LONGUEUR : 1 mètre; SECTION : 1 mm².	RÉSISTANCES EN ω
Argent	0ω,015
Cuivre	0ω,016
Fer.	0ω,095
Mercure	0ω,94
Charbon des cornues	700ω
Solution saturée de sulfate de cuivre. .	370 000ω

368. **Boîtes de résistances.** — Pour les opérations de la pratique courante, on a besoin de résistances ***variables*** et ***connues.*** Ces résistances sont choisies, et groupées comme sont choisis et groupés les poids d'une boîte de poids. On constitue ainsi des ***boîtes de résistances*** (fig. 215).

La boîte est placée dans le circuit et traversée par le courant;

Fig. 215. — Boite de résistances.

On réunit dans une même boîte une série de multiples de l'ohm offrant les mêmes combinaisons qu'une boîte de poids ordinaire.

elle donne, à simple lecture, la valeur de la résistance qu'elle introduit dans le circuit. Il suffit, pour cela, de faire la somme des nombres correspondant aux fiches que l'on a enlevées de la boite. La boite, représentée par la figure 215, introduit dans le circuit une résistance de 1275 ohms.

369. **Loi d'Ohm pour un circuit fermé.** — Vraie pour une portion quelconque du circuit, ***la loi d'Ohm reste vraie encore pour le circuit tout entier.*** Par suite, on pourra donc écrire $E = RI$, en désignant par E la ***f. é. m. totale*** de l'électromoteur, et par ***R la résistance totale*** du circuit.

Si l'on désigne par r la résistance du conducteur interpolaire et par a la résistance intérieure à l'électromoteur, on a $R = r + a$: et par suite :

$$E = (r + a) I. \tag{1}$$

D'autre part, si on désigne par A et B les deux pôles de l'électromoteur, la loi d'Ohm (§ **360**), appliquée au conducteur AB, nous donne :

$$V_A - V_B = rI; \tag{2}$$

$V_A - V_B$ étant la différence de potentiel que donnerait le voltmètre, placé en dérivation entre les points A et B.

Les formules (1) et (2) expriment, l'une et l'autre, la loi d'Ohm : la première, pour le circuit tout entier; la seconde, pour le fil AB.

370. Résumé. — ***Un conducteur oppose au passage du courant une résistance d'autant plus grande qu'il est plus long et plus étroit.***

La résistance d'un conducteur dépend en outre de sa nature.

L'unité de résistance électrique a reçu le nom d'ohm. C'est la résistance d'une colonne de mercure d'un millimètre carré de section et de 106 centimètres de longueur.

La loi d'Ohm s'applique indifféremment à tout circuit fermé et à toute portion de circuit.

CHAPITRE V

ÉCLAIRAGE ET CHAUFFAGE ÉLECTRIQUES

371. Lampes électriques à incandescence. — La lampe à incandescence est une des applications les plus intéressantes des propriétés du courant électrique.

Elle se compose d'un filament de charbon F enfermé dans une ampoule A (fig. 208), où on a fait le vide. Ce filament de charbon est parcouru par un courant qui le porte au rouge blanc, sans que sa combustion soit possible, puisqu'il n'y a pas d'oxygène dans l'espace qui l'entoure.

Les deux bouts du filament sont soudés à des fils de platine qui traversent le fond de l'ampoule et aboutissent à deux contacts métalliques C, amenant le courant.

Les lampes d'une même installation sont le plus souvent montées en dérivation; c'est-à-dire que les bornes de chacune d'elles sont directement, et séparément, reliées aux deux pôles de l'électromoteur qui fournit le courant. Dans ces conditions, la rupture de l'une des lampes n'empêche pas les autres de fonctionner.

372. Données numériques. — Un des modèles les plus employés est la lampe dite de 16 bougies. Elle fonctionne sous une différence de potentiel de 110 volts environ, et se trouve alors parcourue par un courant de o^{a},5 environ (§ **353**).

Cette lampe, quand elle est en activité, présente donc une résistance de $\frac{110}{0,5} = 220$ ohms (§ **363**).

373. Énergie électrique dépensée dans les lampes. — L'expérience montre qu'une lampe électrique consomme, pour son fonctionnement, une quantité d'énergie (§ **350**), d'autant plus grande :

1° Qu'elle est traversée par un courant de plus grande intensité *I* (pour la lampe citée, plus haut, en exemple, l'intensité du courant est égale à o^{a},5).

2° Qu'elle exige, pour fonctionner, une plus grande différence de potentiel e, entre ses deux bornes (dans l'exemple ci-dessus, la différence de potentiel est de 110 volts).

3° Qu'elle fonctionne pendant un temps plus long, t.

On dit que la lampe ci-dessus décrite exige, par seconde, une dépense de $0{,}5 \times 110 = 55$ *watts*.

On dit encore que, par heure, elle dépense

$$55 \times 3600 = \mathbf{198\,000} \text{ joules.}$$

374. Notions sommaires sur les unités de travail et de puissance en électricité. — Il résulte de là :

1° Que le ***joule[1] est, en électricité, l'unité dont on se sert pour évaluer la dépense globale d'énergie, effectuée, pour obtenir un certain effet.*** On dit que ***le joule est, en électricité, l'unité pratique de travail.***

2° Que le ***watt est, en électricité, l'unité dont on se sert pour évaluer la dépense effectuée pendant l'unité de temps,*** c'est-à-dire pendant une seconde. On dit que ***le watt est, en électricité, l'unité pratique de puissance.***

3° Que la règle pratique pour évaluer la dépense exigée pour la production d'un courant de i ampères, circulant sous une différence de potentiel de e volts, pendant un temps de t secondes, consiste à effectuer le produit :

$$\mathfrak{T} = e.\ i.\ t.,$$

lequel donne, en joules, la dépense cherchée.

375. Données numériques et applications. — La consommation d'énergie électrique, à Paris, se paie 5 centimes l'hectowatt-heure.

La lampe, citée ci-dessus, fonctionnant pendant 20 heures, exige une dépense de travail de $55 \times 20 = 1100$ watts-heure, soit 11 hectowatts-heure ; les frais d'éclairage, pendant ce temps, sont donc de 55 centimes.

La lampe précédente (à filament de charbon) exige 55 watts pour un pouvoir éclairant de 16 bougies, soit à peu près $3^{\text{watts}},5$ par bougie.

Les lampes à filament de charbon ne sont plus les seules employées aujourd'hui. On a construit des lampes à filament de

1. Il est indispensable de noter que le ***joule, unité pratique de travail,*** utilisée dans toutes les applications de l'électricité, est un travail tel qu'il faut 9,81 joules pour équivaloir à un ***kilogrammètre,*** c'est-à-dire au travail nécessaire pour soulever de 1 mètre de haut un poids de 1 kilogramme.

tantale ou d'osmium qui dépensent beaucoup moins de 2 watts par bougie.

A égalité d'intensité lumineuse, une lampe à incandescence chauffe environ 10 fois moins qu'une lampe à gaz; c'est là un des nombreux avantages de l'éclairage électrique.

La durée normale d'une lampe de 16 bougies est de 1000 à 2000 heures.

376. Arc électrique. — Supposons que l'on dispose d'une *f. é. m.* de 55 à 80 volts. Rattachons une baguette de charbon à chacun des deux pôles de l'électromoteur; mettons-les au contact l'une de l'autre, puis écartons-les progressivement. On voit éclater entre elles une lumière éblouissante; c'est l'*arc électrique* (fig. 216).

Fig. 216.
Arc électrique.
Quand on sépare et qu'on maintient à faible distance deux baguettes de charbon réunies aux pôles d'une pile de 60 volts, il se produit entre elles une vive lumière qui porte le nom d'arc électrique.

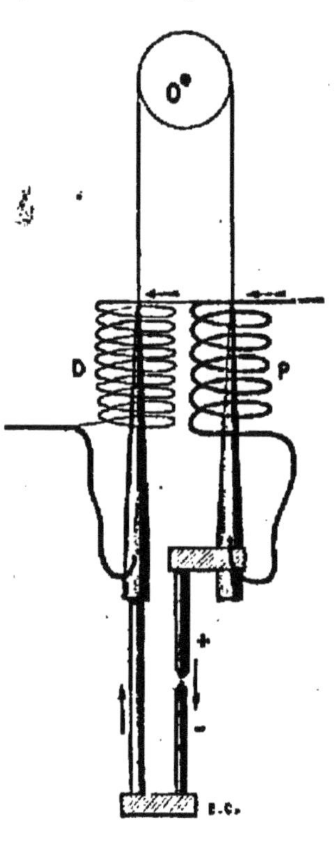

Fig. 217.
Régulateur a arc.
Quand la résistance de l'arc augmente, l'intensité du courant diminue dans la bobine P qui conduit le courant à l'arc; elle augmente, par conséquent, dans la bobine D; effet utilisé pour rapprocher les charbons.

Le charbon positif se creuse en forme de cratère, tandis que le charbon négatif s'allonge en pointe. Le premier s'use deux fois plus vite que l'autre.

La température du charbon positif est toujours la même, aussi bien pour les arcs faibles que pour les plus puissants : on l'évalue à 3500° (M. Violle). Ce fait indique que l'arc est le siège d'un changement d'état bien défini, qui ne peut être que l'*ébullition* du carbone (§ **91**).

La partie la plus lumineuse de l'arc est le charbon positif,

On devra donc disposer l'arc verticalement, le charbon positif en haut, si l'on se propose d'éclairer le sol. La grosse difficulté de l'éclairage par l'arc consiste à maintenir constante la distance des charbons malgré leur usure progressive; il existe aujourd'hui un très grand nombre de *régulateurs* (fig. 217) qui permettent d'obtenir ce résultat. Bien que leurs dispositifs soient très variés, leur principe est généralement le même et consiste à utiliser l'augmentation de résistance qui se produit dans l'arc à mesure que sa longueur augmente. (Consulter la figure 217 et sa légende.)

377. Application de l'arc à la production des hautes températures. — *Four électrique.* — La haute température

FIG. 218. — FOUR ÉLECTRIQUE.

Cet appareil, qui permet d'atteindre des températures de 3500°, se compose d'une enceinte en charbon, logée au milieu d'un bloc de calcaire. A son intérieur, on fait jaillir un arc électrique entre deux grosses électrodes de charbon.

de l'arc électrique, qui est d'ailleurs la plus élevée de toutes celles que nous savons produire, a été utilisée dans la construction du *four électrique*. Cet appareil se compose d'une enceinte en charbon, logée au milieu d'un bloc de pierre calcaire, et à l'intérieur de laquelle on fait jaillir un arc électrique entre deux grosses électrodes en charbon (fig. 218).

Les fours de laboratoire fonctionnent avec un courant de 30 ***ampères*** sous 80 ***volts*** et, comme un cheval-vapeur représente une puissance équivalente à 736 watts, consomment ainsi une puissance de 3 à 4 ***chevaux***; mais on en a employé dans lesquels l'intensité dépassait 1000 ***ampères*** sous 80 ***volts***.

Aux températures élevées que l'on obtient dans ces appareils, les substances les plus réfractaires, la silice et la chaux même, sont fondues et volatilisées; les oxydes les plus stables, comme ceux de chrome et de manganèse, sont réduits par le charbon (M. Moissan); la chaux et la baryte, mises en présence de carbone, se transforment en carbures métalliques utilisés pour la préparation du gaz acétylène.

378. **Résumé.** — ***Le courant électrique exige, pour prendre naissance dans un conducteur, la consommation d'une quantité d'énergie proportionnelle : à sa propre intensité, I, à la chute de potentiel, e, à travers le conducteur et à la durée, t, de l'expérience.***

Cette énergie, ainsi dépensée, peut à son tour, être transformée en chaleur dans les lampes à incandescence (filament placé dans le vide) et dans l'arc électrique.

L'arc électrique, placé dans un creuset infusible, constitue le four électrique.

CHAPITRE VI

ÉLECTROLYSE — GALVANOPLASTIE

379. **Définitions.** — Un ***liquide composé*** (c'est-à-dire un liquide résultant de la combinaison chimique de plusieurs corps simples) ne se comporte jamais, vis-à-vis du courant, comme un ***conducteur*** ordinaire. Il ne peut être qu'***isolant*** ou ***électrolyte*** (§ **348**).

Il ne laisse jamais passer une quantité d'électricité sans subir une décomposition correspondante (§ **348**).

Nous en avons déjà rencontré un exemple intéressant dans l'expérience du voltamètre (§ **345**).

Ce phénomène porte le nom ***d'électrolyse***.

L'électrode positive, ou ***anode*** (fig. 219), est le conducteur qui amène le courant dans le liquide.

L'électrode négative, ou ***cathode***, est le conducteur par lequel le courant sort du liquide.

On appelle ***électrolyte*** le liquide soumis à la décomposition.

L'expérience a montré que les seuls corps qui paraissent susceptibles d'électrolyse sont ceux qu'en Chimie on désigne sous les noms d'***acides***, ***bases*** ou ***sels***. Ils doivent être à l'état de ***fusion*** ou de ***dissolution***.

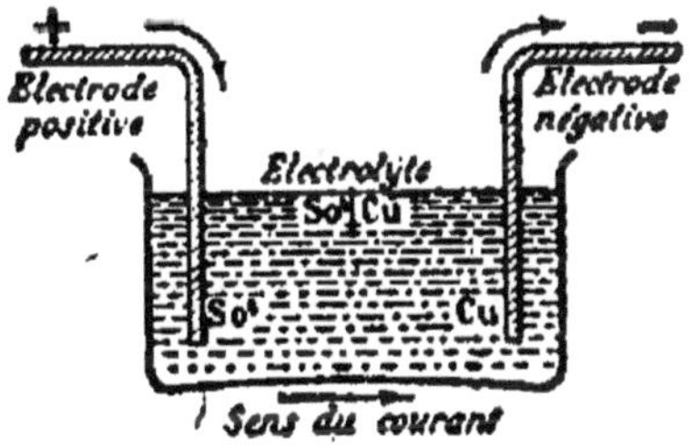

Fig. 219.
Phénomène de l'électrolyse.
Quand un courant traverse un *électrolyte* (exemple : SO^4Cu), il le décompose ; l'hydrogène et les métaux (Cu) apparaissent à l'électrode négative et le reste de l'électrolyte (SO^4) apparaît à l'électrode positive.

380. **Lois qualitatives de l'électrolyse.** — L'électrolyse obéit toujours aux lois suivantes :

1° ***Les produits de la décomposition apparaissent uniquement sur les électrodes*** (fig. 219). Ils n'apparaissent jamais dans la masse du liquide interposé.

2° ***La décomposition de l'électrolyte se fait toujours en deux fractions***, dont l'une renferme uniquement l'hydrogène ou les métaux, qui étaient contenus dans l'électrolyte à l'état de combinaison.

3° *La première de ces deux fractions (hydrogène ou métaux) se porte toujours sur la cathode;* on l'appelle le *cathion. L'autre se porte toujours sur l'anode;* on l'appelle l'*anion.* Le cathion et l'anion constituent les *ions* résultant de l'électrolyse.

381. **Loi quantitative de l'électrolyse.** — Des expériences, sur lesquelles nous ne pouvons insister, ont permis d'énoncer cette loi générale :

Pour un même électrolyte traversé par un courant, le poids des ions mis en liberté est proportionnel à la quantité d'électricité qui l'a traversé.

Ajoutons *qu'il faut 96500 coulombs pour libérer 1 gramme d'hydrogène* ($H = 1$) *d'une solution d'un acide quelconque, ou 108 grammes d'argent* ($Ag = 108$) *d'une solution d'un sel quelconque d'argent, ou, enfin,* $\frac{63}{2}$ *grammes de cuivre* ($Cu = 63$) *d'une solution de sulfate de cuivre.*

Les lois de l'électrolyse sont dues à Faraday.

382. **Définitions pratiques du coulomb et de l'ampère.** — Les lois précédentes nous conduisent à une définition pratique du *coulomb* et de l'*ampère.*

Puisque 96 500 coulombs libèrent 1 gramme d'hydrogène ou 108 grammes d'argent, on peut dire que :

1° *Un coulomb est la quantité d'électricité capable de libérer 1^{mgr},118 d'argent* ou encore *0^{cc},1155 d'hydrogène mesuré à 0°, sous la pression de 76 centimètres de mercure.*

2° *L'ampère est l'intensité d'un courant capable de produire en une seconde les effets que nous venons d'indiquer.*

Il résulte de là qu'on peut mesurer en ampères l'intensité moyenne d'un courant de sens constant, en le faisant passer à travers une cuve électrolytique à nitrate d'argent ou à sulfate de cuivre. La balance permet de déterminer l'augmentation de poids de la cathode après un temps déterminé. Un calcul simple fait connaître l'intensité moyenne du courant.

383. **Principes de la galvanoplastie.** — Une des applications les plus intéressantes des phénomènes d'électrolyse consiste dans la *galvanoplastie.*

La galvanoplastie a pour objet de recouvrir la surface d'un objet quelconque d'une couche adhérente de cuivre, nickel, argent ou or.

L'objet à métalliser doit avoir sa *surface parfaitement décapée.* Si cette surface n'est pas conductrice par elle-même, on la rend conductrice en la frottant avec de la plombagine.

L'objet est pris comme électrode négative (fig. 220), on l'immerge dans un bain constitué par une solution saline du métal à déposer. *On choisit comme électrode positive une plaque du*

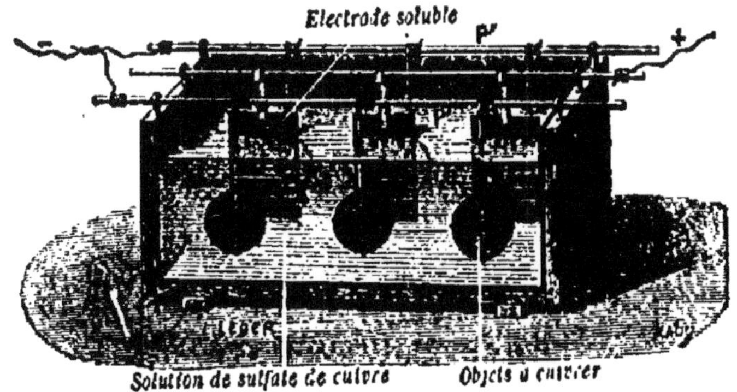

FIG. 220. — APPAREIL POUR GALVANOPLASTIE.

L'objet à métalliser est pris pour électrode négative et placé dans une solution saline du métal à déposer; on prend comme électrode positive *(électrode soluble)* une plaque de ce même métal.

même métal. Celle-ci se dissout (*électrode soluble*) au fur et à mesure que l'électrode négative se recouvre; *la concentration du bain reste constante.*

L'opération n'exige que de très faibles forces électromotrices.

Cuivrage. — Le bain est une solution saturée de sulfate de cuivre, acidulée par de l'acide sulfurique.

Nickelage. — Les pièces métalliques (laiton ou fer) que l'on veut recouvrir de nickel doivent être placées comme cathodes dans une solution de sulfate double de nickel et d'ammoniaque.

Argenture. — Le bain galvanique est une solution de cyanure double d'argent et de potassium.

Dorure. — Bain de cyanure double d'or et de potassium.

384. Résumé. — *Les acides, les sels, les bases, fondus ou dissous, laissent passer le courant électrique, tout en se décomposant. Ce sont des électrolytes.*

La galvanoplastie permet de déposer une couche mince uniforme de métal précieux (cuivre, nickel, or, argent) sur un objet quelconque.

CHAPITRE VII

AIMANTATION PAR LES COURANTS
ÉLECTRO-AIMANT

385. **Production d'aimants artificiels.** — Un fil métallique est régulièrement enroulé en hélice sur un tube de verre ou de carton; on y fait passer un courant.

Si nous introduisons dans le tube un barreau de fer doux

FIG. 221. — AIMANTATION PAR LES COURANTS.

ou d'acier trempé (fig. 221), celui-ci prend aussitôt toutes les propriétés d'un aimant.

Le pôle nord de cet aimant est à l'extrémité de la bobine qui est telle que, si on la regarde en face, elle semble parcourue par un courant circulant en sens inverse de celui des aiguilles d'une montre.

386. **Saturation magnétique.** — Que ce soit de l'acier ou du fer doux, ***l'aimantation ne croît pas indéfiniment avec l'intensité du courant.***

Il arrive un moment où le barreau a atteint la ***saturation magnétique.***

A partir de ce moment, on ne gagne plus rien à augmenter le champ magnétisant.

387. Distinction entre les propriétés magnétiques du fer doux et celles de l'acier. — Il existe entre l'acier et le fer doux une différence essentielle.

Lorsqu'on opère sur des tiges d'acier trempé, une grande partie du magnétisme développé persiste après la rupture du courant. Pour le fer doux, au contraire, on constate que :

Tant que le courant passe, le fer doux est transformé en un aimant beaucoup plus puissant que les aimants ordinaires de mêmes dimensions. Lorsque le courant cesse, le barreau revient à peu près à l'état neutre.

388. Électro-aimants. — On donne le nom d'*électro-aimants* à ces aima...s temporaires, qui naissent ou disparaissent avec le courant inducteur.

Le noyau de fer doux peut être rectiligne ou courbé en fer à cheval (fig. 222).

Dans ce dernier cas, on enroule le fil conducteur isolé, en plusieurs couches, sur les parties rectilignes du noyau et l'on passe d'une branche à l'autre comme l'indique la figure, c'est-à-dire de telle façon que l'une des bobines soit la continuation de l'autre. Un observateur, qui regarderait alors les deux extrémités du noyau, verrait le courant circuler dans les deux sens autour de ces deux extrémités; dans ces conditions, un pôle nord apparaît à l'extrémité de la branche N, autour de laquelle le courant tourne en sens contraire des aiguilles d'une montre; un pôle sud apparaît à l'autre extrémité S du noyau de fer doux.

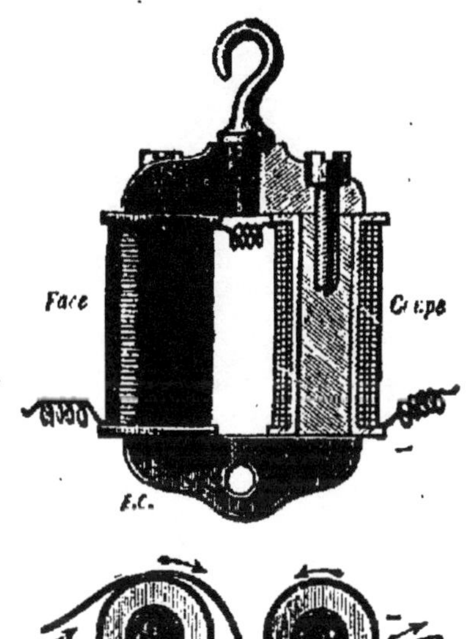

FIG. 222. — ÉLECTRO-AIMANT.
Lorsqu'on dirige un courant dans les bobines qui entourent les parties rectilignes du noyau de fer doux, celui-ci devient un aimant puissant, capable de supporter de lourdes charges.

389. Applications de l'électro-aimant. — Les électro-aimants sont des organes essentiels du télégraphe ordinaire (Ch. VIII), du téléphone (Ch. X) et des machines *dynamos* (fig. 223).

390. Résumé. — *Placés à l'intérieur d'une bobine traversée par un courant, des noyaux d'acier ou de fer doux s'aimantent.*

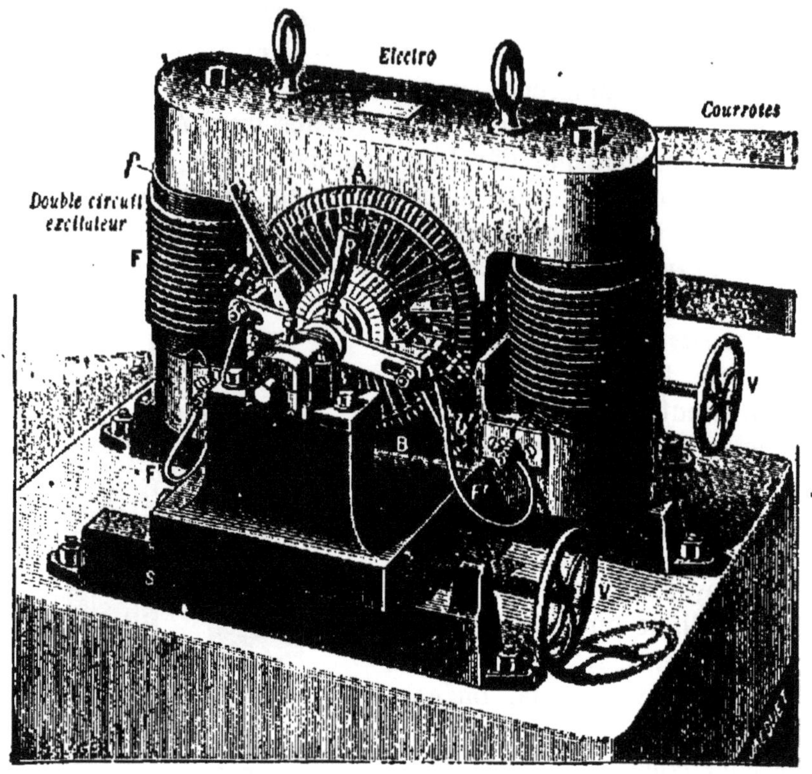

Fig. 223. — Machine dynamo.

Une machine à vapeur imprime, à l'aide de courroies, un rapide mouvement de rotation à la partie centrale A de la machine (*induit* de la dynamo). L'énergie *mécanique* reçue est transformée en énergie *électrique*. La dynamo fournit alors un *courant induit continu*.

L'aimantation de l'acier est permanente; celle du fer doux, temporaire. Dans ce dernier cas, on a un **électro-aimant.**

Vu de face, le pôle nord est celui des deux pôles qui semble entouré par un courant circulant en sens inverse des aiguilles d'une montre.

CHAPITRE VIII

TÉLÉGRAPHE ORDINAIRE

391. **Principe du télégraphe.** — La transmission de la pensée par le télégraphe, entre deux stations très éloignées, est l'une des plus importantes applications de l'électricité.

Les deux stations sont réunies par un circuit conducteur contenant un électromoteur (*pile* ou *accumulateur*) et, par conséquent, parcouru par un courant. A chaque station se trouve : 1° un *manipulateur* (fig. 224) qui permet d'interrompre ou d'établir à volonté ce courant ; 2° un *récepteur*, dont l'organe principal est un électro-aimant E (fig. 226), devant les pôles duquel se trouve une pièce de fer doux A, maintenue par un ressort *r*.

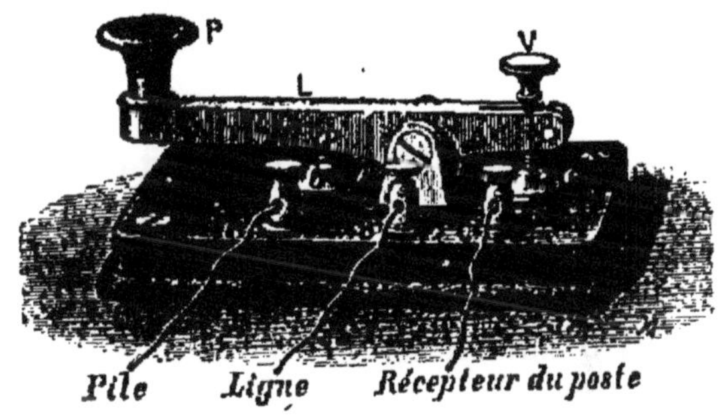

Fig. 224. — Manipulateur Morse.

C'est un simple levier qui permet de lancer ou de supprimer à volonté le courant de la pile dans le fil de ligne.

Les deux stations sont reliées par un *seul fil* métallique isolé, que l'on nomme le *fil de ligne*. Après avoir parcouru les piles et les appareils de chaque poste, le courant est conduit à la Terre par de larges plaques de cuivre, enfouies dans une région humide du sol. C'est donc la Terre qui fait office de *fil de retour*. On économise ainsi un fil de ligne sur deux ; on réduit en outre, de moitié, la résistance du circuit.

392. **Manipulateur.** — Le manipulateur est un simple *interrupteur*, connu sous le nom de *clé de Morse* (fig. 224). Il permet d'établir ou de rompre à volonté le circuit. Le fil de ligne aboutit à un levier métallique L, fixé sur une planchette. En temps ordinaire, le levier est maintenu soulevé par un ressort *r*. Quand on appuie sur la poignée, la pointe *a* touche l'enclume *b* qui

communique avec la pile et le courant est lancé dans la ligne. Quand on cesse d'appuyer, le ressort r relève le levier et le courant se trouve interrompu.

393. **Montage simple.** — Les connexions entre les divers appareils sont établies de façon que chaque poste soit toujours prêt à recevoir les signaux de l'autre. On se rend aisément compte de ce montage sur la figure 225. On voit que, lorsque les manipulateurs M, M' sont abandonnés à eux-mêmes, les stations ne communiquent pas entre elles; aucun courant ne parcourt donc la ligne, puisque le circuit des piles est ouvert : on évite ainsi de fatiguer inutilement ces électromoteurs.

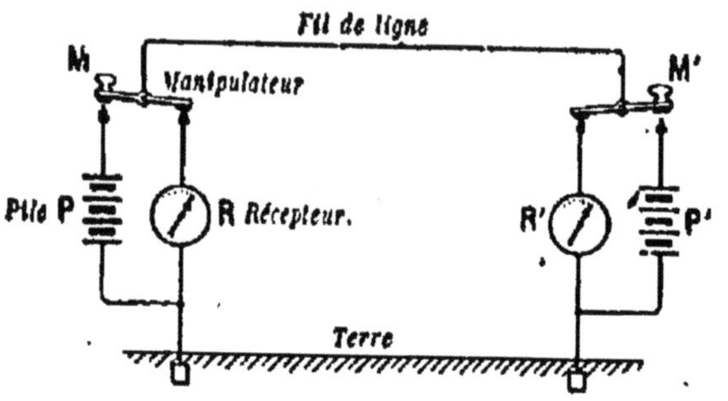

Fig. 225. — Montage simple d'un télégraphe.
Les deux postes sont disposés d'une façon symétrique; chacun d'eux est constitué de telle façon que, son transmetteur étant inactif, son récepteur soit toujours prêt à recevoir les signaux émis par l'autre poste.

394. **Récepteur.** — L'organe essentiel du *récepteur* est un électro-aimant E (fig. 226). Celui-ci peut agir sur une pièce de fer doux A, fixée vers l'une des extrémités d'un levier mobile autour de l'axe O; l'autre extrémité de ce levier se termine par une partie relevée a. En temps ordinaire, un ressort r maintient la pièce de fer doux éloignée de l'électro; mais, lorsque celui-ci reçoit par le fil de ligne le courant du poste d'émission, la pièce de fer doux est *vivement*

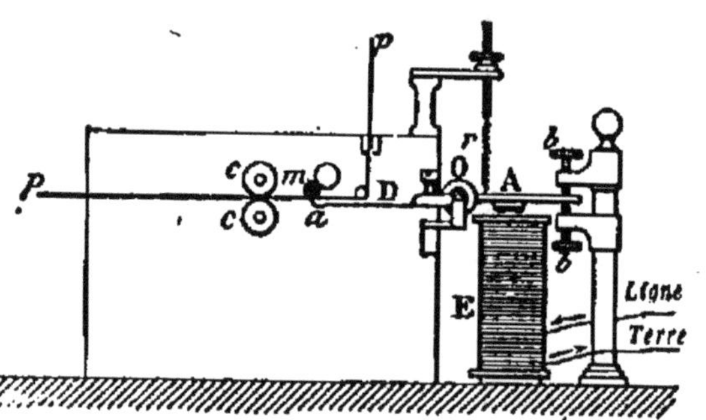

Fig. 226. — Dispositif d'un récepteur Morse.
Quand l'électro reçoit un courant, il attire la pièce de fer doux A. L'extrémité a du levier Aa se relève alors et applique la bande de papier ap contre une molette m continuellement chargée d'encre. On obtient des traits ou des points suivant la durée du courant.

attirée ; l'extrémité *a* se soulève. Ce mouvement a pour effet d'appliquer contre une ***molette m***, chargée d'encre, une bande de papier que déroule un mouvement d'horlogerie. Sur cette bande de papier, la molette trace un ***trait*** ou un ***point***, suivant la durée du courant. On reproduit les diverses lettres de l'alphabet par une combinaison conventionnelle de traits ou de points (fig. 228).

Le mécanisme qui déroule régulièrement la bande de papier est très simple : cette bande de papier est serrée entre deux cylindres *c, c*, dont l'un est mis en mouvement par un appareil d'horlogerie et dont l'autre est libre sur son axe ; les deux cylindres tournent nécessairement en sens inverse et entraînent la bande de papier, à la façon d'un petit laminoir.

L'encrage de la molette s'obtient à l'aide d'un tambour recouvert d'une étoffe imbibée d'encre à la glycérine. Ce tambour

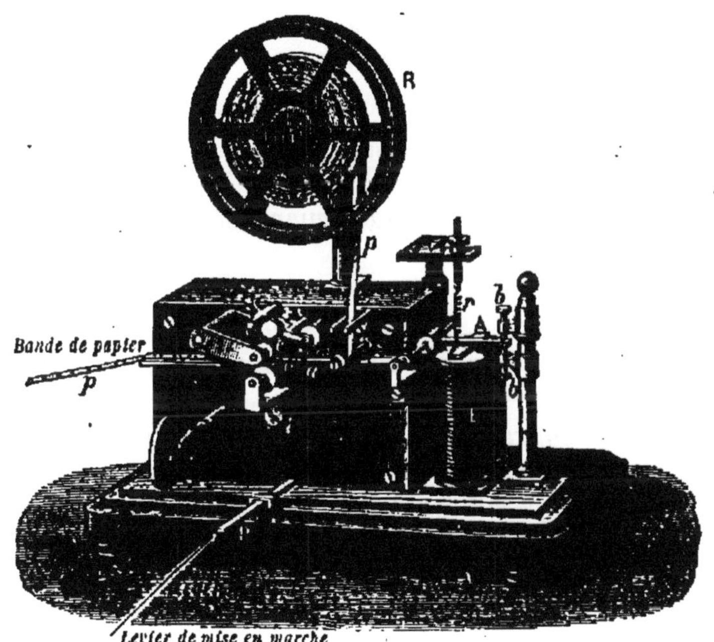

FIG. 227. — VUE D'ENSEMBLE D'UN RÉCEPTEUR MORSE.

La boîte de l'appareil contient un mouvement d'horlogerie qui déroule régulièrement la bande de papier.

tourne en entraînant la molette contre laquelle il s'appuie constamment. Les butoirs à vis *b* limitent la course de la tige *a*OA ; un ***levier de mise en marche*** (fig. 227) permet de commander à volonté le mouvement d'horlogerie.

La figure 227 représente une vue d'ensemble du récepteur Morse.

305. Alphabet Morse. — La figure 228 reproduit l'alphabet

a · —	k — · —	u · · —
b — · · ·	l · — · ·	v · · · —
c — · — ·	m — —	w · — —
d — · ·	n — ·	x — · · —
e ·	o — — —	y — · — —
f · · — ·	p · — — ·	z — — · ·
g — — ·	q — — · —	é · · — · ·
h · · · ·	r · — ·	ch — — — —
i · ·	s · · ·	
j · — — —	t —	
0 — — — — —	4 · · · · —	8 — — — · ·
1 · — — — —	5 · · · · ·	9 — — — — ·
2 · · — — —	6 — · · · ·	
3 · · · — —	7 — — · · ·	

FIG. 228. — ALPHABET MORSE.
A chaque lettre correspond une combinaison particulière de traits et de points.

conventionnel qui est en usage, quand on se sert de l'appareil Morse.

306. Résumé. — *L'organe essentiel du télégraphe est l'électro-aimant. Traversé par un courant, il attire son armature de fer doux.*

Aussitôt le courant rompu, l'armature revient à sa position première. De courtes émissions de courant se traduisent par l'impression de points sur une bande de papier; des émissions plus longues, par des traits. Un alphabet conventionnel permet la transmission de phrases quelconques.

CHAPITRE IX

COURANTS INDUITS

397. Expérience fondamentale. — Un appareil très simple (fig. 229) va nous permettre de mettre en évidence toutes les

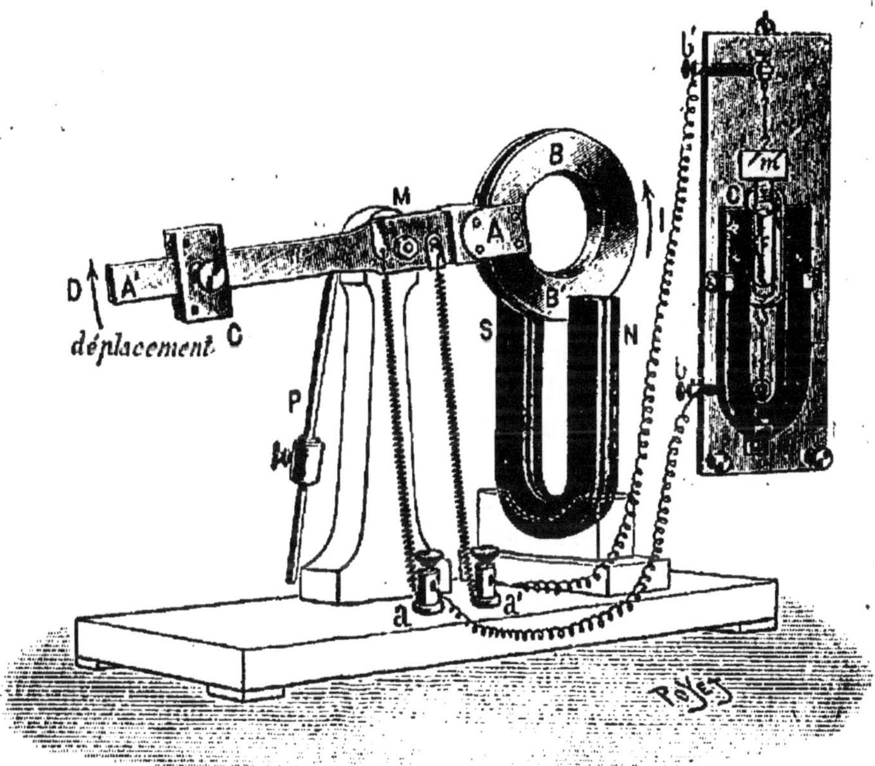

Fig. 229. — Expérience d'induction.

circonstances essentielles relatives à la production des ***courants induits***.

M. Chassagny dispose une bobine B B' de fil conducteur à l'extrémité d'un balancier très mobile M. La bobine peut osciller entre les deux branches d'un aimant en fer à cheval SN. Les lignes de force de l'aimant (§ **330**) sont perpendiculaires au plan de la bobine, qui se confond d'ailleurs avec le plan d'oscillation du balancier.

Les deux extrémités du fil communiquent avec un galvanomètre (§ 353).

Nous avons donc ainsi constitué un circuit qui comprend le galvanomètre, et la bobine, mais sur lequel ne se trouve aucune force électromotrice.

Le galvanomètre reste à la position du zéro.

Ceci fait, abaissons brusquement la bobine entre les deux pôles de l'aimant fixe, de façon à *faucher*, pour ainsi dire, les lignes de force du champ extérieur. Tout aussitôt, nous voyons le cadre du galvanomètre dévier, mais revenir à sa position première, dès que la bobine est rentrée en repos.

Le déplacement de la bobine dans le champ de l'aimant a donc fait naître, dans le fil de la bobine, un courant dont la durée est exactement la même que celle du déplacement de la bobine.

A ce courant on donne le nom de *courant induit*.

Remarque. — Si l'on recommence la même expérience, après suppression de l'un des contacts *a*, *a'*, *b* ou *b'* (fig. 229), on n'observe plus de déviation instantanée du galvanomètre. Cette observation suffit à prouver que le premier phénomène observé est bien de la nature d'un courant électrique.

398. **Lois fondamentales de l'induction.** — L'expérience montre que :

1° *Il y a courant induit dans un circuit fermé, toutes les fois que ce circuit se trouve traversé par un champ magnétique* (§ 330), ***variable*** *en intensité ou en direction.*

2° *Ce courant induit dure le temps même que dure la* ***variation*** *du champ magnétique à travers le circuit.*

3° *La force électromotrice qui donne ce courant induit est d'autant plus élevée que la* ***variation*** *considérée a été plus grande et s'est effectuée plus rapidement.*

399. **Sens du courant induit. Loi de Lenz.** — Il a fallu, pour déplacer le fil et produire un courant induit, dans l'expérience précédente (§ 397), que *la main de l'opérateur fournisse un certain travail.* L'expérience montre que :

Le sens des courants induits développés dans un conducteur, qui se meut dans un champ magnétique, est toujours tel qu'il en résulte une action électromagnétique tendant à s'opposer au mouvement de ce conducteur.

Ce dernier énoncé, très important, est habituellement connu sous le nom de *loi de Lenz.*

400. Applications des courants induits. — Les applications de ces courants induits sont, à la fois, très nombreuses et très importantes.

Les *dynamos* (fig. 223), qui sont les seuls appareils employés à la production industrielle des courants (éclairage électrique, locomotion électrique, transport électrique de l'énergie, etc.), donnent des *courants induits* de grande puissance.

Parmi les autres applications des courants induits, nous nous bornerons, dans les chapitres suivants, à étudier le téléphone, la bobine de Ruhmkorff et son emploi à la télégraphie sans fil.

401. **Résumé.** — *Dans tout circuit, traversé par un champ magnétique variable, se produit un courant induit, de même durée que la variation du champ à travers le circuit, d'un sens tel qu'il s'oppose à cette variation et d'une force électromotrice proportionnelle à la grandeur et à la vitesse de cette variation.*

Les courants induits sont utilisés dans les dynamos, dans le téléphone et dans la bobine de Ruhmkorff.

CHAPITRE X

TÉLÉPHONE

402. Principe et fonctionnement du téléphone. — Le téléphone, imaginé par Graham Bell, permet de transmettre la parole à de grandes distances.

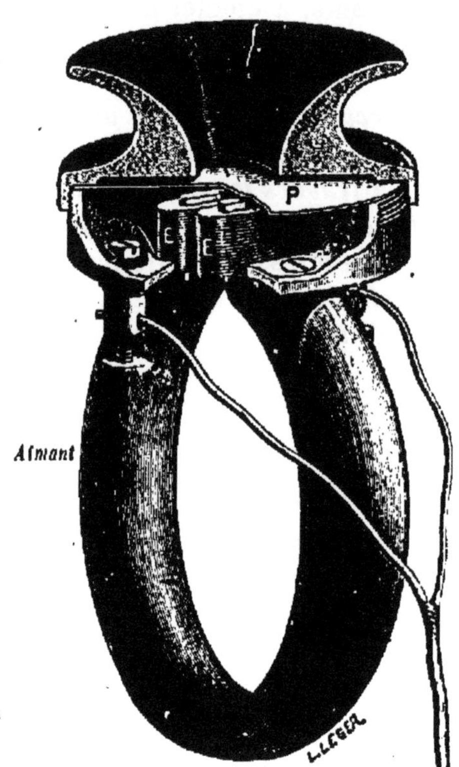

FIG. 230. — TÉLÉPHONE.

Lorsqu'on parle devant l'embouchure, les déplacements de la plaque de fer doux P modifient le magnétisme de l'aimant et éveillent dans les bobines E des courants induits qui, transmis à un appareil récepteur identique, provoquent dans sa plaque de fer doux des déplacements de même rythme et reproduisent la parole.

Il se compose essentiellement d'une plaque ronde, en tôle mince P (fig. 230), derrière laquelle se trouve un aimant en fer à cheval dont chacune des extrémités polaires est entourée d'une petite bobine de fil fin E. Les deux bobines sont enroulées comme celles d'un électro-aimant ordinaire : elles font partie du même circuit et sont reliées par un fil d'aller et un fil de retour à celles d'un appareil exactement semblable qui servira de ***récepteur***.

Lorsqu'on parle devant l'embouchure, les vibrations de la parole se communiquent à la plaque de tôle qui, en se rapprochant et en s'éloignant de l'aimant, font varier son magnétisme. Les bobines qui l'entourent sont alors parcourues par une série de courants induits (§ 397), directs et inverses. Ceux-ci arrivent aux bobines du récepteur et reproduisent sur son aimant les mêmes variations de magnétisme ; d'où résultent les mêmes vibrations dans la plaque de tôle voisine. En plaçant le récepteur près de l'oreille, on entend alors, avec tous ses caractères propres, la voix émise devant le téléphone transmetteur.

Le système est réversible : l'un ou l'autre des deux appareils associés peut servir indifféremment de récepteur ou de transmetteur.

Les courants mis en jeu ne dépassent guère quelques cent-millièmes d'ampère.

403. Microphone. — Le *microphone* (fig. 231), dont l'invention est due à Hughes, a considérablement augmenté la portée du

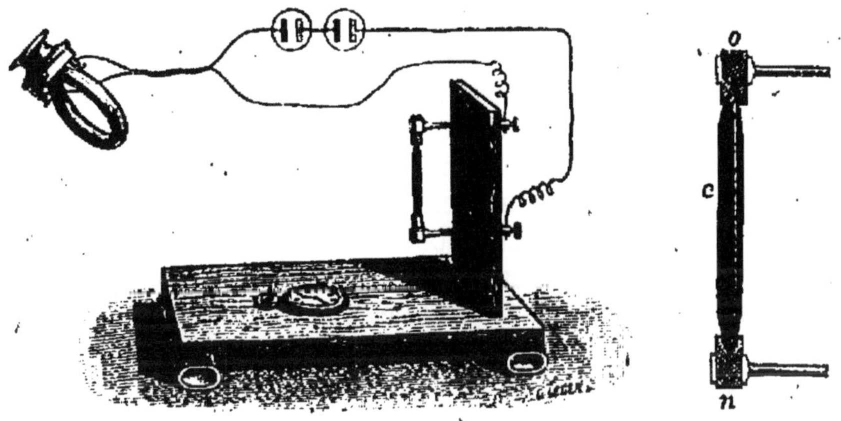

FIG. 231. — MICROPHONE (*détail et installation*).

Une baguette de charbon *c* est placée, sans être serrée, entre deux appuis en charbon *n* et *o*. Elle fait partie du circuit qui comprend une pile et un téléphone. Les moindres vibrations font varier la résistance du microphone et, par suite, l'intensité du courant ; elles peuvent ainsi être perçues dans le téléphone.

téléphone. Une baguette de charbon *c*, terminée en pointe à ses deux extrémités, est intercalée, ***sans être serrée***, entre deux petits blocs de charbon *n*, *o*, qui lui permettent de ballotter sous la moindre impulsion. Ce système de charbon fait partie d'un circuit comprenant une pile et un téléphone.

Sous l'action d'un courant permanent, le téléphone reste muet, mais si l'on communique des vibrations, si légères soient-elles, à la planchette, la baguette de charbon oscille dans ses supports en modifiant chaque fois la résistance aux points de contact ; le courant subit alors des variations d'intensité qui mettent en vibration la plaque du téléphone. Si l'on parle devant la planchette d'un microphone, les déplacements de la baguette suivent les vibrations de la parole et l'expérience montre que le téléphone reproduit alors, avec son timbre propre, la voix émise.

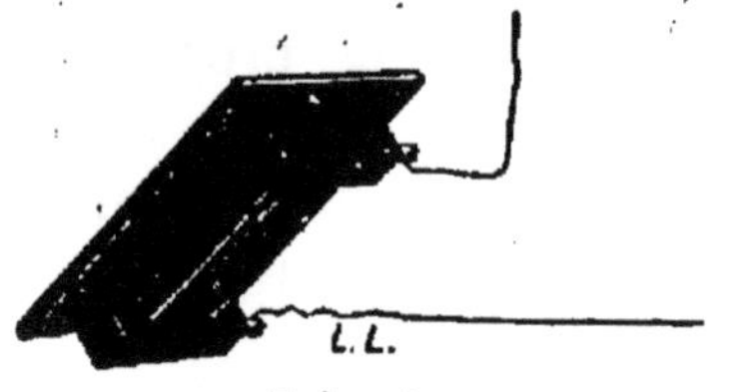

FIG. 232.
MICROPHONE INDUSTRIEL.
Il se compose d'une plaque vibrante en sapin derrière laquelle sont fixées très librement plusieurs baguettes de charbon des cornues.

Il importe évidemment de soustraire l'instrument aux vibrations accidentelles des corps voisins : on y parvient aisément en le plaçant sur des tubes en caoutchouc, qui étouffent, pour ainsi dire, ces vibrations.

Sur les ***lignes téléphoniques*** de l'État, on utilise comme récepteur un téléphone ordinaire et comme transmetteur un microphone. L'emploi de ce dernier permet d'obtenir des variations de courant plus intenses et, par conséquent, de correspondre à de plus grandes distances qu'avec deux téléphones associés.

Les dispositifs des microphones sont très nombreux : un des plus simples et des plus employés consiste en une planche mince de sapin devant laquelle on parle et derrière laquelle sont fixés deux blocs de charbon des cornues qui soutiennent ***très librement*** plusieurs baguettes de même matière (fig. 232).

404. Résumé. — ***Les vibrations sonores provoquent des variations d'intensité de courant dans un circuit voisin (microphone), comprenant des pièces mobiles, susceptibles de vibrer. Ces variations d'intensité produisent, dans l'électro-aimant du récepteur, des vibrations de même fréquence que celles du son à transmettre. Le son est reçu avec tous ses caractères propres de hauteur, d'intensité relative et de timbre.***

CHAPITRE XI

LA BOBINE DE RUHMKORFF

405. Description de la bobine de Ruhmkorff. — ***La bobine de Ruhmkorff*** (fig. 233) est une des applications les plus intéressantes des courants induits (§ 397). Cet appareil permet d'obtenir, au moyen d'un courant ***inducteur***, ou ***courant primaire***,

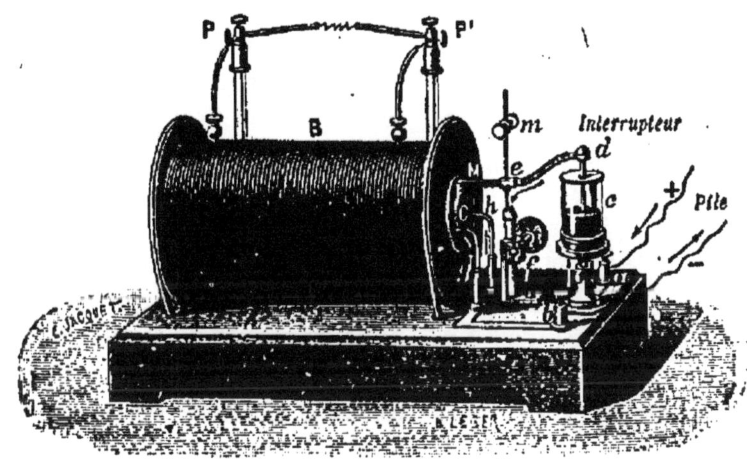

Fig. 233. — Bobine de Ruhmkorff.

L'appareil comporte deux circuits, enroulés en forme de bobines : à l'intérieur, ***le primaire***, formé d'un fil court et gros ; à l'extérieur, ***le secondaire***, formé d'un fil long et fin. L'âme des bobines est garnie d'un faisceau de fils de fer doux. Le primaire est traversé par un courant ***périodiquement interrompu***. Il en résulte, dans le secondaire, ***des courants induits***, alternativement dirigés dans un sens et dans l'autre. Ces courants sont de faible intensité et de très grand voltage. Des ***étincelles*** jaillissent entre les bornes P et P' du secondaire.

de grande intensité et de force électromotrice faible, des ***courants induits***, ou ***courants secondaires***, atteignant de très hauts voltages.

C'est ce qu'on exprime, en disant que la bobine de Ruhmkorff est un ***transformateur***.

Le circuit inducteur est un fil isolé de gros diamètre, enroulé, en deux ou trois couches, sur un noyau cylindrique de fils de fer doux, parallèles et isolés.

Le circuit induit recouvre la bobine primaire; il se compose d'un nombre considérable de tours d'un fil très fin dont les extrémités aboutissent à deux bornes P et P' qu'on appelle les *pôles* de la bobine (fig. 233).

Alors que la longueur du fil inducteur est à peine de 40 ou 50 mètres, celle de l'induit peut atteindre 50 000 mètres et même davantage. Le nombre de tours du fil secondaire est très grand, pour que les courants induits qui s'y développent aient un très grand voltage.

Les variations du champ magnétique à travers les spires du fil secondaire résultent de la ***rupture et du rétablissement périodiques*** du courant primaire et, par suite, de l'aimantation périodique du noyau de fer doux et de sa désaimantation. Ces effets sont obtenus à l'aide d'un ***interrupteur*** automatique.

406. **Interrupteur à marteau.** — Il y a plusieurs modèles d'interrupteurs; le plus simple est l'***interrupteur*** à marteau que représente la figure 234.

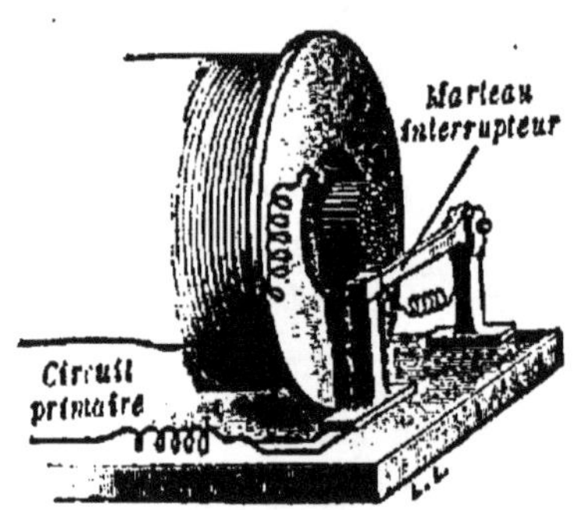

FIG. 234.
INTERRUPTEUR A MARTEAU.

Aussitôt que le courant passe dans le fil primaire, le noyau de fer doux s'aimante, attire le marteau qui se soulève et rompt le courant. Le noyau se désaimante alors, le marteau retombe et le courant primaire se trouve rétabli.

L'une des extrémités du fil primaire est directement reliée à l'un des pôles d'une pile; l'autre extrémité aboutit à une colonnette métallique isolée qui porte un petit axe autour duquel peut osciller le ***marteau***. Ce marteau est formé d'une tige de laiton terminée par une masse de fer doux, qui se trouve au-dessous du noyau de la bobine.

En temps ordinaire, le marteau repose sur une pièce métallique que l'on appelle ***enclume*** et qu'on relie à l'autre pôle de la pile, quand on veut actionner la bobine. Aussitôt que le courant passe dans le primaire, le noyau de fer doux s'aimante et attire la masse de fer doux : le marteau se soulève alors, quitte l'enclume et le courant se trouve rompu. Mais alors, le noyau se désaimantant, le marteau retombe par son poids et le courant primaire se rétablit; les mêmes phénomènes se répètent ensuite très rapidement.

Pour éviter que les étincelles, qui jaillissent entre le marteau et l'enclume au moment de la rupture, ne mettent rapidement l'interrupteur hors de service, on garnit de petites pièces de platine les surfaces entre lesquelles se produit l'interruption (le platine est le métal le plus difficile à fondre; il ne fond qu'à 1700°).

La figure 234 représente l'interrupteur à marteau que nous venons de décrire; la figure 233 représente un interrupteur plus perfectionné.

407. **Fonctionnement de la bobine.** — Dès que l'interrupteur fonctionne, il se produit dans la bobine extérieure des courants induits de grand voltage; des ***étincelles*** jaillissent alors entre les bornes P et P′ du secondaire.

Chaque fois que l'interrupteur ferme le courant primaire, il se produit, dans le secondaire, un ***courant induit de fermeture.*** Chaque fois qu'il rompt le courant primaire, il se forme, dans le secondaire, un courant induit de sens opposé au précédent; c'est le ***courant induit de rupture.***

Le voltage du courant de rupture (***courant induit direct***) est plus élevé que celui du courant de fermeture (***courant induit inverse***) et, par suite, l'étincelle correspondante est plus longue; il est évident, en effet, que la rupture d'un courant est un phénomène beaucoup plus brusque (§ **398**; 3°) que son établissement dans un circuit fermé.

408. **Usages de la bobine de Ruhmkorff.** — Si l'on tient à la main les deux bornes d'une bobine en activité, on ressent de faibles commotions, au moment de la fermeture du primaire, des commotions beaucoup plus fortes, au moment de la rupture. Des bobines de petit modèle sont utilisées comme appareils médicaux, pour provoquer des ***contractions musculaires.***

Les bobines d'induction sont employées dans les ***moteurs à explosion*** (automobiles, aéroplanes), pour fournir l'étincelle qui sert à enflammer le mélange explosif.

Les bobines moyennes sont utilisées, dans les laboratoires de Chimie, pour obtenir certaines réactions spéciales (***eudiomètres, ozoniseurs***, etc.).

C'est avec une bobine de Ruhmkorff que l'on actionne les transmetteurs d'ondes dans la ***télégraphie sans fil*** (§ **414**) et les tubes de Crookes dans la production des ***rayons cathodiques*** et des ***rayons X*** (radiographie).

409. **Résumé.** — ***La bobine de Ruhmkorff comporte un noyau de fer doux, enveloppé de deux fils distincts.***

Le fil primaire, gros et court, est alimenté par un courant continu, de bas voltage, et fréquemment interrompu. Le fil secondaire, long et fin, est enroulé autour du précédent.

L'induction provoque, dans le secondaire, des décharges de très haut voltage et, par suite, de très faible débit.

On dit que la bobine de Ruhmkorff est un transformateur.

Elle donne de longues étincelles, produit de fortes commotions musculaires, est employée en télégraphie sans fil, en radiographie, etc..., etc....

CHAPITRE XII

TÉLÉGRAPHIE SANS FIL (T. S. F.)

410. **Oscillations dans une masse liquide.** — Considérons deux vases contenant de l'eau à des niveaux différents et pouvant être mis en communication par un tuyau *long*, *étroit* et muni d'un robinet. Si l'on vient à ouvrir ce robinet, les niveaux tendront à s'égaliser; mais le liquide parcourra lentement le tube de jonction, et l'équilibre final entre les deux branches s'établira d'une façon *continue*. On dit alors que le système considéré est *apériodique*.

Supposons maintenant que les deux récipients puissent être réunis par un tuyau *large* et *court*. Au moment où l'on établira la communication, le liquide s'abaissera brusquement du côté du niveau le plus élevé et montera dans l'autre; mais, comme les frottements n'ont ici qu'une faible importance, le liquide sera animé d'une très notable vitesse au moment où ses niveaux dans les deux tubes arriveront sur le même plan horizontal. Le liquide continuera donc son mouvement et une dénivellation, presque égale à la dénivellation primitive, s'établira en sens inverse de celle-ci; après quoi, le même phénomène se reproduira. Dans ces conditions, le système n'arrivera à son équilibre définitif qu'après une série d'oscillations de même durée, dont l'amplitude ira lentement en décroissant. On dit alors que le système considéré est *périodique*.

411. **Décharges électriques oscillantes.** — On pourrait développer, à propos des décharges électriques, des considérations toutes semblables.

Si la décharge d'une bobine de Ruhmkorff se fait à travers un fil métallique *long et fin*, non replié sur lui-même, l'étincelle est *unique* et la décharge est continue (*décharge apériodique*).

Mais, si la décharge se fait à travers un fil peu résistant, c'est-à-dire de *gros diamètre*, la décharge devient *oscillante*.

On obtiendra encore plus sûrement ce dernier résultat, si le fil est plusieurs fois enroulé sur lui-même. L'intensité du courant de décharge peut alors être représentée par une courbe analogue à celle de la figure 235, dans laquelle les temps sont portés en abscisses et les intensités en ordonnées.

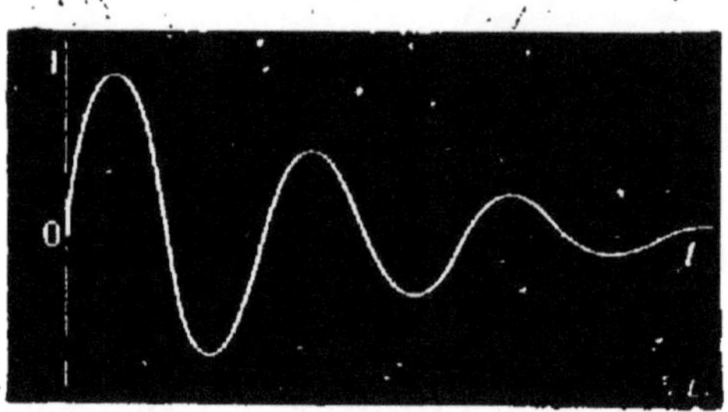

FIG. 235. — GRAPHIQUE D'UNE DÉCHARGE OSCILLANTE.

La décharge est représentée par une courbe sinueuse, dont les amplitudes sont très rapidement amorties.

Les oscillations sont très rapidement *amorties*.

412. Ondes électriques. — Tout autour de l'appareil, où se produisent ces oscillations rapides, des phénomènes d'induction (§ **397**) apparaissent. Nous savons, d'ailleurs, qu'ils sont d'autant plus intenses que la variation du champ est plus rapide. On dit que le milieu est traversé par des *ondes électriques* qui ont pour origine les décharges oscillantes dont nous venons de nous occuper au paragraphe précédent.

Un des moyens les plus simples, pour mettre en évidence ces ondes électriques, est celui qui a été imaginé par M. Branly.

413. Détecteur de Branly. — La pièce principale de l'appareil est un tube de verre qui contient une *petite colonne*

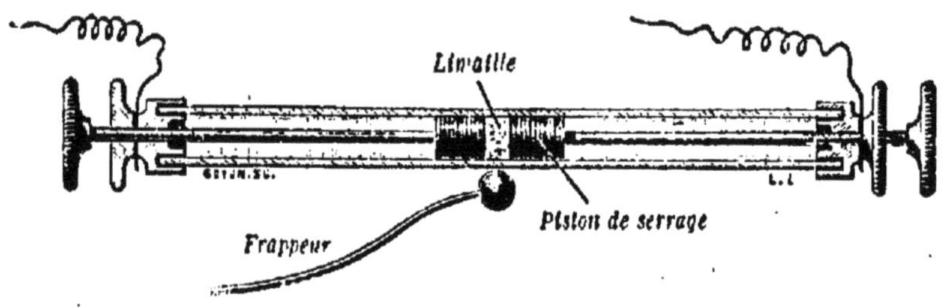

FIG. 236. — DÉTECTEUR DE BRANLY.

Il est fondé sur ce principe qu'une colonne de limaille métallique présente, en temps ordinaire, une résistance considérable, mais qu'elle devient conductrice, quand elle est frappée par une onde électrique. L'onde passée, un léger choc suffit à faire réapparaître la résistance primitive.

de limaille métallique, légèrement tassée entre deux *pistons de serrage* (fig. 236). Quand on intercale cette colonne de limaille dans un circuit contenant une pile et un galvanomètre, on constate que le galvanomètre n'indique qu'un courant de très faible intensité. ***La limaille oppose au passage du courant une résistance très considérable.***

Or, l'expérience montre que le galvanomètre placé dans le circuit indique brusquement une intensité beaucoup plus grande, dès que des ondes électriques viennent à frapper le tube sensible.

La résistance de la limaille diminue considérablement sous l'action des ondes électriques.

La conductibilité de la colonne de limaille subsiste encore, quand les ondes excitatrices ont cessé; elle disparaît, au contraire, par un ***choc*** imprimé au tube, et réapparaît dès que de nouvelles ondes viennent frapper celui-ci.

Un tube à limaille, intercalé dans le circuit d'une pile, constitue donc un récepteur extrêmement sensible des ondes électriques. C'est un ***radioconducteur.***

414. **Dispositif du télégraphe sans fil.** — L'invention de Branly a été appliquée à la télégraphie sans fil.

A l'une des stations, on produit des ondes électriques par les étincelles d'une forte bobine d'induction, qui fait ainsi office de ***transmetteur***. Ces ondes, qui se propagent dans l'air sans aucun fil conducteur, agissent, à la station d'arrivée, sur un tube à limaille qui fait office de ***récepteur.***

Voici le dispositif, très simplifié, des appareils.

Le ***transmetteur*** (fig. 237) est une forte bobine de Ruhmkorff.

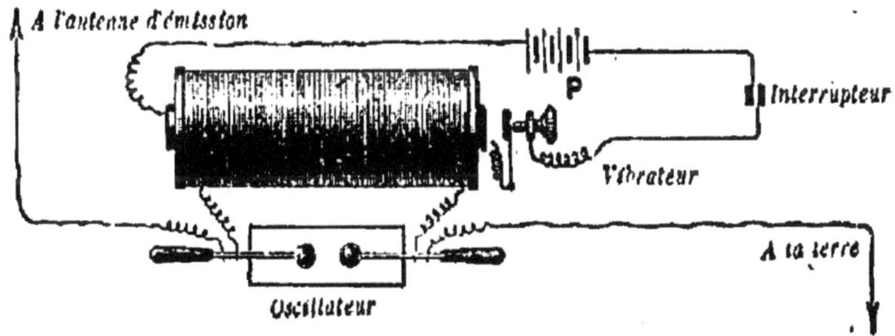

FIG. 237. — TRANSMETTEUR DE TÉLÉGRAPHIE SANS FIL.

C'est une forte bobine de Ruhmkorff dont l'une des branches est à la terre et dont l'autre est en relation avec une antenne verticale faisant office de radiateur.

L'un des pôles de la bobine est mis au sol, l'autre est généralement relié à une tige métallique verticale et isolée, que l'on nomme ***antenne d'émission*** (fig. 237).

Un ***interrupteur à main*** permet de mettre à volonté le fil primaire en circuit avec une batterie d'accumulateurs, dont le courant est alternativement rompu et rétabli par le ***vibrateur*** (interrupteur à marteau) de la bobine (§ **406**). En agissant sur l'interrupteur à main, on peut actionner la bobine et obtenir ainsi des émissions brèves ou prolongées d'ondes électriques.

Ces ondes électriques se propagent dans le milieu environnant avec la vitesse même de la lumière (§ **263**).

L'organe essentiel du ***récepteur*** est un tube de Branly dont l'une des extrémités est à la terre (fig. 238) et dont l'autre

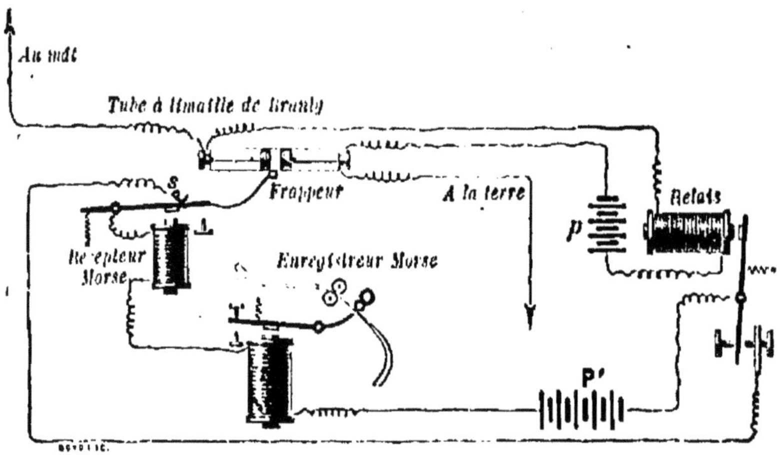

Fig. 238. — Récepteur de télégraphie sans fil.

La pièce essentielle est un tube de Branly qui est en relation avec la terre et avec une antenne réceptrice. A l'arrivée d'une onde, le tube devient conducteur et laisse passer le courant d'un relais dont le jeu actionne un récepteur Morse. Aussitôt après, le choc d'un petit frappeur redonne au tube sa résistance première.

communique avec une antenne verticale (***antenne de réception***), qui conduit au radioconducteur les ondes qu'elle reçoit. Le tube à limaille est intercalé dans un circuit qui comprend une pile *p* et un électro-aimant faisant fonction de ***relais***. En temps ordinaire, le courant de la pile *p* est insuffisant pour actionner cet électro; mais, sous l'action d'une onde électrique venue de l'antenne, la résistance du tube de limaille diminue, l'intensité du courant augmente alors brusquement et le relais ferme le circuit d'une pile locale P'. Celle-ci actionne un ***récepteur*** Morse et un ***frappeur*** automatique disposé comme un interrupteur à marteau (§ **406**). Le récepteur enregistre l'onde, mais tout aussitôt le trembleur frappe légèrement le tube à limaille et lui rend sa résistance première, le courant se trouve, à nouveau, interrompu.

Lorsque le radioconducteur reçoit une série prolongée d'ondes électriques, le récepteur Morse marque sur la bande de papier qui se déroule une file de points très rapprochés qui ont l'apparence d'un *trait* continu. Une série plus courte marquera un *point*. On peut donc, de cette façon, reproduire les signaux conventionnels de l'alphabet Morse (fig. 228).

L'appareil de Branly est le premier détecteur d'ondes électriques qui ait été utilisé à la télégraphie sans fil. On tend de plus en plus à le remplacer par d'autres récepteurs qui sont à la fois plus sensibles et d'un maniement plus commode.

Le détecteur à cristal de galène est un des plus employés; les dépêches sont alors reçues au son, dans un téléphone.

La télégraphie sans fil permet de correspondre d'Europe en Amérique.

Actuellement, elle est surtout employée pour correspondre avec les navires en mer.

415. **Résumé.** — ***La bobine d'induction peut donner des décharges oscillantes. Ces décharges provoquent des ondes électriques qui se propagent dans tous les sens avec la vitesse même de la lumière (300 000 km. par seconde).***

Les ondes sont reçues par une antenne communiquant avec un tube à limaille métallique. Ce dernier est rendu conducteur, et laisse passer le courant d'une pile locale, dès qu'il est frappé par les ondes et tant qu'il n'est pas soumis à un choc. Le courant de la pile est reçu dans un récepteur télégraphique ordinaire.

CHAPITRE XIII

ÉLECTRICITÉ ATMOSPHÉRIQUE

416. **Nature électrique des orages.** — La nature électrique du phénomène des orages fut nettement démontrée par Franklin à l'aide d'une expérience restée célèbre. En 1781, il lança dans la plaine de Philadelphie un cerf-volant muni d'une pointe métallique et attaché à une longue corde de chanvre qu'on maintenait par un cordon de soie isolant. Le cerf-volant fut dirigé vers un nuage orageux; une pluie fine ayant mouillé la corde de chanvre, celle-ci devint conductrice; et l'on put tirer de son extrémité inférieure de longues étincelles comparables à celles que nous a données la bobine de Ruhmkorff.

417. **Éclair. Foudre.** — Il arrive que des nuages sont assez fortement électrisés pour que, venant à faible distance l'un de l'autre, une étincelle jaillisse entre eux; c'est ce qui constitue l'*éclair*. On dit habituellement que la *foudre tombe*, quand un éclair jaillit entre un nuage et le sol.

Les éclairs franchissent parfois des distances considérables, 15 à 20 kilomètres. A première vue, ils offrent l'aspect d'un trait de feu en zigzags; mais les photographies qui en ont été obtenues par divers expérimentateurs montrent que leur forme est toujours beaucoup plus complexe, car le sillon lumineux principal est accompagné de nombreuses et fines ramifications (fig. 239).

418. **Tonnerre.** — Le tonnerre est le bruit qui accompagne les décharges électriques dans les orages.

Nous ne percevons jamais le bruit du tonnerre que quelques secondes après la lumière de l'éclair; cela tient à ce que le son met un certain temps à franchir la distance qui nous sépare de l'endroit où se produit la décharge. On sait que le son se propage dans l'air avec une vitesse de 340 mètres par seconde (§ 285), tandis que la lumière nous arrive, pour ainsi dire, instantanément; on voit donc qu'on peut apprécier l'éloignement des nuages orageux par le temps qui s'écoule entre l'apparition de l'éclair et le coup de tonnerre qui le suit.

Le *roulement prolongé du tonnerre* tient à la grandeur et à la forme irrégulière des éclairs. L'air est, en effet, ébranlé simultanément sur une ligne brisée de plusieurs kilomètres de longueur, en des points qui sont à des distances très différentes de l'observateur. L'oreille ne reçoit que successivement, et à inter-

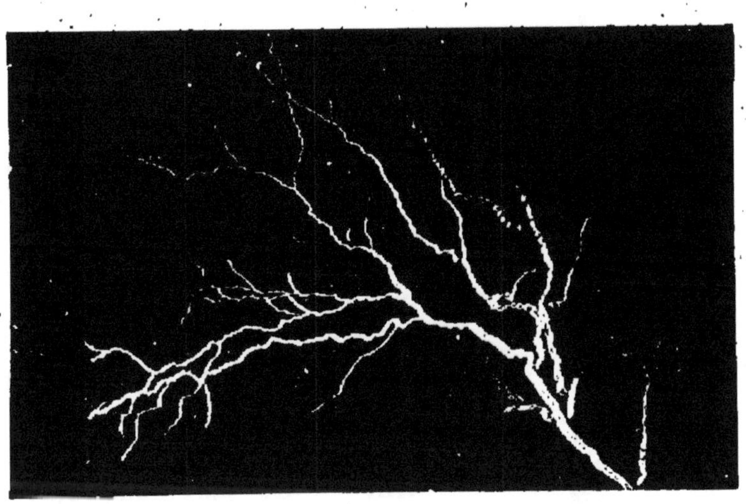

FIG. 239. — PHOTOGRAPHIE D'UN ÉCLAIR.

Le sillon lumineux principal est accompagné de nombreuses et fines ramifications.

valles irréguliers, les ondes sonores qui proviennent des divers points du trajet suivi par la décharge.

La réflexion de ces ondes sonores sur les obstacles placés à la surface du sol ou sur les nuages eux-mêmes peut encore prolonger le bruit du tonnerre.

419. **Effets de la foudre**. — Les effets de la foudre sont, à l'intensité près, les mêmes que ceux de l'étincelle électrique donnée par la bobine de Rukmkorff (§ **407**). Elle peut, en effet, échauffer des barres métalliques jusqu'à les fondre ou même les volatiliser; elle enflamme les substances combustibles; elle brise ou disloque les corps mauvais conducteurs, tels que les arbres ou les murs; enfin, elle tue ou paralyse les êtres vivants, tantôt en déterminant des lésions graves et tantôt sans lésion apparente.

Lorsque la foudre tombe, elle frappe d'ordinaire les objets les plus élevés, le sommet des arbres ou le faîte des édifices.

***Il est donc prudent de ne pas s'abriter**, pendant un orage, sous* *un arbre, surtout lorsqu'il est isolé au milieu d'une plaine.*

420. Choc en retour. — D'ailleurs, une personne peut être victime de la foudre sans être directement atteinte par elle. En effet, avant que la foudre n'éclate, tous les points du sol situés directement au-dessous des nuages orageux se trouvent fortement électrisés. On dit qu'ils sont ***électrisés par influence.*** Au moment précis où l'éclair jaillit, le sol revient instantanément à l'état neutre; une personne, située dans le voisinage du point frappé par la foudre se trouve donc soumise à une très rapide variation d'état électrique; il en résulte une brusque commotion qui peut entraîner la mort. Ce phénomène est ordinairement désigné sous le nom de ***choc en retour.***

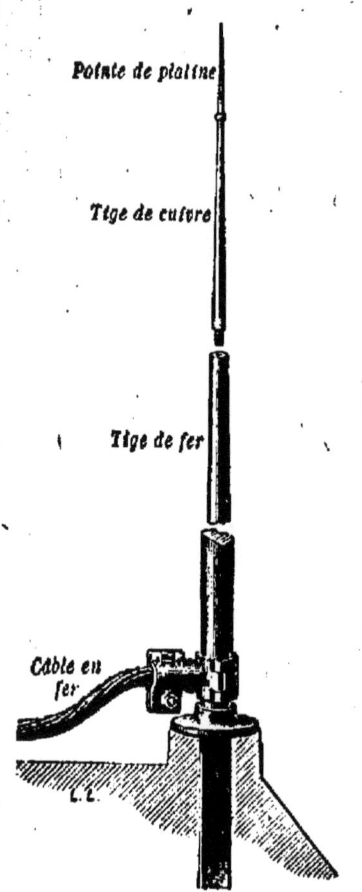

Fig. 240.
Paratonnerre de Frankln.
Longue tige métallique verticale, terminée en pointe à sa partie supérieure et mise en communication avec le sol par un gros câble de fils de fer.

421. Paratonnerre de Franklin. — Le paratonnerre, inventé par Franklin pour protéger les édifices contre la foudre, se compose d'une tige en fer de 8 à 10 mètres de long installée au faîte de l'édifice. Cette tige se termine à son extrémité supérieure par une pointe en platine ou en cuivre doré et se trouve mise en communication avec le sol par un gros câble de fil de fer (fig. 240).

Le paratonnerre protège les points situés dans son voisinage. On admet, dans la pratique, que le rayon de la zone protégée est égal au double de la hauteur de la pointe au-dessus du sol.

422. Conditions auxquelles doit satisfaire un paratonnerre. — Un paratonnerre doit être, pour bien fonctionner, en ***communication parfaite avec le sol.*** Le mieux est d'employer un câble assez gros dont l'extrémité inférieure plonge dans l'eau d'un puits, ou, tout au moins, se trouve reliée à une large plaque de fer enterrée dans un sol humide.

Il est indispensable que *le paratonnerre communique avec les grosses pièces métalliques de l'édifice.*

Si plusieurs paratonnerres doivent être installés sur le même bâtiment, il sera bon de les relier entre eux par des tiges métalliques.

Un paratonnerre, dont la pointe serait émoussée ou qui communiquerait mal avec le sol, serait non seulement inutile mais dangereux.

423. **Résumé.** — *L'atmosphère est constamment le siège de phénomènes électriques.*

Les éclairs, le tonnerre, la foudre sont produits par des décharges électriques entre deux nuages ou bien entre un nuage et le sol.

Les édifices peuvent être protégés contre la foudre par le paratonnerre à pointe (paratonnerre de Franklin).

TABLE DES MATIÈRES

QUATRIÈME PARTIE

Équilibre des gaz.

CINQUIÈME PARTIE

La lumière.

SIXIÈME PARTIE

Le son.

SEPTIÈME PARTIE

Étude complémentaire de la chaleur.

HUITIÈME PARTIE

Magnétisme.

NEUVIÈME PARTIE

Électricité.

77 353. — Imprimerie LAHURE, 9, rue de Fleurus, à Paris.

www.ingramcontent.com/pod-product-compliance
Ingram Content Group UK Ltd.
Pitfield, Milton Keynes, MK11 3LW, UK
UKHW020312230726
13925UKWH00002B/373